物理之书 The Physics Book
U0281865

物理之书

Physics

[美] 克利福德·皮寇弗 著

尹倩青 译

重庆大学出版社

物理之书
The Physics Book
From the Big Bang to Quantum Resurrection, 250 Milestones in the History of Physics
从大爆炸到
量子复活，物理学史上的
250个里程碑

克利福德·皮寇弗已出版作品：

《数学之书》

《外星智商测试》

《从阿基米德到霍金》

《永生入门指南》

《黑洞：旅行者指南》

《微积分和比萨》

《混沌与分形》

《混沌仙境》

《计算机，图案，混乱与美丽》

《电脑与想象力》

《隐密码：代码和秘密写作》

《梦想未来》

《蛋花汤》

《未来健康》

《分形视界：分形的未来用途》

《科学可视化前沿》

《生兔子的女孩》

《天堂病毒》

《超空间中的犹太人》

《无限键》

《液土》

《房车俱乐部》

《上帝的织机》

《绿野仙踪的数学》

《心灵迷宫》

《心灵弯曲的视觉难题》

《莫比乌斯带》

《上帝的悖论与科学的科学》

《全能科学》

《对数学的热情》

《分形，艺术与自然》

《外星人科学》

《性、毒品、爱因斯坦和精灵》

《蜘蛛腿》（与安东尼·皮尔斯合著）

《螺旋对称》（与伊斯特·哈吉泰合著）

《奇怪的大脑和天才》

《寿司永不眠》

《天上的星星》

《通过超空间冲浪》

《时间：旅行者指南》

《未来愿景》

《可视化生物信息》

《数字奇观》

“我们每天都在使用物理学。照镜子或戴眼镜时，我们在使用物理光学；设置闹钟时，我们在跟踪时间；查看地图时，我们在导航几何空间。我们的手机通过看不见的电磁波将我们连接到环绕头顶的卫星。不过物理可不仅仅与技术有关，实际上，我们体内流经动脉的血液也遵循着物理定律，这就是我们物理世界的科学。”

—— 乔安妮 · 贝克（Joanne Baker），《你不可不知的 50 个物理知识》（*50 Physics Ideas You Really Need to Know*）

“现代物理学的伟大方程是科学知识的不可或缺的一部分，它甚至比更早时期美丽的大教堂还要持久。”

—— 史蒂文 · 温伯格（Steven Weinberg），出自格雷厄姆 · 法梅洛（Graham Farmelo）的作品《它一定很美》（*It Must Be Beautiful*）

目 录

V

引　言

物理学的范围

“随着知识之岛的增长，它与奥秘的接触面也在扩大。当主要理论被推翻时，我们原本确信的知识也会让位，知识则以不同的方式触及奥秘。这些新发现的奥秘可能使人感到羞愧和不安，但这就是真理的代价。富有创造力的科学家、哲学家和诗人都在这条海岸线上茁壮成长。”

——W. 马克 · 理查森（W. Mark Richardson），“怀疑论者的惊奇感”，《科学》（*science*）

美国物理学会（The American Physical Society）是当今主要的物理学家专业组织之一，它成立于 1899 年，当时有 36 名物理学家齐聚哥伦比亚大学，他们肩负着促进和传播物理学知识的重任，该学会的宗旨：

物理学对我们理解周围的世界、体内的世界以及我们之外的世界至关重要，是最为根本和基础的科学。物理学以相对论和弦理论等概念挑战着我们的想象力，它也带来了计算机和激光等改变我们生活的伟大发现。物理学涵盖了对宇宙从最大的星系到最小的亚原子粒子的研究。此外，它是包括化学、海洋学、地震学和天文学在内的其他许多科学的基础。

的确，今天的物理学家漫游于知识的海洋，研究种类繁多的课题和基本定律，以便理解自然的特性、宇宙及现实最基本的结构。物理学家们思考多维、平行宇宙以及虫洞连接不同时空区域的可能性。正如美国物理学会所指出的那样，物理学家的发现往往会带来新技术，甚至会改变我们的哲学体系及看待世界的方式。例如，对许多科学家来说，海森堡不确定性原理断言，物理宇宙实际上并不是以决定论的形式存在，而是一个不可思议的概率集合。在理解电磁学方面的进展催生了收音机、电视和计算机的发明，而对热力学的理解则催生了汽车的发明。

当你细细阅读这本书的时候，你会发现，物理学的精确范围多年来一直没有固定下来，也不容易界定。我选取的视野相当宽广，涉及的主题包括了工程学和应用物理学，也包括了我们在理解天体方面的进展，甚至还包括了一些与哲学相关的话题。尽管范围如此之大，但物理学的大多数领域都有一个共同点，那就是科学家在对自然世界的理解、实验和预测过程中都非常依赖数学工具的帮助。

阿尔伯特·爱因斯坦曾经说过，这个世界最不可理解的事情就是世界本身是可以理解的。的确，我们似乎生活在一个可以用简洁的数学表达式和物理定律来描述或近似描述的宇宙中。不过，除了发现这些自然规律之外，物理学家们还经常钻研一些人类思考过的最深奥难解的概念，这涉及从相对论、量子力学到弦理论和大爆炸的本质等主题。量子力学让我们窥见了一个非常奇怪的反直觉世界，它提出了关于空间、时间、信息和因果的问题。尽管量子力学有着神秘的内涵，但这一领域的研究也能被应用于许多领域和技术中，包括激光、晶体管、微芯片和磁共振成像等。

这本书也讲述了许多伟大物理思想背后的人物。物理学是现代科学的基础，几个世纪以来吸引了无数的人投身其中。一些世界上最伟大、最具魅力的智者，如艾萨克·牛顿、詹姆斯·克拉克·麦克斯韦、玛丽·居里、阿尔伯特·爱因斯坦、理查德·费曼和斯蒂芬·霍金等，都献身于物理学的发展。这些人改变了我们看待宇宙的方式。

物理学是科学中最难的学科之一。我们以物理为本的、对宇宙的描述永远在增长，而我们的大脑和语言技能仍然根深蒂固。随着时间的推移，各种新物理不断被发现，但我们需要新的方式去思考和理解。当德国理论物理学家维尔纳·海森堡 (Werner Heisenberg, 1901—1976) 担心人类可能永远无法真正理解原子的时候，丹麦物理学家尼尔斯·玻尔 (Niels Bohr, 1885—1962) 却给出了乐观的看法，后者在 20 世纪 20 年代初回应海森堡说："我想我们也许迟早能做到这一点，但在这个过程中，我们可能必须懂得'理解'这个词的真正含义。"今天，我们可以借助计算机来进行超越直觉局限的推理。事实上，普及的计算机实验正在引领物理学家们发现此前从未想到过的理论和洞见。

如今，许多著名的物理学家认为存在着与我们的宇宙相平行的宇宙，它们就像洋葱一层层的皮或奶昔里的气泡一样。在一些平行宇宙理论中，我们竟然有可能通过一个宇宙渗漏到毗邻宇宙的引力来真正探测这些宇宙。例如，来自遥远恒星的光可能会被仅仅几毫米外的平行宇宙中看不见的天体的引力所扭曲。整个多重宇宙的概念并不像听起来那么牵强。美国研究者戴维·劳布（David Raub）在 1998 年发布的对 72 名顶尖物理学家进行的问卷调查显示，58% 的物理学家（包括斯蒂芬·霍金）相信某种形式的多重宇宙理论。

《物理之书》涉及的范围十分广泛，有抽象的理论、实际的应用，甚至还有一些奇怪复杂的选题。1964 年亚原子上帝粒子假说的旁边就是 1965 年风靡全美的超弹性超级球，你还能在哪本物理类书籍里找到这样包罗万象的内容呢？我们将邂逅神秘的暗能量，或许有一天它会撕裂星系并以可怕的大撕裂终结宇宙；还将遇到黑体辐射定律，它开创了量子力学这门科学。我们将揣摩费米悖论，它涉及与外星生命的通信交流；我们还将深思在非洲发现的史前核反应堆，它已经运行了 20 亿年。我们将讨论制造有史以来最黑的黑色的竞赛，它比黑色汽车上的油漆还要黑 100 倍！也许有一天，这种“终极黑色”会被用来从太阳中更高效地获取能量，或者设计出极端灵敏的光学仪器。

本书的每一个条目都很短，最多只有几段的长度。这种版式能让读者直接进入主题，而不必翻查大量的冗词。人类第一次看见月球背面是什么时候？翻到条目“月球暗面”就会读到一段简短的介绍。古代巴格达电池之谜是什么？而黑钻石又是什么？我们将在接下来的书页中解答这些及其他发人深省的主题。我们不知道现实是否只是一个人造的结构。随着我们对宇宙的了解越来越多，并且能够在计算机上模拟复杂的世界，即便是严谨的科学家也开始质疑现实的本质。我们有可能正生活在一个计算机模拟的世界中吗？

在宇宙的这一小片天地中，我们开发的计算机已经有能力使用软件和数学规律去模拟类似生命的行为。也许有一天，我们可以创造出思维生物，它们生活在富饶的模拟空间里，其生态系统如马达加斯加雨林一样复杂且生机勃勃。也许我们终将能够模拟现实本身，而宇宙中其他地方更先进的生命可能已经在这样做了。

本书的架构与目的

物理原理的实例随处可见。我撰写这本《物理之书》的目的是为广大读者提供一份重要物理思想和思想家的简短指南，其中的条目简短到足以在几分钟内消化。大多数条目都是我个人感兴趣的内容。不过，为防止本书变得过于厚重，其中并没有涵盖所有伟大的物理里程碑。因此，我在这本简短的书卷中颂扬诸多物理学奇迹的同时，也不得不省略许多重要的发现。尽管如此，我相信我已经囊括了大多数具有历史意义的，对物理、社会或人类思想有过强烈影响的发现。有些条目很实用，甚至很有趣，涉及的主题从滑轮、炸药、激光到集成电路、回旋镖和橡皮泥。间或，我也会提到一些尽管意义重大却十分古怪，甚至听起来很疯狂的哲学概念或异事，比如量子永生、人择原理或快子。有时，某些信息片段会重复出现，以便使每个条目都可以单独读懂。此外，在每个条目的正文之前都有一小段“另请参阅”，这有助于将众多条目编织成一个相互关联的网络，也可以帮助读者在阅读过程中享受探索发现的乐趣。

这本《物理之书》反映了我自己在才识方面的不足，虽然我尽可能多地去学习物理学的各个领域，但很难做到全面精通。这本书也清楚地反映了我个人的兴趣、长处和弱点，因为我对书中关键条目的选取负有责任，当然，也要为其中的错误和不当负责。这并不是一本百科全书或学术论文，它是一本为科学和数学类学生以及感兴趣的外行消遣的读物。我乐于接受来自读者的反馈和改进建议，因为我把它看作一项不断前进的工程，也是我发自内心热爱的事业。

本书按条目相关的年代来排序。对于大多数条目来说，我使用的年代与概念或性质的发现密切相关。但在一些“登场”和“谢幕”的章节里，我用到了与实际（或假想）事件的发生相关的年代，比如宇宙或天文事件。

当然，若条目的贡献者不止一人时，确定其年代可能需要更好的判断。我通常会使用最早的发现时间，但有的条目，在我咨询了同事和其他科学家之后，我决定使用某个概念特别突显时的年代。例如，考虑到某些种类的黑洞可能早在约 137 亿年前的大爆炸期间就形成了，所以条目“黑洞”可使用的年份有好几个。然而，“黑洞”这个词直到 1967 年才被理论物理学家约翰 · 惠勒（John Wheeler）创造出来。最后，我使用了科学家第一次能够严谨地阐述黑洞概念的年代，即 1783 年。那一年，地质学家约翰 · 米歇尔 (John Michell, 1724−1793) 讨论了一种天体的概念，它的质量大到足以使光也无法逃脱。同样，我为“暗物质”指定了 1933 年，因为在这一年里，瑞士天体物理学家弗里茨 · 兹威基（Fritz Zwicky, 1898—1974）观测到了第一个暗示神秘的不发光粒子可能存在的证据。1998 年归属于“暗能量”，因为这不仅是该术语的诞生年，而且当时对某些超新星的观测表明，宇宙正在加速膨胀。

这本书中记载的许多较古老的年代，包括“公元前的年代”，只是个大概的数字（例如“巴格达电池”和“阿基米德螺旋泵”的年代等）。我并没有在所有这些较古老的年代前加上“大约”一词，而是在这里告诉读者，古老的年代和非常遥远的未来都只是粗略的概数。

读者可能会注意到，基础物理学中相当多的发现也带来了一系列的医疗工具，帮助人类减少了痛苦甚至挽救了生命。科学作家约翰 · 西蒙斯（John Simmons）指出：“医学中大部分人体成像工具都要归功于 20 世纪的物理学。1895 年，威廉 · 康拉德 · 伦琴（Wilhelm Conrad

Röntgen）发现了神秘的 X 射线，而在几周内它就被用于医疗诊断。数十年后，激光技术成为量子力学的实践成果。超声成像的出现源于解决潜艇探测的问题，而 CT 扫描则充分利用了计算机技术。医学上最重要的新技术是磁共振成像 (MRI)，它可用于人体内部三维细节的可视化。”

读者还会注意到，相当多的里程碑是在 20 世纪取得的。为了正确地设置年代，我们来考虑一下大致发生在 1543—1687 年的科学革命。1543 年，哥白尼发表了行星运动的日心说。1609 至 1619 年，开普勒建立了描述行星绕日运行轨迹的三大定律；1687 年，牛顿发表了运动和万有引力的基本定律。第二次科学革命发生在 1850 至 1865 年，当时科学家们引入并完善了有关能量和熵的各种概念。诸如热力学、统计力学和气体动力学等研究领域开始蓬勃发展。到了 20 世纪，量子理论、狭义相对论和广义相对论成为改变我们现实观的最重要的科学见解之一。

本书有时会在主要条目中引用科学记者或著名研究者的话，但为了简洁起见，我不会立即列出引用的来源或作者的资质。对于这种偶尔为之的紧凑表述方式，我提前在此表示歉意；不过，本书后面的参考资料将有助于明晰作者的身份。

因为这本书的条目是按年代来排序的，所以在搜索最喜欢的概念时一定要使用索引，这些概念可能会在你没有预料到的条目中讨论到。例如，量子力学的概念过于丰富多彩，以至于没有一个单独的“量子力学”条目。更确切地说，读者可以在“黑体辐射定律”“薛定谔波动方程”“薛定谔的猫”“平行宇宙”“玻色 – 爱因斯坦凝聚”“泡利不相容原理”“量子隐形传态”以及更多的条目中找到这方面有趣而关键的内容。

谁知道物理学的未来将是什么样的？ 19 世纪末，著名物理学家威廉 · 汤姆森（William Thomson，即开尔文爵士）宣布物理学的终结。他可能从未预见到量子力学和相对论的兴起，以及这些领域给物理学带来的巨大变化。物理学家欧内斯特 · 卢瑟福（Ernest Rutherford）在 20 世纪 30 年代初谈到原子能时说：“任何指望从这些原子的转化中获得能源的人都是在胡说八道。”简而言之，预测物理学思想和应用的未来，即便是可能的也一定很困难。

最后，让我们注意这样一点，那就是物理学的发现提供了一个探索亚原子和超星系领域的框架，物理学的概念使科学家能够对宇宙作出预测。这是一个哲学思辨可以激发科学突破的领域。因此，本书中的诸多发现可以跻身人类最伟大的成就之列。对我来说，物理学培养了一种对思想的局限、宇宙的运行以及我们的家园在广阔时空中的位置等问题永恒的好奇心。

致　谢

我要感谢 J. 克林特 · 斯普罗特（J. Clint Sprott）、利昂 · 科恩（Leon Cohen）、丹尼斯 · 戈登（Dennis Gordon）、尼克 · 霍布森（Nick Hobson）、泰亚 · 克拉谢卡（Teja Kraek）、皮特 · 巴恩斯（Pete Barnes）和保罗 · 莫斯科维茨（Paul Moskowitz）等人的意见和建议，还要特别感谢本书的编辑梅拉妮 · 马登（Melanie Madden）。

在研究本书中的里程碑和关键时刻的过程中，我参考学习了大量精彩的著作，其中包括乔安妮 · 贝克（Joanne Baker）的《你不可不知的 50 个物理知识》（*50 Physics Ideas You Really Need to Know*）、詹姆斯 · 特赖菲尔（James Trefil）的《科学的本质》（*The Nature of Science*）和彼得 · 塔拉克（Peter Tallack）的《科学之书》（*The Science Book*）。

还应当指出，我以前的一些书，如《从阿基米德到霍金：科学定律和它们背后的伟大智者》（*Archimedes to Hawking: Laws of Science and the Great Minds Behind Them*），为一些涉及物理定律的条目提供了背景信息，推荐读者查阅这本书以获得更多信息。

“莱斯特，我来告诉你什么是大爆炸，大爆炸就是上帝的细胞开始分裂。”

—— 安妮 · 赖斯（Anne Rice），《偷尸贼的故事》（*Tale of the Body Thief*）

物理之书 The Physics Book

物理之书 The Physics Book

物理之书 The Physics Book

物理之书 The Physics Book

物理之书 The Physics Book

物理之书 The Physics B

物理之书 The Physics Book

物理

The Physics Book

物理之书 The Physics Book 物理之书 The Physics Book

物理之书

sics Book

物理之书 The Physics Book

物理之书 The Physics Book

物

书 The Physics Book

物理之书 The Physics Book

物理之书 The Physics Book
物理之书 The Physics Book
物理之书 The Physics Book
物理之书 The Physics Book
物理之书 The Physics
物理之书 The Physics Book
物
书 The Physics Book
物理之书 The Physics Book
物理之书 The Physics Book
物理之书
Physics Book
物理之书 The Physics Book
物理之书 The Physics Book
之书 The Physics Book

001

大爆炸

乔治·勒梅特（Georges Lemaître，1894—1966）
埃德温·鲍威尔·哈勃（Edwin Powell Hubble，1889—1953）
弗雷德·霍伊尔（Fred Hoyle，1915—2001）

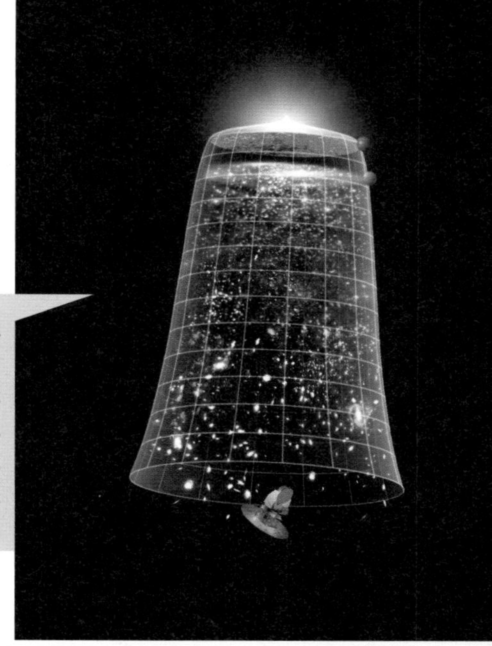

（左图）根据古代芬兰创世神话所述，一颗鸟蛋破碎后形成了天空和大地。
（右图）大爆炸（最顶端的点）的艺术表现。图中，时间沿页面由上向下流逝。宇宙经历了最初的快速膨胀（直到红球标记的时间）。第一批恒星在大约 4 亿年后（黄点所在的位置）出现。

奥伯斯佯谬（1823 年）、哈勃宇宙膨胀定律（1929 年）、CP 破坏（1964 年）、宇宙微波背景辐射（1965 年）、宇宙暴胀（1980 年）、哈勃望远镜（1990 年）、宇宙大撕裂（360 亿年）

137 亿年前

20 世纪 30 年代初，比利时神父兼物理学家乔治·勒梅特提出了后来被称为“大爆炸”的理论，根据该理论，宇宙是从一个极端致密和炽热的状态演化而来的，从那时起，空间就一直在膨胀。大爆炸被认为发生在 137 亿年前，而今天大多数星系仍然在飞速远离彼此。最重要的是，星系并不同于炸弹刚刚爆炸后飞溅的碎片，因为空间本身正在膨胀。星系之间距离的不断增大可以这样理解：它们就像无数个画在气球表面的黑点，当气球膨胀时，这些黑点就会彼此远离。想要观测这一膨胀，你在哪个点上无关紧要。从任何一个点上往外看，其他点都在后退。

研究遥远星系的天文学家可以直接观测到这一膨胀，它最初是由美国天文学家埃德温·哈勃于 20 世纪 20 年代发现的。弗雷德·霍伊尔在 1949 年的一次广播中创造了“大爆炸”这个词。直到大爆炸后约 40 万年，宇宙才冷却到足以让质子和电子结合形成中性氢。大爆炸在宇宙存在的最初几分钟内创造了氦核和氢元素，为第一代恒星提供了一些原材料。

《神奇的熔炉》（*The Magic Furnace*）一书的作者马库斯·乔恩（Marcus Chown）这样说道，大爆炸后不久，一团团气体开始凝聚，然后宇宙就像圣诞树一样亮了起来。这些恒星在我们的星系形成之前就在生生灭灭了。

天体物理学家斯蒂芬·霍金估计，如果宇宙在大爆炸后一秒的膨胀速度再小一点，哪怕是减少十亿亿分之一，宇宙就会重新坍缩，也就演化不出智慧生命了。■

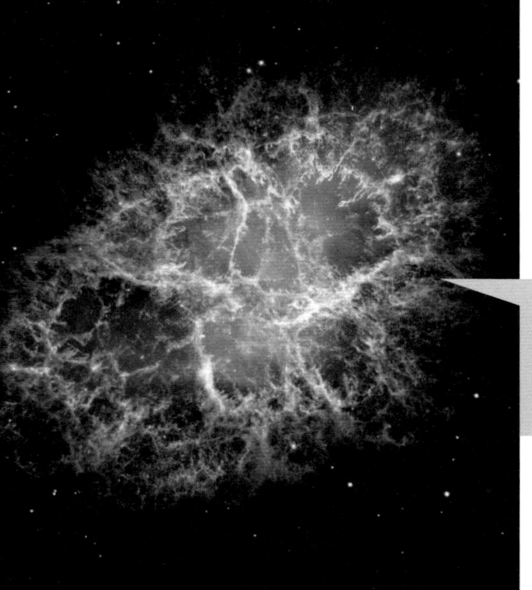

根据某种理论，被称为超新星的爆发恒星产生了形成卡本纳多所需的高温环境和碳。这里展示的是蟹状星云（Crab Nebula），是恒星经超新星爆发后的遗迹。

黑钻石

002

恒星核合成（1946 年）

30 亿年前

“除了夜空中闪烁的繁星，”记者彼得 · 泰森（Peter Tyson）写道，“科学家们早就知道天空中有钻石的存在……外太空也有可能是被称为‘卡本纳多’（carbonado）的神秘黑钻石的诞生地。”

关于卡本纳多钻石形成的各种理论仍在争辩不休，例如在陨石撞击时被称为冲击变质作用的过程中就能引发超高压，从而触发钻石的产生。2006 年，研究人员斯蒂芬 · 哈格蒂（Stephen Haggerty）、约瑟夫 · 高劳伊（Jozsef Garai）和同事们公布了有关卡本纳多孔隙度的研究，存在于卡本纳多中的各种矿物质和元素、熔体状表面的光泽以及其他因素表明，这些钻石形成于富碳恒星发生超新星爆发的过程中。这些恒星爆发时可能产生一种高温环境，类似于实验室中制造人造钻石的化学气相沉积法用到的环境。

黑钻石有 26 亿到 38 亿年的历史，最初可能是随一颗巨大的小行星从天而降，当时南美洲和非洲还连在一起。今天，科学家们在中非共和国和巴西发现了许多这种钻石。

卡本纳多和传统钻石一样坚硬，但它们不透明、多孔，且由许多钻石晶体黏接而成。卡本纳多有时被用来切割其他钻石。1840 年左右，巴西人首次发现了这种稀有的黑钻石，并因其碳化或烧焦的外观而将其命名为卡本纳多。19 世纪 60 年代，卡本纳多开始被用在钻头上以穿透岩石。迄今为止发现的最大的卡本纳多重约 15 磅（3167 克拉，比最大的透明钻石还要重 60 克拉）。

自然界中还有一些一般的钻石，由于夹杂氧化铁或硫化物而呈烟熏色，因而也被称为“黑钻石”（但它们并非卡本纳多）。卡本纳多黑钻石中最著名的当属“德 · 格里索戈诺之魂”（Spirit of de Grisogono），重达 0.137 磅（312.24 克拉）。■

史前核反应堆

弗朗西斯·佩兰（Francis Perrin，1901—1992）

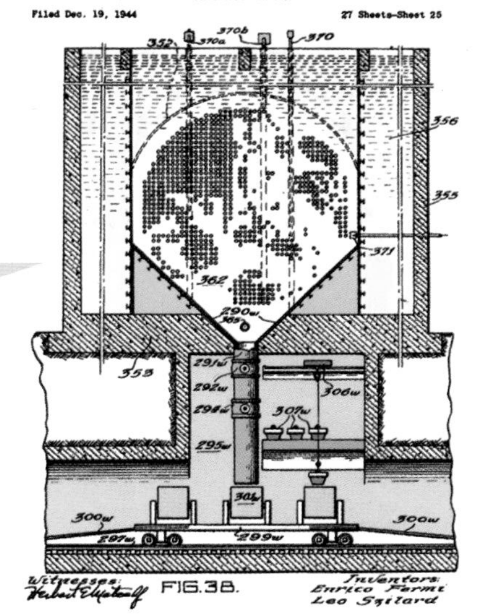

大自然在非洲“建造”了世界上第一座核反应堆。数十亿年后，利奥·西拉德和恩里科·费米持有核反应堆的美国专利 2708656 号，其中装满水的 355 号水罐起到屏蔽辐射的作用。

放射性（1896 年）、中子（1932 年）、来自原子核的能量（1942 年）、小男孩原子弹（1945 年）

“制造一场核反应并非易事，”美国能源部的技术专家写道，“发电厂中的核反应涉及分裂铀原子，而该过程以热的形式释放能量，同时产生的中子继续引发其他原子的分裂。这种分裂过程被称为‘核裂变’。在一座发电厂中，维持原子分裂的过程需要众多科学家和技术人员的参与。”

事实上，直到 20 世纪 30 年代末，物理学家恩里科·费米（Enrico Fermi）和利奥·西拉德（Leó Szilárd）才充分认识到，铀是能够维持链式反应的元素。西拉德和费米在哥伦比亚大学进行实验，发现铀可以产生大量的中子（亚原子粒子），这证明链式反应是可能的，而且可以用来制造核武器。西拉德在发现这一现象的当晚写道：“我毫不怀疑，世界正滑向不幸的深渊。”

由于核反应过程的复杂性，所以，在 1972 年，法国物理学家弗朗西斯·佩兰报告在非洲加蓬的奥克洛地下发现，早在人类出现之前 20 亿年，大自然就“建造”了世界上第一座核反应堆时，全世界都震惊了。这座天然的反应堆是在富铀矿床与地下水接触时形成的，地下水为铀释放的中子减速，使它们能够与其他原子相互作用并使之分裂。这一过程产生的热量使水变成蒸汽，从而暂时减缓了链式反应。当环境变冷时，蒸汽又变成了水，核反应过程再次进行。

科学家们估计这座史前反应堆已运转了数十万年，因为科学家们在奥克洛探测到了各种同位素（原子变体），它们被认为是来自这些反应过程。地下矿脉中铀的核反应消耗了约五吨放射性铀-235。除了奥克洛反应堆，目前还没有发现其他天然核反应堆。罗杰·泽拉兹尼（Roger Zelazny）在他的小说《灰烬之桥》（*Bridges of Ashes*）中创造性地推测，一支外星种族建造了加蓬矿，目的是诱发基因突变，创造出了人类这个物种。■

梭镖投射器

此图来自墨西哥中部的费耶尔瓦里－马耶尔阿兹特克抄本（*Fejérváry-Mayer Aztec Codex of central Mexico*），它描绘了一位手持三支箭和一件梭镖投射器的阿兹特克神明。该抄本可追溯至1521年埃尔南·科尔特斯（Hernán Cortés）摧毁阿兹特克首都特诺奇蒂特兰之前。

弩（公元前341年）、投石机（1200年）、鞭子的高超声速音爆（1927年）

公元前3万年

世界各地的古代文明都被发现曾使用一种被称为梭镖投射器的精巧装置进行杀戮。这种工具像一根木杆或木板，其尾端呈杯状或钩刺状，利用杠杆原理以及其他简单的物理原理，使用者能够以惊人的射程（超过100米）向目标投掷一支大箭，其速度超过150千米/小时。从某种意义上来说，梭镖投射器发挥了延长手臂的功能。

在法国发现过一件由驯鹿鹿角制成的梭镖投射器，有2.7万年历史。美洲原住民在1.2万年前开始使用同样的装置。澳大利亚土著称这种装置为“伍默拉”（woomera）。东非人和阿拉斯加原住民也使用类似梭镖投射器的装置。玛雅人和阿兹特克人（实际上就是他们称这种装置为梭镖投射器的）都是这种工具的狂热爱好者，阿兹特克人使用的梭镖投射器完全刺穿了板甲，让西班牙征服者大吃一惊。史前猎人可以用梭镖投射器来猎杀如猛犸象一样巨大的动物。

今天，世界梭镖投射器协会资助的全美及国际比赛吸引了工程师、猎人和其他对这项史前技术的秘密感兴趣的人参加。

梭镖投射器的一个版本看起来像是一根2英尺（约60厘米）长的棍子，尽管它经历了数千年的技术演进。一杆梭镖（长约1.5米）安装在梭镖投射器后端的钩刺上，起初与投射器木板平行放置。投射器的使用者以挥动的手臂和手腕动作发射梭镖，类似于网球的发球动作。

随着梭镖投射器的演进，使用者发现柔韧的投射器板可以有效地储存和释放能量（就像跳水运动员使用的跳板一样），并且在装置上增加了小石砣。多年来，关于使用这些石砣的目的一直存在争议。许多人认为，通过调整节奏和柔韧性，石砣增加了投掷的稳定性和距离，也有可能是因为这些石砣降低了投掷的声响，使投射不那么引人注意。■

005

回旋镖

回旋镖被用于武器及体育运动。它们的形状多样，随其起源地和功能而变化。

弩（公元前 341 年）、投石机（1200 年）、陀螺仪（1852 年）

公元前2万年

我想起童年时听过的英国歌手查利 · 德雷克（Charlie Drake，1925—2006）的一首民谣，它讲述了一个悲伤的澳大利亚土著在哀叹“我的回旋镖一去不返”。实际上，这也许并没有什么问题，因为用来捕猎袋鼠或在战争中使用的回旋镖是一种沉重、弯曲的投掷棒，其目的就是打断猎物的骨头而不再飞回来。在波兰一个洞穴中发现的狩猎回旋镖可以追溯至公元前 2 万年左右。

今天，当我们大多数人想象回旋镖时，我们想到的是形似字母 V 的回旋镖。这一形状可能是由不返回的回旋镖演化而来的，也许当时猎人注意到某些形状的树枝在飞行中更加稳定，或者表现出有趣的飞行模式。可返回的回旋镖实际上是用于捕猎时吓唬猎鸟，好使它们飞起来，不过，我们并不知道这种回旋镖是什么时候发明的。这种回旋镖的两翼翼型都类似于飞机的机翼，一面呈圆弧状，另一面则较平。空气在翼一面的速度比另一面快，这有助于提供升力。与飞机机翼不同的是，考虑到回旋镖在飞行的时候会旋转，所以它的“前缘”在“V”形的两侧都有。这意味着翼型面对不同方向分别用作前翼和尾翼。

回旋镖的起投方式是“V”形的开口朝前，以接近竖直的方向掷出去。当回旋镖朝投掷方向旋转时，它的上翼前进得比下翼要快——这也会促使其上升。旋进性，即旋转物体旋转轴方向的变化，使得回旋镖在投掷正确的情况下会回到投掷者手上。这些因素结合在一起造就了回旋镖复杂的环形飞行轨迹。■

日晷

人们总是想知道时间的本质。日晷是最古老的计时仪器之一。

安提基特拉机械（公元前 125 年）、沙漏（1338 年）、周年钟（1841 年）、时间旅行（1949 年）、原子钟（1955 年）

不要隐藏你的天赋，它们生来就是要发挥作用的。日晷在阴影处又能有什么用呢？

—— 本杰明 · 富兰克林

公元前 3000 年

几个世纪以来，人们一直想要弄清楚时间的本质。古希腊哲学的多数内容都涉及理解永恒的概念，而时间这一主题更是世界上所有宗教和文化的核心。17 世纪的神秘主义诗人安杰勒斯 · 西勒修斯（Angelus Silesius）甚至认为，精神力量可以暂停时间的流逝："时间是你自己的造物；时钟就在你脑中滴答作响。一旦思考停止，那么时间也会中止。"

日晷是最古老的计时仪器之一。也许古人注意到他们投下的影子在清晨时很长，随后逐渐变短，再然后又随着傍晚的临近而变长。已知最早的日晷可追溯至公元前 3300 年左右，它被发现雕刻在爱尔兰诺斯大土丘中的一块石头上。

用一根垂直插在地上的棍子就可以制成一个简单的日晷。在北半球，影子会沿顺时针方向绕棍子旋转，而影子的位置就可以用来标记时间的流逝。如果把这根棍子倾斜，使它指向北天极，或大致朝向北极星的位置，那么这样一个粗糙仪器的精度就会提高。如此修正后，指针的影子将不会随着季节而改变。一种常见的日晷拥有一个水平的刻度盘，有时被用作花园的装饰品。因为阴影并不是均匀地在日晷盘面上旋转的，所以每小时刻度的间隔并不相等。日晷可能由于各种原因而变得不准确，比如地球绕太阳运行的速度变化，夏令时的使用，以及今天的时钟时间是按照一个或几个时区的广大范围设置成一致的。在手表出现之前，人们有时会在口袋里揣着一个可折叠的日晷，上面附着一个用来判断正北方向的小磁罗盘。■

007

桁架

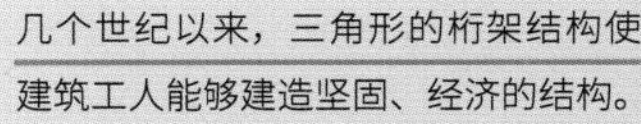

几个世纪以来，三角形的桁架结构使建筑工人能够建造坚固、经济的结构。

拱（公元前 1850 年）、工字梁（1844 年）、张力完整性（1948 年）、里拉斜塔（1955 年）

公元前 2500 年

桁架这种结构通常是由多个三角形单元所组成，这些单元是由金属或木质的笔直部件通过节点拼接而成的。如果桁架的所有构件都位于同一个平面上，则称之为平面桁架。几个世纪以来，桁架结构使得建筑者能够在成本和材料的使用上以一种经济的方式建造出坚固的结构。桁架的刚性框架也使它能够跨越很长的距离。

三角形是特别有用的一种构型，它的形状唯有在其中一条边的边长改变时才会发生改变。这意味着固定在静态节点上的坚固梁组成的三角形框架不会变形。比如正方形，其节点不小心滑动的话，它一般会呈现菱形。桁架的另一个优势就在于它的稳定性通常可以预测。假设这些梁的受力主要是张力和压缩作用力，且这些力作用在节点上，那么，使一根梁趋于拉长的是张力，而使梁趋于变短的就是压缩作用力。由于桁架的节点是静态的，所以每个节点上所有作用力之和为零。

在青铜时代早期，大约公元前 2500 年，木制桁架被用于古代湖泊民居。罗马人则使用木制桁架来建造桥梁。19 世纪，桁架广泛应用于美国的廊桥中，工程师为各种桁架构型申请了大量的专利。美国第一座铁桁架桥是 1840 年建于伊利运河上的法兰克福桥，第一座钢桁架桥则于 1879 年横跨密苏里河。美国内战后，金属桁架铁路桥很受欢迎，因为当重载列车驶过时，它们比悬索桥更加稳固。■

拱

008

拱能够将来自上方的沉重负荷转换成水平力和垂直力。拱的建造通常依赖于紧密贴合在一起的楔形石块，即拱砌石，如这些古老的土耳其拱门一样。

桁架（公元前 2500 年）、工字梁（1844 年）、张力完整性（1948 年）、里拉斜塔（1955 年）

公元前 1850 年

在建筑学中，拱是一种弧形结构，跨越一段空间的同时也支撑着重量。拱也成为一种隐喻，指的是由简单部件相交而成的极端耐久性。古罗马哲学家塞内加（Seneca）这样写道："人类社会就像一座拱，其各个部分的相互压力阻止其塌落。"有这么一则古老的印度谚语——"拱永不休息。"

现存最古老的拱形城门是以色列的阿什凯隆门，建于公元前 1850 年左右，由泥砖和石灰岩砌成。美索不达米亚的砖拱更为古老，后来它在古罗马发扬光大，被广泛应用于各种结构。

在建筑物中，拱能够将来自上方的沉重负荷转换成作用在支柱上的水平力和垂直力。拱的建造通常取决于精确契合的楔形石块，也就是所谓的拱砌石。负荷在相邻拱砌石的表面之间以一种基本均匀的方式传导。位于拱顶的中心拱砌石叫作拱顶石。要建造一座拱的话，通常会先用一个木制框架来支撑，直到最后楔入拱顶石，将拱的结构锁死为止。一旦楔入拱顶石，拱自己就可以支撑起来。相对于早期的支撑结构来说，拱的一项优势在于它由易于运输的拱砌石构成，且能够跨越巨大的空间。另一个优势则是，重力分布在整个拱内，并转换成大致垂直于拱砌石底面的力。然而，这也意味着拱的基座会受到一些侧向力，必须在拱底部放置建材（如砖壁）来抵消。拱的大部分力转换为施加在拱砌石上的压缩力——石材、混凝土和其他一些建材能够轻易承受的力。尽管有其他形状可供选择，但罗马人主要建造的是半圆形的拱。在罗马高架水渠上，相邻拱的侧向力会相互抵消。■

奥尔梅克罗盘

迈克尔 · D. 科（Michael D. Coe，1929—　）
约翰 · B. 卡尔森（John B. Carlson，1945—　）

在最笼统的定义中，磁石是指一种天然磁化的矿物，比如古人用于制造磁性罗盘的碎片。这里展示的是位于美国自然博物馆宝石厅内的一块磁石。

论磁（1600 年）、安培电磁定律（1825 年）、灵敏电流计（1882 年）、放射性碳测（1949 年）

几个世纪以来，领航员一直使用带有磁性指针的罗盘来确定地球的北磁极。中美洲的奥尔梅克罗盘是已知最早的罗盘。奥尔梅克是大约公元前 1400 年到公元前 400 年位于墨西哥中南部的一个前哥伦布古文明，以火山岩雕刻而成的巨大头像艺术品而闻名。

美国天文学家约翰 · B. 卡尔森对一次发掘的相关地层使用了放射性碳测年法，以确定一块扁平抛光的长条形赤铁矿（氧化铁）是否源于大约公元前 1400 年到公元前 1000 年。卡尔森推测奥尔梅克人用这件东西来指示方向，用于占星术、风水以及墓址定向。奥尔梅克罗盘就是一个抛光的磁石（磁化矿物）棒的一部分，其一端有一道可能是用于瞄准的凹槽。要注意的是，古代中国人在 2 世纪之前就发明了罗盘，而在 11 世纪才将之用于航海。

卡尔森在《谁先发明了磁石罗盘：中国人还是奥尔梅克人?》(*Lodestone Compass: Chinese or Olmec Primacy*？）一书中写道：

鉴于 M-160 的独特形态（形状刻意的抛光棒，还带有一道凹槽）和成分（磁性矿物，其漂浮平面中有磁矩矢），并承认奥尔梅克人是拥有先进的铁矿加工知识和技术的复杂文明，我认为可以考虑早期形成的人工制品 M-160 可能被造来用作我称之为零阶罗盘的东西，如果尚不能称其为一阶罗盘的话。这样一个指针用于指向天体（零阶罗盘）还是指向地磁南北（一阶罗盘）的问题仍然难以定论。

20 世纪 60 年代末，耶鲁大学考古学家迈克尔 · D. 科在墨西哥韦拉克鲁斯州的圣洛伦索发现了奥尔梅克棒，1973 年卡尔森对其进行了检测。卡尔森用软木垫让它漂浮在水银及水上。■

弩

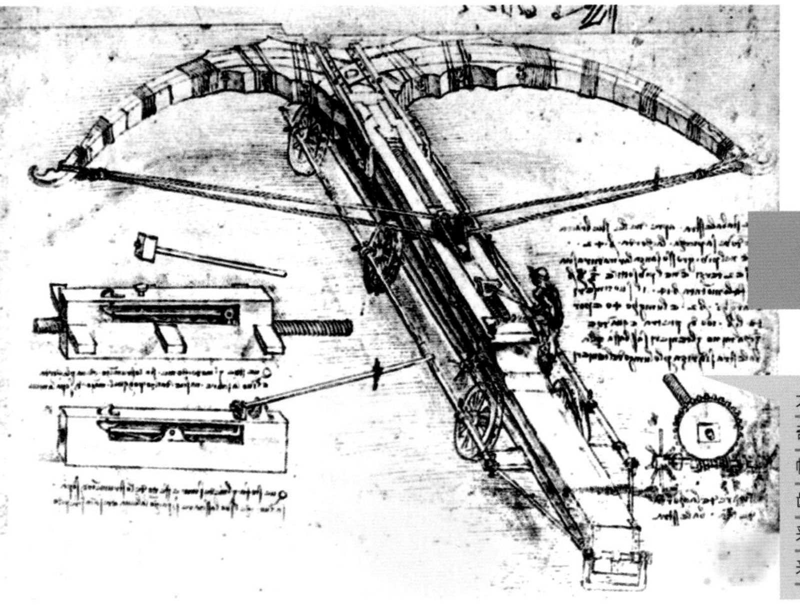

大约在 1486 年，莱奥纳多 · 达 · 芬奇（Leonardo da Vinci）绘制了几幅巨型弩的设计图。这种武器使用齿轮转动上弦，它的一种发射装置采用了固定插销，以木槌敲击插销来释放弓弦。

梭镖投射器（公元前 3 万年）、回旋镖（公元前 2 万年）、投石机（1200 年）、能量守恒（1843 年）

公元前 341 年

在长达多个世纪的历史中，弩作为一种运用物理定律的武器，被用来进行军事破坏、贯穿甲胄。弩改变了中世纪战争的获胜概率。最早在战争中使用弩的可靠记录之一可以追溯到中国战国时期的马陵之战（公元前 341 年），但在中国的古墓中发现过更为古老的弩。

早期的弩一般就是装在木柄或木托上的弓。短而重、像箭一样的抛射物，即弩箭，沿着木柄上的凹槽飞驰。随着弩的发展，各种各样的机械装置被用于拉动弓弦，然后将其固定在待发位置上。早期的弩上有镫，当弓箭手用双手或钩子拉动弓弦时，可以用脚踩住它。

物理学从几个方面改造了这些杀人机械。传统的弓箭要求弓箭手非常强壮，足以拉开弓，并在瞄准时保持稳定。然而在使用弩时，身体较弱的人也可以用腿部肌肉协助拉动弓弦。后来，各种杠杆、齿轮、滑轮和曲柄被用于拉动弓弦时放大使用者的力量。14 世纪时，欧洲出现了钢制的弩，并装备了弩机上弦器——一种装在曲柄上的齿轮。射手转动曲柄来拉动弓弦。

弩和普通弓的穿透力来自弯弓时储存的能量。就像被拉开并固定的弹簧一样，能量被储存为弓的弹性势能。一经释放，势能就转换为运动时的动能。弓的射击力量取决于弓的拉力（拉弓所需的力量）和拉距（弓弦静止位置和张开位置间的距离）。■

011

巴格达电池

亚历山德罗·朱塞佩·安东尼奥·阿纳斯塔西奥·伏打
(Alessandro Giuseppe Antonio Anastasio Volta，1745—1827)

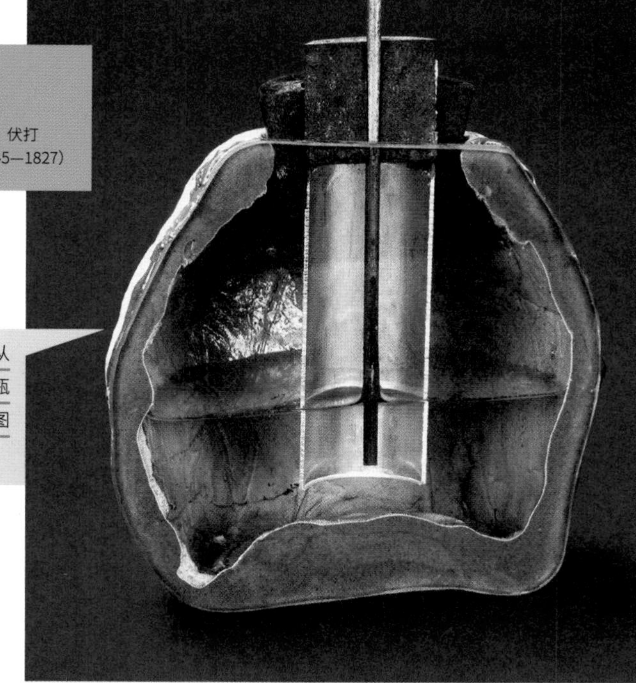

古巴格达电池是一个配有沥青制塞子的陶罐。从沥青内伸出来一根铁棒，插在铜制圆筒内。当瓶中装满醋时，陶罐会产生约 1.1 伏特的电压。[图片由斯坦·谢勒（Stan Sherer）提供。]

冯·居里克静电起电机（1660 年）、电池（1800 年）、燃料电池（1839 年）、莱顿瓶（1744 年）、太阳能电池（1954 年）

公元前 250 年

1800 年，意大利物理学家亚历山德罗·伏打发明了传统意义上的第一块电池。当时，他将几对铜盘和锌盘交替堆叠，每一对铜盘和锌盘之间用盐水浸湿的布隔开。当这种电堆的顶端和底端被一根电线连接起来的时候，电流开始在其中流动。然而，某些考古文物的发现可能表明电池的出现比伏打的这一发明早了一千多年。

“伊拉克有着丰富的文明遗产，”BBC 新闻这样写道，“据说伊甸园和巴别塔就坐落在这片古老的土地上。”1938 年，德国考古学家威廉·科尼希（Wilhelm könig）在巴格达发现了一个 13 厘米高的陶罐，里面装着一支包围着铁棒的铜制圆筒。罐子显示出腐蚀的迹象，似乎曾经装有弱酸，比如醋或葡萄酒。科尼希认为这些器皿是原电池，或电池的一部分，可能是用来给银器电镀金的。酸性溶液可以充当电解质或导电介质。这些人工制品的年代不详。科尼希认为它们的年代大约在公元前 250 年到公元 224 年，也有人认为其年代范围在公元 225 年到 640 年之间。随后的研究人员证实，巴格达电池的复制品在装满葡萄汁或醋时确实会产生电流。

2003 年，冶金学家保罗·克拉多克（Paul Craddock）博士在提到这些电池时指出：“它们是独一无二的。据我们所知，还没有人发现过类似的东西。它们很奇怪，目前仍是一个谜。”关于巴格达电池，人们还提出过很多其他用途，从产生针灸所需的电流到打动偶像崇拜者不等。如果有电线或导体随其他的古代电池一起被发现，将会支持这些器皿具有电池功能的观点。当然，即便这些器皿的确产生了电流，也并不意味着古人就知道它们实际上是如何运转的。■

虹吸管

西比乌斯（Ctesibius，公元前 285— 公元前 222）

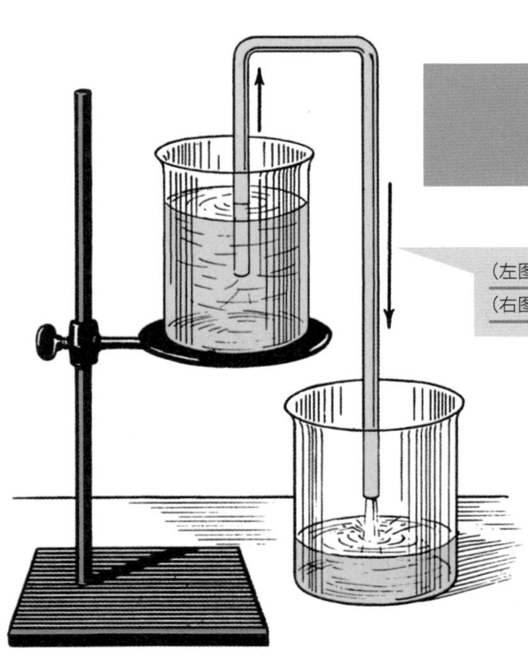

（左图）通过一根简单的虹吸管，液体在容器间流动。
（右图）坦塔罗斯杯，涂成蓝色的就是隐藏的虹吸管。

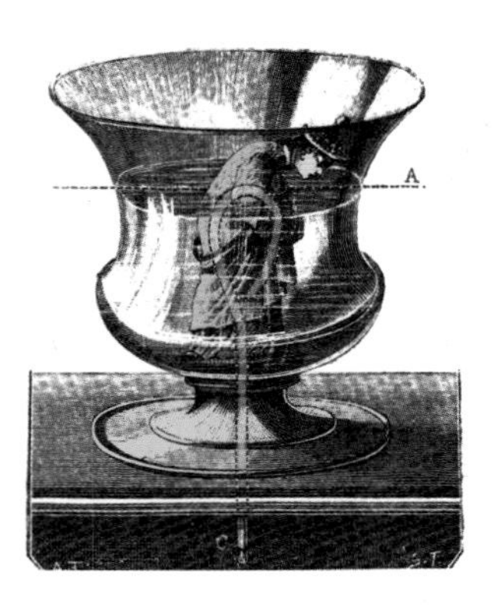

阿基米德螺旋泵（公元前 250 年）、气压计（1643 年）、伯努利流体动力学定律（1738 年）、吸水鸟（1945 年）

虹吸管是一种可以把液体从蓄水池内吸到另一个地方的管子。这根管子的中间一段实际上比蓄水池的位置还要高，但是虹吸管依然可以运转。液体的流动是由流体静压差驱动的，所以不需要泵来维持。虹吸原理的发现归功于希腊发明家和数学家西比乌斯。

虹吸管中的液体在向下流动之前会先在管内上升，部分原因是较长的“出口”管内液体的重量受重力下拉。在令人着迷的实验室实验中，一些虹吸管演示了在真空中工作的能力。传统虹吸管“顶点”的最大高度受限于大气压，因为如果顶点过高的话，液体中的压力可能会降到低于其蒸气压，导致管道的顶点处有气泡形成。

有趣的是，虹吸管的末端无须低于进水管口，但一定要低于蓄水池的水面。尽管虹吸管在实际排放液体中应用广泛，但我最喜欢的应用是别出心裁的坦塔罗斯杯（Tantalus Cup）。其中一种形式是一个小人的雕像坐在杯子里，而虹吸管就藏在雕像内，管子的顶点靠近小人的下巴。当液体灌进杯子，并涨到下巴位置时，隐藏在底部的虹吸管出口就会不断漏光杯子里的大部分液体！因此，坦塔罗斯永远口渴…… ■

013

阿基米德浮力原理

阿基米德（Archimedes，约公元前 287—约公元前 212）

（左图）鸡蛋在水中受到的向上的力等于它排开的水的重量。（右图）当蛇颈龙（已经灭绝的爬行动物）在海里潜游时，它们的总重量等于它们排开的水的重量。在蛇颈龙骨架的胃部发现的胃石可能有助于控制沉浮。

阿基米德螺旋泵（公元前 250 年）、斯托克斯黏度定律（1851 年）、熔岩灯（1963 年）

公元前 250 年

想象一下你正在称量一个物体，比如一个浸在厨房的水槽里未煮过的新鲜鸡蛋。如果你把鸡蛋挂在秤上称量，按照秤上显示的重量，鸡蛋在水里称会比从水槽里拿出来称要轻。水施加了一个向上的力，支撑着鸡蛋的部分重量。如果我们对密度较低的物体进行同样的实验，这种力会更加的明显，比如软木做的立方体，它会部分沉浸在水中漂浮着。

水施加在软木上的力被称为浮力，对于摁在水下的软木，向上的力大于它的重量。浮力取决于液体的密度和物体的体积，与物体的形状或组成物体的材料无关。因此，在我们的实验中，无论鸡蛋是圆是方都无关紧要。同样体积的鸡蛋和木头在水中受到的浮力相同。

根据阿基米德浮力原理（这条定理以古希腊数学家和发明家阿基米德之名命名，他因几何和流体静力学方面的研究闻名），一个完全或部分浸在液体中的物体被一种与被排开的液体重量相等的力浮起。

再举一个例子，把一小颗铅球放在浴缸里，铅球的重量远大于它排开的水的重量，所以铅球会下沉。一艘木制赛艇排开的水的重量足够大，因此赛艇是漂浮着的。水下航行的潜艇排开的水的重量正好等于潜艇的重量。换句话说，潜艇的总重量——包括人员、金属艇身和艇内的空气——等于被排开的海水的重量。■

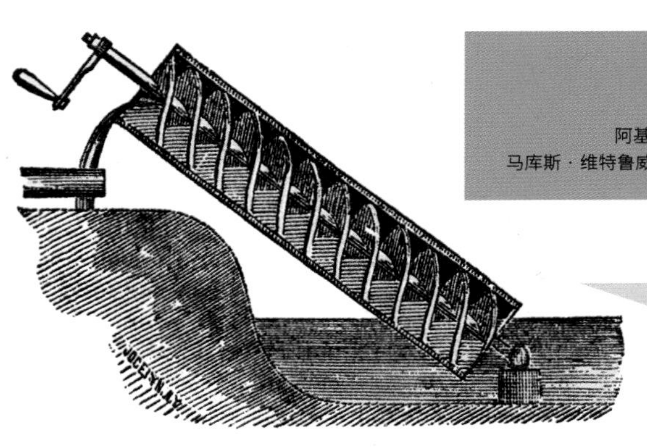

阿基米德螺旋泵

阿基米德（Archimedes，约公元前 287—约公元前 212）
马库斯 · 维特鲁威 · 波利奥（Marcus Vitruvius Pollio，约公元前 87—约公元前 15）

1875 年《钱伯斯百科全书》（*Chambers's Encyclopedia*）中的阿基米德螺旋泵。

虹吸管（公元前 250 年）、阿基米德浮力原理（公元前 250 年）

古希腊几何学家阿基米德被公认为古代最伟大的数学家和科学家，也是世界上最伟大的四位数学家之一，其他三位是艾萨克 · 牛顿、莱昂哈德 · 欧拉和卡尔 · 弗里德里希 · 高斯。

根据公元前 1 世纪的希腊历史学家狄奥多罗斯 · 西库路斯（Diodorus Siculus）的记载，水涡（即阿基米德螺旋泵）这件用于汲水灌溉的发明要归功于阿基米德。罗马工程师维特鲁威详细描述了这种机械的工作原理，它需要使用交错排列的螺旋叶片汲水。

为了汲水，螺旋泵的底端要浸入池塘中，转动螺旋泵将池塘中的水提到高处。阿基米德可能也曾设计过类似的螺旋泵，一种类似螺旋开瓶器的装置，用来排除一艘大船底部的积水。阿基米德螺旋泵至今仍在接触不到先进技术的地区使用，即使水里满是杂物，它也能良好地运转，而且它能最大限度地减轻对水生生物的伤害。现代阿基米德螺旋泵式装置被用在水处理厂中泵入污水。

作家希瑟 · 哈桑（Heather Hassan）写道：“一些埃及农民仍在使用阿基米德螺旋泵灌溉他们的土地。它的直径从 0.6 厘米到 3.7 米不等。荷兰和其他一些国家也使用这种螺旋泵从地表排除积水。”

关于现代螺旋泵的应用还有一些有趣的例子。在田纳西州孟菲斯的一家污水处理厂，有七台用来泵送污水的阿基米德螺旋泵。这些螺旋泵的直径达 2.44 米，每分钟可汲水约 75 000 升。血泵心脏辅助装置还可以在心力衰竭、冠状动脉搭桥术及其他外科手术过程中维持血液循环，据数学家克里斯 · 罗勒斯（Chris Rorres）所说，这种装置中用到的阿基米德螺旋泵直径和铅笔上的橡皮擦差不多大。■

015

埃拉托色尼测量地球

埃拉托色尼（Eratosthenes，约公元前 276—约公元前 194）

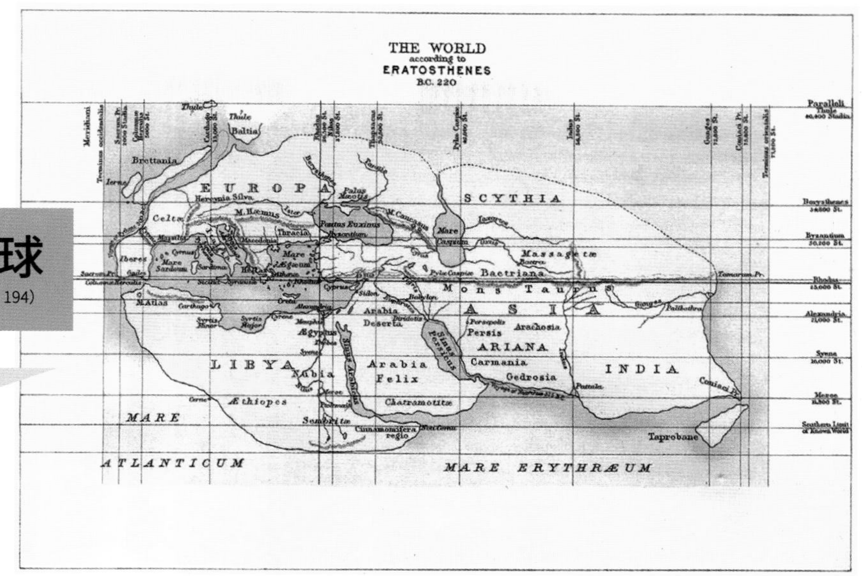

埃拉托色尼世界地图（1895 年的复制图）。埃拉托色尼在没有离开埃及的情况下就测量了地球的周长。古代和中世纪的欧洲学者通常认为世界是球形的，尽管他们不知道有美洲的存在。

滑轮（公元前 230 年）、测量太阳系（1672 年）、黑滴效应（1761 年）、恒星视差（1838 年）、米的诞生（1889 年）

公元前 240 年

据作家道格拉斯 · 哈伯德（Douglas Hubbard）所说："我们的第一位测量学导师做了一件他那个时代的很多人认为是不可能做到的事情。一位名叫埃拉托色尼的古希腊人完成了首次有记录的地球周长测量。他没有使用精确的测量仪器，当然也没有激光和卫星……"不过，埃拉托色尼知道埃及南部城市赛伊尼有一口特别的深井。在一年中的某一天正午，这口井的底部会完全被太阳照亮，所以此时的太阳就在正上方。他还意识到，在同一时间的亚历山大城，物体会投下阴影，这表明地球是球形而非平坦的。埃拉托色尼假设太阳光本质上是平行光，同时他知道历山大城的影子形成的角度是圆的 1/50。因此，他断定地球的周长大约是亚历山大到赛伊尼距离的 50 倍。对埃拉托色尼测量精确性的评估涉及很多因素，如古代测量单位到现代测量单位的转换等，但通常认为他的测量误差在实际地球周长的几个百分点之内。当然，他的估算比同时代的其他估算要准确得多。今天，我们知道地球赤道周长大约是 24 900 英里（40 075 千米）。有意思的是，如果哥伦布没有忽略埃拉托色尼的结果，低估地球周长的话，那么向西航行直抵亚洲这一目标，可能会被认为是一项不可能完成的任务而不会实施。

埃拉托色尼出生于昔兰尼（位于今利比亚），后来成为亚历山大大图书馆（The Great Library of Alexandria）的馆长。他的著名成就还包括建立了科学的年代学（致力于确定正确比例的时间间隔内历史事件发生日期的系统），以及发展了寻找素数（例如 13 这样的数字，只能被自己和 1 整除）的简单算法。埃拉托色尼晚年双目失明，绝食而死。■

滑轮

阿基米德（Archimedes，约公元前 287—约公元前 212）

一艘老式游艇上的滑轮系统特写。穿过滑轮的绳索能改变作用力的方向，使移动一个物体变得更容易。

梭镖投射器（公元前 3 万年）、弩（公元前 341 年）、傅科摆（1851 年）

公元前 230 年

滑轮是一种通常由轮子和轮轴组成的机械装置。在使用人力或机器升起或拉动重物时，我们把绳索套在轮子上，就可以改变作用力的方向。滑轮也能让拉动负荷变得更容易，因为它可以减少所需的作用力。

滑轮可能诞生于史前时代，当时人们发现把绳索抛过一根水平的树枝，就可以用它来升起重物。作家肯德尔 · 黑文（Kendall Haven）写道："到公元前 3000 年时，埃及和叙利亚就出现了带槽（这样绳索就不会滑脱）的滑轮。希腊数学家和发明家阿基米德在公元前 230 年发明了复合滑轮…… 它组合多个轮子和多股绳索来升起一个物体…… 从而使一个人的升力倍增。现代滑轮组和滑车组就是复合滑轮的应用实例。"

滑轮的工作方式看起来不可思议，因为它能降低对所需绳索在坚韧和粗细方面的要求，也能减少所需的力。事实上，根据传说以及希腊历史学家普卢塔赫（Plutarch）的著作记载，阿基米德可能曾用复合滑轮以最小的力气就拉动了沉重的船只。当然，滑轮没有违反任何自然规律。它做的功（力乘以移动距离）是不变的，也就是说，使用滑轮可以减少拉力，但增加了拉动的距离。在实际应用中，过多的滑轮会增加滑动摩擦，所以当使用的滑轮超过一定数量之后，滑轮系统的效率会降低。通过计算来判断使用滑轮系统所需要的力时，工程师们通常会假设滑轮和绳索的质量相比被移动物体的质量轻到可以忽略。纵观历史，滑轮组和滑车组系统在帆船上特别常见，因为其他机械辅助工具在帆船上没有那么实用。■

017

阿基米德燃烧镜

阿基米德（Archimedes，约公元前 287—约公元前 212）

（上图）世界上最大的太阳炉在法国的奥德约。一组平面镜（图中未出现）将太阳光反射到巨大的曲面镜上，然后将光聚焦到一个温度高达 3 000 °C的小区域。

（下图）木版画中的燃烧镜，出自 1870 年 F. 马里恩（F. Marion）的《光学奇观》(*The Wonders of Optics*)。

光纤光学（1841 年）、太阳能电池（1954 年）、激光（1960 年）、照明不完全房间（1969 年）

公元前 212 年

几个世纪以来，历史学家一直被阿基米德燃烧镜的故事深深吸引着。据说公元前 212 年，阿基米德制造了一种“死亡之光”，它由一组镜子组成，将阳光聚焦到罗马舰船上，使它们燃烧起来。许多人尝试去验证这些镜子的实际效果，最后都表示它们并不如传说中的管用。然而，麻省理工学院的机械工程师戴维·华莱士（David Wallace）带领他的学生们于 2005 年复制了一艘罗马战舰，并把阳光聚焦到战舰上，用到了 127 块平面镜，每块边长 0.3 米。暴露在聚焦光下 10 分钟后，距镜子大约 30 米外的战舰突然就烧了起来！

1973 年，一位希腊工程师用了 70 块平面镜（每块大约 1.5 米长，0.9 米宽）将阳光聚焦到一艘划艇上。在这项实验中，划艇也很快就燃烧起来。然而，尽管用镜子可以点燃一艘船，但如果船在移动的话，那么这项任务就非常困难了。

阿基米德还发明了其他武器。根据希腊历史学家普卢塔赫的记载，阿基米德的弹道武器有效地抵御了公元前 212 年罗马人的围攻。普卢塔赫这样写道，“当阿基米德开动引擎后，他立即对地面部队射出了各种各样的投射武器，大块大块的石头带着巨大的响声和破坏力砸了下来，无人可以抵挡；它们撞倒了落点附近成堆成堆的敌人……” ■

安提基特拉机械

瓦利里奥斯·斯泰斯（Valerios Stais，1857—1923）

安提基特拉机械是一种古老的齿轮计算装置，用于计算天文位置。X 射线照片已经揭示了这台机械的内部结构信息。

日晷（公元前 3000 年）、齿轮（50 年）、开普勒行星运动定律（1609 年）

公元前 125 年

安提基特拉机械是一种用于计算天文位置的古老齿轮计算装置，它的实际用途曾经使科学家困惑了一个多世纪。考古学家瓦利里奥斯·斯泰斯于 1902 年前后在希腊岛屿安提基特拉沿海的一艘海难沉船中发现了它，他认为它是在大约公元前 150 年到公元前 100 年间被制造出来的。记者乔·马钱特（Jo Marchant）写道："在随后运往雅典的打捞文物中有一块形状不规则的石头，起先没有人注意到，直到它被打开，露出青铜齿轮、指针和细小的希腊铭文……这是一台精密的机械，由精确分割的刻度盘、指针和至少 30 个互锁齿轮组成，在中世纪欧洲天文钟建造前的一千多年历史记录中再没有出现过比它更复杂的东西。"

这台装置前面的表盘上可能装有至少三个指针，一个指示日期，另两个指示太阳和月球的位置。它也可能被用来提示古代奥林匹克运动会的日期、预测日食以及指示其他行星的运动等。

让物理学家特别高兴的是，月球机械装置使用了一组特殊的青铜齿轮，其中两个齿轮连在一个轻微偏移的轴上，用来指示月球的位置和月相。正如今天我们从开普勒行星运动定律中所得知的那样，月球在绕地球轨道运行时速度发生了变化（例如在接近地球时运行较快），尽管古希腊人并没有意识到实际的轨道是椭圆形的，这种速度差也被安提基特拉机械模拟出来。此外，地球离太阳越近时运行速度越快。

马钱特写道："转动盒子上的手柄，你可以让时间前进或后退，看到今天、明天、上周二或一百年后的宇宙状态。无论谁拥有这台装置，他一定觉得自己像是天堂的主人。"■

希罗的喷气式发动机

希罗（Hero，约 10—约 70）
马库斯 · 维特鲁威 · 波利奥（Marcus Vitruvius Pollio，约公元前 87—约公元前 15）
西比乌斯（Ctesibius，约公元前 285—约公元前 222）

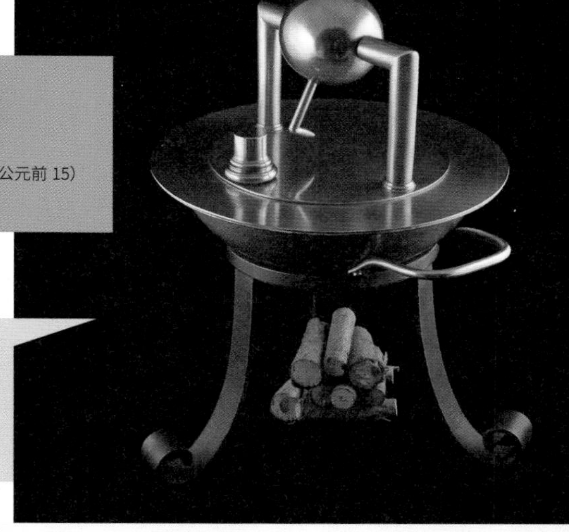

约翰 · R. 本特利（John R. Bentley）制造了希罗发动机的复制品并为它拍下照片，它近乎无声地以每分钟 1 500 转的转速旋转，蒸汽压力仅每平方英寸 18 磅，产生的可见废气极少。

牛顿运动定律和万有引力定律（1687 年）、查理气体定律（1787 年）、齐奥尔科夫斯基火箭方程（1903 年）

现代火箭的历史可以通过无数实验追溯到古希腊数学家和工程师亚历山大的希罗，他发明了一种被称为汽转球（aeolipile）的类火箭装置，以蒸汽为推进力。希罗的发动机就是装在一壶水上面的球体，壶下点火加热产生的蒸汽通过管道进入球体，蒸汽从球体相对两侧的两个弯管中逸出，提供了足以使球体旋转的推力。由于轴承的摩擦，希罗的发动机不是越转越快，而是会达到一个稳态速度。

希罗和古罗马工程师维特鲁威，以及更早期的古希腊发明家西比乌斯，他们都为各种各样的蒸汽动力装置着迷。科学史学家不能确定希罗的发动机在当时是否有任何实际用途。根据 1865 年的《科学季刊》（*Quarterly Journal of Science*）记载：“从希罗时代起，直到 17 世纪初，我们再没有听说过任何蒸汽的应用事例。在大约 1600 年出版的一部著作中，推荐使用希罗的发动机转动烤肉扦子，其巨大的优势在于爱吃烤肉的人可以确保‘在没有家庭主妇盯着的时候，腰腿肉没有被旋转烤肉叉的人为感受舔舐油污手指的乐趣而抓过’。”

喷气和火箭发动机都基于牛顿第三运动定律，该定律指出，对于每一个作用力（某个方向上的力），都有一个大小相等、方向相反的反作用力（相反方向上的力）。当一个未打结的充气气球被释放到空中时，人们可以看到这一原理是如何运作的。第一架喷气式飞机是德国的亨克尔 He –178，它于 1939 年首次试飞成功。■

齿轮

希罗（Hero，约 10—约 70）

齿轮在历史上扮演了重要的角色。齿轮机械可以增强作用力或扭矩，也有助于改变力的速度和方向。

滑轮（公元前 230 年）、安提基特拉机械（公元前 125 年）、希罗的喷气式发动机（50 年）

50年

带有相互啮合齿的旋转齿轮在技术史上发挥了至关重要的作用。齿轮机械不仅对增加作用扭力或扭矩很重要，在改变速度和力的方向上也很有用。最古老的机械之一是陶轮，与这些轮子相关的原始齿轮可能存在了数千年。公元前 4 世纪，亚里士多德曾提出，轮子利用光滑表面之间的摩擦力来传递运动。制造于公元前 125 年左右的安提基特拉机械采用齿轮来计算天文位置。最早关于齿轮的一份书面资料是由希罗在公元 50 年左右撰写的。随着时间的推移，齿轮在磨坊、钟表、自行车、汽车、洗衣机和钻机中发挥重要作用。由于它们在放大力的作用方面非常有效，早期的工程师用它们来提升沉重的施工荷载。古代的纺织机器由马的拖动或水的流动来提供动力，这时齿轮组的变速特性就派上了用场。这些能源供给的转速往往不够，所以一套木制齿轮被用来提高纺织生产的速度。

当两个齿轮啮合时，转速比 s_1/s_2 就简单地等于两个齿轮上齿数 n 的反比：$s_1/s_2 = n_2/n_1$。因此，小齿轮比与其啮合的大齿轮转动得快。扭矩比则相反，较大的齿轮承受更大的扭矩，而更大的扭矩则意味着更低的速度。这也是有用的，例如，对于电动螺丝刀，其中的电动机可以在高速转动时产生较小的扭矩，但我们希望电动螺丝刀转动速度慢而扭矩更大。

一种最简单的齿轮是直齿轮，带有纵切齿。斜齿轮的齿被设置成有一个角度，它的优势是运行更平稳、安静，通常能够承受更大的扭矩。■

021

圣艾尔摩之火

盖乌斯·普利纽斯·塞古都斯（老普林尼）
[Gaius Plinius Secundus (Pliny the Elder)，23—79]

"海船桅杆上的圣艾尔摩之火"，来自 1886 年伦敦出版的 G. 哈特维希（G. Hartwig）博士的著作《空中世界》（*The Aerial World*）。

北极光（1621 年）、富兰克林的风筝（1752 年）、等离子体（1879 年）、斯托克斯荧光（1852 年）、霓虹灯（1923 年）

"一切都在燃烧，"查尔斯·达尔文（Charles Darwin）在他搭乘的帆船上惊呼，"天空被照亮，海水中有光点，甚至桅杆顶端都出现一簇蓝色的火焰。"达尔文所经历的是圣艾尔摩之火，这是一种自然现象，曾激起长达数千年的迷信观念。古罗马哲学家老普林尼在他公元 78 年左右的著作《自然史》（*Natural History*）中提到过这种"火"。

这种被描述为幽灵般的蓝白色舞动火焰，实际上是一种与电有关的天气现象，其中是发光等离子体或电离气体在发光。这种等离子体是由大气电离产生的，这种怪异的辉光常常出现在暴风雨天气的教堂塔楼或船只桅杆等尖顶物体的顶端。圣艾尔摩是地中海水手的守护神，他们认为圣艾尔摩之火是一个好兆头，因为它的光芒往往在暴风雨即将结束时达到最亮。尖锐的物体促使这种"火"的形成，因为电场在高曲率的区域更集中。相比没有尖头的表面，尖锐表面在较低的电压下就可形成放电。火的颜色则源于空气中的氮、氧组分以及与之相关的荧光。如果大气的成分是氖，那么火焰就是橙色的，如霓虹灯一样。

"在风雨交加的黑夜里，"科学家菲利普·卡拉汉（Philip Callahan）写道，"相比其他自然现象，圣艾尔摩之火可能引发了更多的鬼怪和幽灵故事。"赫尔曼·梅尔维尔（Herman Melville）在《白鲸》（*Moby Dick*）一书中描述了台风来袭时的火焰："所有的桁端都被一种苍白的火焰所覆盖；三尖避雷针末端点着三束逐渐变细的白色火焰，三根高高的桅杆在含硫的空气中静静地燃烧着，就像圣坛前三根巨大的蜡烛……'愿圣艾尔摩之火宽恕我们！'……在我所有的航行经历中，当上帝灼热的手指放在船上时，所有的船员都异口同声地重复着这样的誓言。"■

大炮

尼科洛·丰塔纳·塔尔塔利亚（Niccolò Fontana Tartaglia，1500—1557）
韩世忠（Han Shizhong，1089—1151）

马耳他戈佐岛奇塔代拉城堡上的中世纪大炮。

梭镖投射器（公元前 3 万年）、弩（公元前 341 年）、投石机（1200 年）、齐奥尔科夫斯基火箭方程（1903 年）、高尔夫球窝（1905 年）

1132 年

使用火药发射沉重炮弹的大炮，曾让欧洲最聪明的头脑在有关力和运动定律的问题上绞尽脑汁。“归根究底，火药在科学而非战争上引发的种种影响，是机器时代到来的主因。”历史学家 J. D. 伯纳尔（J. D. Bernal）写道。“火药和大炮不仅从经济和政治上炸毁了中世纪世界，也是摧毁其思想体系的主要力量。”作家杰克·凯利（Jack Kelley）评论说，“炮手和自然哲学家都想知道的是：炮弹在离开炮管后会发生什么？寻找一个确切答案耗费了四百年的时间，在建立了全新的科学领域后我们才找到答案。”

火炮在战争中的首次使用记录是 1132 年韩世忠将军夺取福建的一座城市时。到了中世纪，大炮日渐标准化，对士兵和防御工事的杀伤和破坏也变得更加有效。后来，大炮又改变了海战的模式。在美国内战中，榴弹炮的有效射程超过 1.8 千米，而到了第一次世界大战，战争中大多数的死亡都是由大炮造成的。

16 世纪时，人们认识到火药产生大量的炽热气体，能对炮弹施加压力。意大利工程师尼科洛·塔尔塔利亚的研究表明，大炮的仰角为 45°时，它将拥有最大射程（今天我们知道，由于空气阻力的影响，这只是一个近似值）。伽利略的理论研究表明，重力使炮弹匀加速下落，因此无论炮弹的质量或初始发射角度如何，它都会沿着抛物线形的理想弹道运动。尽管空气阻力和其他一些因素在大炮发射过程中起着复杂的作用，但大炮“为真实世界的科学研究提供了一个焦点”，凯利写道，“它推翻了存在已久的错误，为理性时代的到来奠定了基础。”■

永动机

婆什迦罗二世（Bhaskara II，1114—1185）
理查德 · 菲利普斯 · 费曼（Richard Phillips Feynman，1918—1988）

Popular Science
Perpetual Motion?
See page 26

1920 年 10 月期《大众科学》（*Popular Science*）杂志封面，由美国插画家诺曼 · 罗克韦尔（Norman Rockwell，1894—1978）绘制，展示了一位研究永动机的发明家。

布朗运动（1827 年）、能量守恒（1843 年）、热力学第二定律（1850 年）、麦克斯韦妖（1867 年）、超导电性（1911 年）、吸水鸟（1945 年）

1150 年

对于一本讲述物理学发展历史上的里程碑事件的书来说，尽管建造永动机似乎是一个难以想象的话题，但物理学的重要进展往往会涉及一些边缘思想，尤其是在科学家们努力确定一个装置为什么违反物理定律的时候。

几个世纪以来，不断有人提出永动机的构想，比如在 1150 年，印度数学家兼天文学家婆什迦罗二世描述了一个配备水银容器的轮子，他认为随着水银在容器内移动，使得轮轴的一侧更重，那么轮子就会永远转下去。概括来说，永动机通常指的是这样两类装置或系统：第一，它产生的能量永远大于消耗的能量（这违反能量守恒定律）；第二，它自发从周围环境中提取热量以产生机械功（这违反了热力学第二定律）。

我最喜爱的永动机是理查德 · 费曼于 1962 年探讨的布朗棘轮（Brownian Ratchet）。想象一下，一个浸在水中的桨轮上连接着一个极小的棘轮。由于棘轮机构的单向旋转性，当分子与桨轮发生随机碰撞时，桨轮只能向一个方向转动，而且想必可以用来做功，比如举起重物。因此，通过使用一个简单的棘轮，可能是由一个棘爪啮合一个齿轮的斜齿而成，桨旋就会永远旋转下去。太神奇了！

然而，费曼自己证明了他的布朗棘轮必须要有一个非常微小的棘爪来响应分子碰撞。如果棘轮和棘爪的温度 T 与水温相同，棘爪会间歇性地失效，不会产生净移动。如果 T 小于水温，桨轮则有可能只朝一个方向转动，但这种情况下会用到来自温度梯度的能量，而这并不违反热力学第二定律。■

投石机

卡斯泰尔诺城堡中的投石机，这座中世纪的堡垒位于卡斯泰尔诺·拉沙佩勒，俯瞰流经法国南部佩里戈尔的多尔多涅河。

梭镖投射器（公元前 3 万年）、回旋镖（公元前 2 万年）、弩（公元前 341 年）、大炮（1132 年）

1200 年

可怕的投石机利用简单的物理定律制造混乱。在中世纪时，这种利用杠杆原理和离心力拉紧吊索的弹射装置被用来投掷弹丸打破城墙。有时，为了传播疾病，将死亡士兵或腐烂动物的尸体射进城堡里。

牵引式投石机需要人力拉动绳子发射，公元前 4 世纪，这种投石机在希腊和中国被使用。配重式投石机（以下我们简称“投石机”）以重物取代人力，可以确定的是，直到大约 1268 年为止，它都没有在中国出现过。投石机有一个类似跷跷板的结构，其一端系着重物，另一端则是一根放置弹丸的吊索。随着配重下降，吊索摆动到垂直位置，投石机在这里朝目标方向释放弹丸。在弹丸速度和射程方面，这种方法远远强于没有吊索的传统弹射器。为了发挥机械优势，一些投石器将配重放置在离摆动臂支点更近的地方。配重提供巨大的力量，而装填的弹丸则很小—— 就像在一边扔下一头大象，然后能量迅速转移到另一边的砖头上一样。

历史上，十字军和伊斯兰军队曾在不同时期使用过投石机。1421 年，当时还是法国王储的查理七世让他的工程师建造了一架投石机，可以投射一块重达 800 千克的石头，平均射程约为 300 米。

物理学家曾研究过投石机的力学，因为尽管它看起来很简单，但控制其运动的微分方程组是极端非线性的。■

解释彩虹

阿布 · 阿里 · 哈桑 · 伊本 · 海赛姆（Abu Ali al-Hasan ibn al-Haytham，965—1039）
卡迈勒丁 · 法里西（Kamal al-Din al-Farisi，1267—约 1320）
西奥多里克（Theodoric，约 1250—约 1310）

（左图）《圣经》（*Bible*）中，上帝向诺亚展示一道彩虹，作为《圣约》的标记［由约瑟夫 · 安东 · 科赫（Joseph Anton Koch，1768—1839）绘制］
（右图）彩虹的颜色是阳光在水滴里折射和反射而成的。

斯涅尔折射定律（1621 年）、牛顿棱镜（1672 年）、瑞利散射（1871 年）、绿闪光（1882 年）

1304 年

"我们谁不曾欣赏过风暴后默默拱起的彩虹那种宏伟的美丽呢？" 作家小雷蒙德 · 李爵士（Raymond Lee，Jr）和阿利斯泰尔 · 弗雷泽（Alistair Fraser）写道。"生动而引人注目，这幅图像唤醒了童年的记忆、珍贵的民间传说，或许还有一些记不太清的科学课程……有些地方把彩虹视为一条划过天际的不祥之蛇，而另一些地方则把它想象成人类和神明之间的有形桥梁。"彩虹跨越了横亘在艺术和科学之间的现代鸿沟。

今天，我们知道彩虹的迷人色彩产生的原因是，阳光在进入雨滴的表面时被第一次折射（经历了方向的改变），然后从雨滴的背面反射到观察者眼中，并且在它离开水滴时又经历了第二次折射。由于波长不同，白光中不同颜色的光会以不同的角度折射，然后分解开来。

大约在同一时期，卡迈勒丁 · 法里西和西奥多里克两人分别首次提出了彩虹的正确解释，两次折射和一次反射。法里西是一位出生在伊朗的科学家，他用一个装满水的透明球体进行实验。德国神学家兼物理学家西奥多里克也使用了类似的实验装置。

令人着迷的是，新的发现往往会同时出现在多部科学和数学的伟大著作中。例如，各种气体定律、莫比乌斯带、微积分、进化论和双曲几何都是由不同人在同一时期发展起来的。这些发现之所以会同时出现，很有可能是因为时机已经成熟，当时人类在做出这些发现时积累了足够的知识。有时，两名分开工作的科学家会读到同样的初步研究结果。以彩虹为例，西奥多里克和法里西都引用了伊斯兰学者伊本 · 海赛姆的《光学之书》（*Book of Optics*）。■

沙漏

安布罗焦 · 洛伦泽蒂（Ambrogio Lorenzetti，1290—1348）

我们可能早在 3 世纪就开始使用沙漏了。费迪南德 · 麦哲伦在环球航行时，他的每艘帆船都配有 18 个沙漏。

日晷（公元前 3000 年）、周钟（1841 年）、时间旅行（1949 年）、原子钟（1955 年）

1338 年

法国作家朱尔 · 勒内（Jules Renard，1864—1910）曾写道："爱情就像沙漏，心满了，脑袋就空了。"沙漏使用从上部容器经狭窄管颈流下的细沙来计时。测量的时间长度取决于许多因素，包括沙子的体积、沙漏的形状、管颈的宽度以及选用沙粒的类型等。早在公元前 3 世纪人类就开始使用沙漏，但直到 1338 年意大利画家安布罗焦 · 洛伦泽蒂创作壁画《善政寓言》（*Allegory of Good Government*）后才有了关于沙漏的第一份被记录下来的证据。有趣的是，费迪南德 · 麦哲伦（Ferdinand Magellan）在环球航行时，为每艘帆船配备了 18 个沙漏。世界上最大的沙漏之一于 2008 年在莫斯科建造，它高达 11.9 米。纵观历史，沙漏往往被用于工厂，以及在教堂布道时控制时间。

1996 年，英国莱斯特大学的研究人员确定，沙漏的流速只取决于管颈上方几厘米的沙子，而非上方所有的沙子。他们还发现，使用小玻璃球最容易复现这一结果。"对于给定体积的小玻璃球，"研究人员写道，"沙漏的计时周期受控于小玻璃球的尺寸、漏孔的大小及容器的形状。假设漏孔的孔径至少是小玻璃球直径的 5 倍，计时周期 P 则可以通过下列公式计算：$P=KV(D-d)^{-2.5}$，这里 P 的单位是秒，V 表示小玻璃球的总体积，单位是毫升（mL），d 是小玻璃球的最大直径，单位是毫米……而 D 则是圆形漏孔的直径，单位也是毫米。比例常数 K 取决于容器的形状。"研究人员还发现，圆锥形容器和沙漏形容器的 K 值是不同的。对沙漏的任何干扰都会延长计时周期，但温度的变化不会产生明显的影响。■

日心宇宙

尼古拉斯 · 哥白尼（Nicolaus Copernicus，1473—1543）

太阳系仪是一种机械装置，它在太阳系的日心模型中演示行星和卫星的位置和运动。这里展示的是仪器制造商本杰明 · 马丁（Benjamin Martin，1704—1782）在 1766 年制造的一台装置，天文学家约翰 · 温思罗普（John Winthrop，1714—1779）曾用它在哈佛大学教授天文学。图中的这台太阳系仪在哈佛科学中心的帕特南展览馆展出。

宇宙奥秘（1596 年）、望远镜（1608 年）、开普勒行星运动定律（1609 年）、测量太阳系（1672 年）、哈勃望远镜（1990 年）

1543 年

“在所有的发现和观点中，”德国博学大师约翰 · 沃尔夫冈 · 冯 · 歌德（Johann Wolfgang von Goethe）在 1808 年写道，“论起对人类精神影响之巨大，或许没有一个可以比肩哥白尼学说。我们刚刚才得知世界是完美的圆球形，就又有人要求它放弃作为宇宙中心的巨大特权。也许对人类来说，从未有过比这更高的要求，因为承认哥白尼学说意味着太多的东西消逝在烟雾之中！我们的伊甸园，我们纯真、虔诚和诗意的世界，还有感官的见证，以及富有诗意的宗教信仰，它们都会发生何种变化呢？”

尼古拉斯 · 哥白尼是第一个全面提出日心说的人，该学说认为地球并非宇宙的中心。他于 1543 年（他去世的那年）出版的著作《天体运行论》（*On the Revolutions of the Celestial Spheres*）中提出了地球绕太阳公转的学说。哥白尼是一位波兰数学家、医师和古典学者，天文学只是他的业余研究，但正是在天文学领域，他改变了世界。他的学说基于大量的假设：地球的中心并非宇宙的中心；地球到太阳的距离比起它到其他恒星的距离可以说是微乎其微；地球的自转可以解释我们每天看到的恒星升落；我们看到的行星逆行（从地球上看去，它们似乎在某些时候短暂地停止和逆向运行）是由地球的运动所致。尽管哥白尼提出的行星的轨道和本轮都是圆形这一论断并不正确，但他的工作激励了其他天文学家去研究行星轨道，比如约翰内斯 · 开普勒（Johannes Kepler），他随后发现行星轨道是椭圆形的。

有趣的是，直到许多年后的 1616 年，罗马天主教会还宣布哥白尼的日心说是错的，且“完全违反圣经”。■

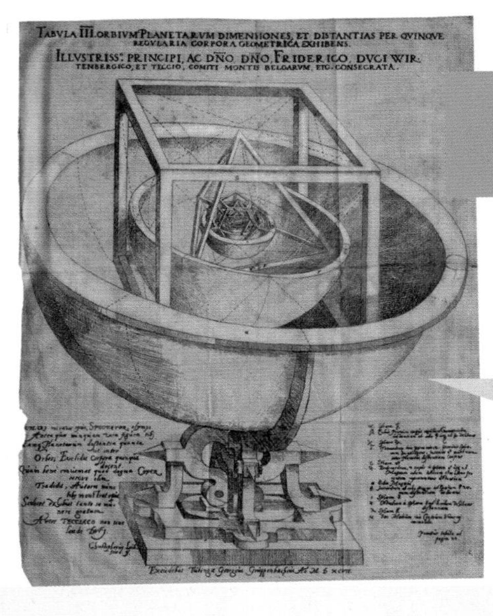

宇宙奥秘

约翰内斯·开普勒（Johannes Kepler，1571—1630）

开普勒最初的宇宙观是基于他对柏拉图多面体这种对称三维物体的研究。这张图摘自他 1596 年出版的《宇宙奥秘》一书。

日心宇宙（1543 年）、开普勒行星运动定律（1609 年）、测量太阳系（1672 年）、波得定律（1766 年）

1596 年

纵观德国天文学家约翰内斯·开普勒的一生，他把他的科学思想和动机归因于对上帝思想的探索。例如，他在 1596 年出版的著作《宇宙奥秘》（*Mysterium Cosmographicum*）中这样写道：“我相信，是上帝旨意的介入使我偶然发现了凭我自己努力可能永远也得不到的东西。我愈发坚信，我能够取得成功是因为我持之以恒地向上帝祈祷。”

开普勒最初的宇宙观是基于他对柏拉图多面体（正多面体）这种对称三维物体的研究。在开普勒之前，古希腊数学家欧几里得（公元前 325 年—前 265 年）证明，正多面体只有五种：立方体、正十二面体、正二十面体、正八面体和正四面体。不过 16 世纪的开普勒学说在今天看来有些奇怪，他试图去证明，研究这些正多面体内的球体可以找出行星到太阳的距离，他还为此画了一层层像洋葱一样嵌套起来的正多面体和球体。例如，在他的模型中，最内的球体代表水星的小轨道。当时已知的其他行星还有金星、地球、火星、木星和土星。

他特别指出，最外层球体包裹着一个立方体，立方体内又是一个球体，接着是一个正四面体，再接着是另一个球体，然后依次是正十二面体、球体、正二十面体、球体，最后也是最内有一个小的正八面体。可以想象，行星嵌在每一层球体上，而这些球体则界定了行星的轨道。经过一些精妙的折中，开普勒的方案作为当时已知行星轨道的粗略近似，符合得非常好。欧文·金格里奇（Owen Gingerich）写道：“尽管《宇宙奥秘》一书的主要观点是错误的，但开普勒确立了自己‘第一人’的地位，他是第一个要求对天体现象做出物理解释的科学家。历史上很少有这样一部谬误百出，却对指导未来科学进程具有重大意义的书。”■

论磁

威廉 · 吉尔伯特（William Gilbert，1544—1603）

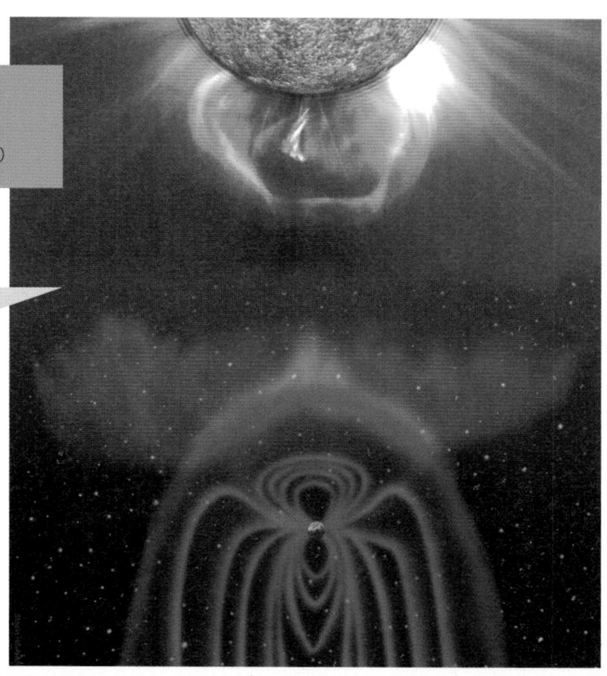

威廉 · 吉尔伯特认为地球产生了自己的磁场。今天，我们知道磁层（在这里表示为一个围绕地球的紫色泡）是来自太阳的带电粒子与地球磁场相互作用且被地球磁场偏转而形成的。

奥尔梅克罗盘（公元前 1000 年）、冯 · 居里克静电起电机（1660 年）、安培电磁定律（1825 年）、高斯和磁单极子（1835 年）、灵敏电流计（1882 年）、居里磁学定律（1895 年）、施特恩 − 格拉赫实验（1922 年）

威廉 · 吉尔伯特于 1600 年出版的《论磁》（*De Magnete*）被认为是英国第一部伟大的自然科学著作，而欧洲的许多科学都可以追根溯源到吉尔伯特最初的理论和对实验的喜好。吉尔伯特不仅是女王伊丽莎白一世的私人医生，也是电磁科学的重要创始人之一。

“在 16 世纪，”作家兼工程师约瑟夫 · F. 基思利（Joseph F. Keithley）写道，“社会上充斥着强烈的情感，认为知识是上帝的领域，因此人类不应该窥探它。对理智和道德生活来说，实验被认为是危险的……然而，吉尔伯特打破了传统的思维方式，并且对那些不用实验来探索现实世界运作的人失去了耐心。”

在对地磁的研究过程中，吉尔伯特制造了一个直径约 0.3 米的球形磁石，他称之为“特洛拉（terrella）”，也就是迷你地球的意思。他将一根架在支点上的小磁针围绕特洛拉表面移动，证明特洛拉有南北两极，当磁针靠近一极时就会下沉，模拟出罗盘磁针在接近地球两极时下沉的情况。他假定地球就像一个巨大的磁石。英国船只曾依赖磁罗盘导航，但它的工作原理仍是个谜。有些人认为北极星是罗盘磁感应的真正原因。另一些人则认为北极有一座磁山或磁岛，船只最好避开它们，因为帆船的铁钉会被拉扯出来。科学家杰奎琳 · 雷诺兹（Jacqueline Reynolds）和查尔斯 · 坦福德（Charles Tanford）写道：“吉尔伯特证明，掌控力量的是地球而非天堂，这件事本身就远远超出了磁力的范畴，影响了所有关于物质世界的思考。”

吉尔伯特正确地论证出地球的中心是由铁组成的。不过他错误地以为石英晶体是一种固态的水——某种类似于压缩冰的物质。吉尔伯特死于 1603 年，很可能是因为染上了鼠疫。■

望远镜

汉斯 · 利伯希（Hans Lippershey，1570—1619）
伽利略 · 伽利莱（Galileo Galilei，1564—1642）

（左图）1913 年匹兹堡大学 30 英寸折射望远镜竣工前，天文台职员骑在上面。一名男子坐在维持巨大望远镜平衡所需的砝码上。
（右图）甚大阵（VLA）中的一架天线，用于研究来自射电星系、类星体、脉冲星等天体的信号。

日心宇宙（1543 年）、土星环的发现（1610 年）、显微图集（1665 年）、恒星视差（1838 年）、哈勃望远镜（1990 年）

物理学家布赖恩 · 格林（Brian Greene）写道："望远镜的发明、后续改进以及伽利略对望远镜的应用，标志着现代科学方法的诞生，这也戏剧性地为重新评估我们在宇宙中的地位奠定了基础。这样一种技术装置最终揭示出，宇宙中有太多的谜团是我们不借助外物而无法感知的。"计算机科学家克里斯 · 兰顿（Chris Langton）对此表示赞同，并指出，"没有任何一种装置能与望远镜相匹敌，也没有任何一种装置如此彻底地重塑了我们的世界观。它迫使我们接受，地球以及我们自身仅仅是更广阔宇宙的一部分而已。"

1608 年，德裔荷兰镜头制造商汉斯 · 利伯希可能是第一个发明望远镜的人，一年后，意大利天文学家伽利略 · 伽利莱制造了一架放大倍率约三倍的望远镜。后来，他又制造了放大倍率可达 30 倍的望远镜。不过早期的望远镜旨在观测来自遥远天体的可见光，而现代望远镜则是一系列能够利用电磁波谱其他波段的设备。折射望远镜采用透镜来成像，反射望远镜使用一组反射镜来实现这一目的，而折反射望远镜则同时用到了反射镜和透镜。

有趣的是，许多借助望远镜做出的重要天文发现是完全不曾预料到的。天体物理学家肯尼斯 · 兰（Kenneth Lang）在《科学》（*Science*）杂志上这样写道："伽利略把他新造的小望远镜对准天空，就此开启了一个时代，天文学家使用新奇的望远镜来探索肉眼看不见的宇宙。对看不见的事物的搜寻产生了许多意想不到的重要发现，包括木星的四大卫星、天王星、第一颗小行星谷神星、旋涡星云的高退行速度、来自银河系的射电辐射、宇宙 X 射线源、伽马射线暴、射电脉冲星、有引力辐射特征的脉冲双星以及宇宙微波背景辐射。可观测宇宙只是更广阔的、有待探索的宇宙的一小部分，它往往是以最意想不到的方式被发现的。"■

031

开普勒行星运动定律

约翰内斯 · 开普勒（Johannes Kepler，1571—1630）

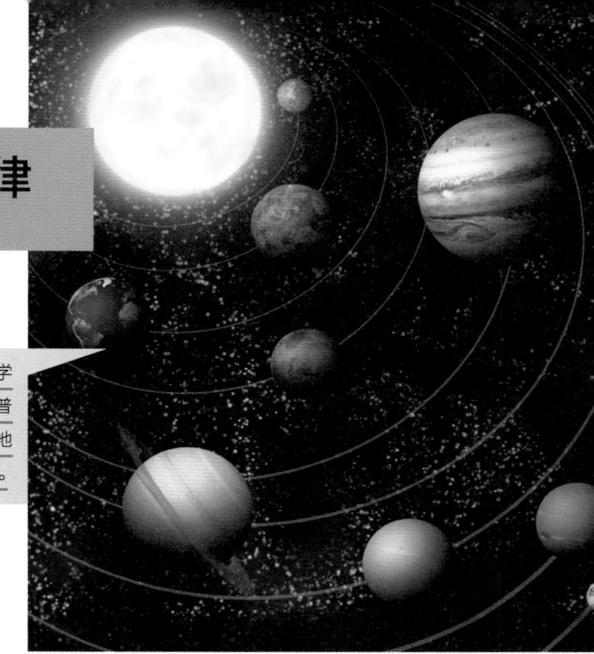

太阳系的艺术表现形式。德国天文学家、神学家兼宇宙学家开普勒因开普勒定律而闻名于世，该定律描述了地球和其他行星绕太阳运行的椭圆轨道。

日心宇宙（1543 年）、宇宙奥秘（1596 年）、望远镜（1608 年）、牛顿运动定律和万有引力定律（1687 年）

1609 年

“今天，人们铭记开普勒的主要原因是他提出了行星运动三定律，”天文学家欧文 · 金格里奇（Owen Gingerich）这样写道，“但这只是他对宇宙之和谐更广泛的探索中三个基本原理……他留给天文学的是一个统一的、遵循物理规律的日心（以太阳为中心的）系统，其精确度将近原来的 100 倍。”

德国天文学家、神学家兼宇宙学家约翰内斯 · 开普勒因开普勒定律而闻名于世，该定律描述了地球和其他行星绕太阳运行的椭圆轨道。要用公式来表达这些定律，开普勒必须首先抛弃一种盛行的观点，即圆形是描述宇宙及其行星轨道的“完美”曲线。当开普勒第一次提出他的定律时，并没有任何理论依据。它们仅仅提供了一种简洁的方法，用来描述从实验数据中得到的轨道路径。大约 70 年后，牛顿证明了开普勒定律可由牛顿万有引力定律推导出来。

开普勒第一定律（即 1609 年提出的轨道定律）指出，太阳系中的所有行星都沿椭圆轨道运行，太阳位于椭圆轨道的一个焦点上。开普勒第二定律（即 1618 年提出的等面积定律）表明，行星离太阳较远时的运动速度比靠近太阳时要慢，并且行星和太阳的连线在相等的时间间隔内扫过相等的面积。根据开普勒第一、第二定律，就可以很容易地计算出行星的轨道和位置，其精确度与观测值相当符合。

开普勒第三定律（即 1618 年提出的周期定律）表明，行星公转周期的平方与其椭圆轨道半长轴的立方成正比。因此，离太阳较远的行星公转周期很长。开普勒定律是人类最早确立的科学定律之一，它在统一天文学和物理学的同时，也激励了试图用简单公式表达现实行为的后来者。■

土星环的发现

伽利略·伽利莱（Galileo Galilei，1564—1642）
乔瓦尼·多梅尼科·卡西尼（Giovanni Domenico Cassini，1625—1712）
克里斯蒂安·惠更斯（Christiaan Huygens，1629—1695）

卡西尼号飞船搭载的广角相机拍摄的165张图像合成的土星及土星环图像。图像中的颜色是使用紫外、红外和其他摄影技术创造的。

望远镜（1608年）、测量太阳系（1672年）、海王星的发现（1846年）

“土星环似乎永恒不变，”科学记者雷切尔·考特兰（Rachel Courtland）这样写道，“从远处看去，这些由超小卫星串接并由引力塑造的行星宝石珠链与数十亿年前几乎是一样的。”20世纪80年代发生了一起神秘的事件，这颗行星最内侧的环突然扭曲成一种成脊状的螺旋图案，“就像黑胶唱片上的凹槽”。科学家们推测，螺旋状的卷绕可能是由一颗非常大的类小行星天体，或者是天气的剧烈变化造成的。

1610年，伽利略·伽利莱成为观测到土星环的第一人；不过，他将它们形容为土星的“耳朵”。直到1655年，克里斯蒂安·惠更斯使用他的高质量望远镜，才第一次描述出它的特征，即一条真实环绕土星的环。最终在1675年，乔瓦尼·卡西尼确认土星的“环”实际上是由之间存在缝隙的子环所组成。其中两个这样的环缝是沿轨道运行的超小卫星造成的，但其他的环缝仍然无法解释。土星卫星周期性引力作用导致的轨道共振也影响着土星环的稳定性。每条子环围绕行星运行的速度也不一样。

今天，我们知道，组成土星环的是几乎完全由水冰、岩石和尘埃构成的小颗粒。天文学家卡尔·萨根（Carl Sagan）称土星环是“由无数微小的冰世界组成的庞大部落，每一个世界都运行在各自的轨道上，受到土星引力的束缚”。这些颗粒的尺寸从小如沙粒到大如房屋不等。这些环结构也存在一层由氧气组成的稀薄大气。这些环可能是由一些古老的卫星、彗星或小行星解体后的碎片形成的。

2009年，美国航天局的科学家们发现一条几乎看不见的环围绕着土星，它非常庞大，填满它需要10亿颗地球，或者大约300颗土星排列成一条线那么长。■

033

开普勒的“六角雪花”

约翰内斯·开普勒（Johannes Kepler，1571—1630）

（左图）“冠柱晶”雪花两端的白霜。

（右图）低温扫描电子显微镜放大的六角树枝状雪花。为突出显示中间的雪花而进行了人工上色。

显微图集（1665 年）、滑溜的冰（1850 年）、准晶体（1982 年）

1611 年

哲学家亨利·戴维·梭罗（Henry David Thoreau）曾这样写下他对雪花的赞叹：“造就了雪花的空气是多么富有创造力啊！即便是真正的星辰坠落在我的外套上，我都不会给予更多的赞美。”纵观历史，六角对称的雪晶曾引起艺术家和科学家的共同兴趣。1611 年，约翰内斯·开普勒出版了专著《论六角雪花》（*On the Six-Cornered Snowflake*），这是最早研究雪花形成的著作之一，它寻求的是一种科学上而非宗教上的理解。事实上，开普勒也曾深思过，也许这样更容易理解雪晶美丽的对称性：雪晶是拥有灵魂的生命，而且每一个都被上帝赋予了某种意志。不过，他认为更有可能的是，某种小到超出他辨别能力的六角形粒子群，能够解释雪花这些奇妙的几何形状。

雪花（或者更严格地说是雪晶，因为天空中真正的雪花可能由许多晶体组成）的生命往往始于微小的尘埃颗粒，水分子会在温度足够低时凝结其上。当生长中的晶体下落穿过不同湿度和温度的空气时，水蒸气持续凝结成固态冰，这些晶体也就慢慢地成形了。我们通常看到的六重对称是由于一般的冰更倾向于六角形晶体结构。它们的六条枝杈看起来很相似，因为它们是在相似的条件下形成的。除了六角片状，雪还可以形成六角柱状等各种晶体形状。

物理学家之所以要研究雪晶及其成因，是因为从电子学到自组装、分子动力学和模式自发形成等诸多科学领域中，晶体都有着重要的应用。

一个典型的雪晶中含有大约 10^{18} 个水分子，所以两个典型大小的晶体完全相同的概率几乎为零。从宏观角度来看，自第一片雪花坠落大地以来，任何两片雪花看起来都不可能是完全相同的。■

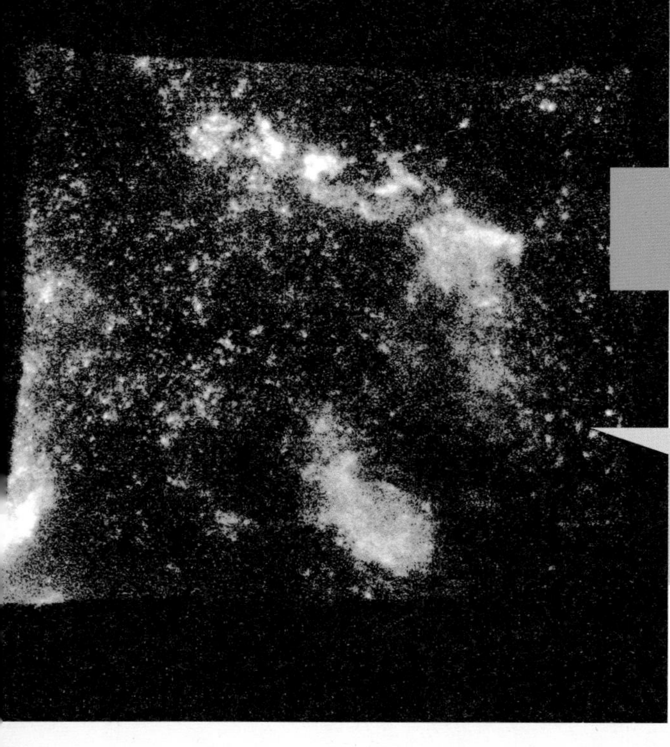

摩擦发光

弗朗西斯·培根（Francis Bacon，1562—1626）

摩擦发光现象是弗朗西斯·培根爵士在 1605 年用小刀刮糖时首次发现的。这里展示的是在两块透明玻璃之间压碎 N- 乙酰邻氨基苯甲酸晶体的摩擦发光照片。

斯托克斯荧光（1852 年）、压电效应（1880 年）、X 射线（1895 年）、声致发光（1934 年）

1620 年

想象一下，在美国的中西部，你与古老的印第安尤特人萨满同行，去寻找石英晶体。在采集到这些晶体并把它们放入半透明野牛皮制成的摇铃后，你们等待着夜晚的仪式开始召唤亡灵。黑夜降临，你摇动摇铃，石英晶体相互碰撞，摇铃闪闪发光。在你参加的这场仪式中，所体验的就是摩擦发光这一物理过程已知最古老的应用之一。当材料被碾碎、摩擦和剥离时，电荷分离并重新结合，由此导致的放电使附近的空气电离，从而触发闪光。

1620 年，英国学者弗朗西斯·培根发表了已知的首篇有关这一现象的文献，其中提到，糖在黑暗中“破碎或刮擦”时会发光。如今，你也可以在自己家里尝试摩擦发光，方法很简单：在漆黑的房间里打碎冰糖或 Wint-O-Green 牌救生圈形糖果。糖果中的冬青油（水杨酸甲酯）吸收了压碎糖时产生的紫外光，并发出蓝光。

糖经摩擦发光产生的光谱与闪电相同，这两种情况中都有电能激发空气中的氮分子。空气中的氮发出的光大部分位于我们肉眼看不到的紫外波段，只有一小部分在可见光范围内。当糖晶体受到压力时，正电荷和负电荷积聚，最终导致电子跃过晶体断裂，激发出氮分子中的电子。

如果你在黑暗中剥开斯科奇牌透明胶带，或许也能看到摩擦发光过程发出的光。有趣的是，在真空中剥开这种胶带时会产生 X 射线，且强到足以拍摄手指的 X 射线图像。■

035

斯涅尔折射定律

维勒布罗德·斯涅尔（Willebrord Snellius，1580—1626）

（左图）光线在钻石中产生全反射。
（右图）当射水鱼向猎物射出水流时，必须在瞄准时抵消折射的影响。射水鱼是如何校正折射的？这个问题至今还没有完全解释清楚。[图片由谢尔比·坦普尔（Shelby Temple）提供。]

解释彩虹（1304 年）、牛顿棱镜（1672 年）、布儒斯特光学（1815 年）、光纤光学（1841 年）、绿闪光（1882 年）、切伦科夫辐射（1934 年）

1621 年

当诗人詹姆斯·麦克弗森（James Macpherson）写下“光束啊，汝在何处?”的诗句时，他可能并不了解折射的物理原理。斯涅尔定律涉及的是光和其他波的弯折或折射，例如，当它们穿过空气，进入另一种材料（如玻璃）时，当波被折射时，它们的传播方向会因其速度的改变而改变。把一支铅笔放在装着水的玻璃杯中，观察铅笔明显的弯折，你可以看到，斯涅尔定律在起作用。这一定律的表达式是：$n_1\sin(\theta_1) = n_2\sin(\theta_2)$；这里 n_1 和 n_2 表示介质 1 和介质 2 的折射率，入射光和两种介质界面的垂线的夹角被称为入射角（θ_1）。光线继续传播，从介质 1 进入介质 2，出射光和两种介质界面的垂线的夹角 θ_2 被称为折射角。

凸透镜利用折射会聚平行光。没有双眼中晶状体对光的折射，我们就看不清楚事物。地震波（例如，地下岩石突然断裂引发的能量波）在地下传播时速度会发生变化，根据斯涅尔定律，它们在遇到不同介质的界面时会发生弯折。

当一束光从高折射率的介质向低折射率的介质传播时，在某些条件下，光束会被完全反射。这一光学现象通常被称为全反射，它发生时，光在介质界面的折射达到一定程度，以至于被反射回来。这种现象在某些光纤中也可以观察到，光从光纤的一端进入，并一直被困在其中，然后从另一端出来。切割好的钻石看上去非常闪耀，也是因为全反射的缘故。

几个世纪以来，不同研究者独立提出了斯涅尔定律，但它是以荷兰天文学家和数学家维勒布罗德·斯涅尔的名字来命名的。■

北极光

皮埃尔·伽桑狄（Pierre Gassendi，1592—1655）
阿尔弗雷德·安戈（Alfred Angot，1848—1924）
奥洛夫·彼得鲁斯·约尔特（Olof Petrus Hiorter，1696—1750）
安德斯·摄尔西乌斯（Anders Celsius，1701—1744）

北极光闪耀在阿拉斯加艾尔森空军基地的贝尔湖上空。

圣艾尔摩之火（78 年）、瑞利散射（1871 年）、等离子体（1879 年）、绿闪光（1882 年）、HAARP（2007 年）

1621 年

“北极光曾是恐惧的源头。”气象学家阿尔弗雷德·安戈这样描写 16 世纪人们看到天空中出现发光大幕时的反应。“血淋淋的长矛、脱离身躯的头颅、激战中的军队，都清晰地展现在眼前。看到这样的场景，有些人昏过去了，有些人则发疯了。”作家乔治·布莱森（George Bryson）写道，“古斯堪的纳维亚人将北极光视为刚刚离世的强壮灵魂、在天上徘徊的美丽女子……霓虹蓝刺穿了闪电蓝，鲜粉红旋转着进入深红中，闪烁的紫罗兰正在慢慢变淡……”

来自太阳风的高能带电粒子流进入地球大气层，并被引向地球的南北磁极。粒子绕着磁力线旋转，与大气中的氧原子和氮原子碰撞，使原子进入激发态。当原子中的电子回到较低能量的基态时，会发出光，例如氧原子会发出红光和绿光，这就是出现在极地附近的奇异极光，它发生在电离层中（大气的最上层，被太阳辐射电离）。当氮原子电离后重新获得电子时，则可能会呈现出蓝色。在北极附近时，这种光被称为北极光；与之相对应的是南极附近的南极光。

克罗马努人的洞穴壁画（约公元前 3 万年前）似乎曾描绘了古代的极光，但直到 1621 年，法国哲学家、神父、天文学家兼数学家皮埃尔·伽桑狄才以罗马曙光女神奥罗拉（Aurora）和希腊语中的北风之神玻瑞阿斯（Boreas）创造了“北极光（aurora borealis）”一词。

1741 年，瑞典天文学家奥洛夫·彼得鲁斯·约尔特和安德斯·摄尔西乌斯在观测极光出现时罗盘磁针的波动后，提出极光是由磁效应控制的。今天，我们知道其他行星（如木星和土星）的磁场比地球更强，同样也会出现极光。■

落体加速度

伽利略·伽利莱（Galileo Galilei，1564—1642）

想象一下，不同质量的球体或其他任何物体，在同一时间、同一高度释放下落。伽利略指出，如果我们忽略空气阻力造成的差异，它们必将以同样的速度同时落地。

动量守恒（1644 年）、等时降落斜坡（1673 年）、牛顿运动定律和万有引力定律（1687 年）、回旋环线（1901 年）、终端速度（1960 年）

1638 年

“想要领会伽利略诸多发现的全部性质，”伯纳德·科恩（Bernard Cohen）写道，“我们必须认识到抽象思维的重要性，认识到伽利略将其作为一种工具的重要性，经过打磨，这种工具成为比望远镜更具革命性的工具。”根据传说，伽利略从比萨斜塔上扔下两个不同质量的球，以便证明它们会同时着地。这个实验可能并未发生过，但伽利略的确做了一些实验，它们对同时期运动规律的理解产生了深远的影响。亚里士多德曾断言，重的物体比轻的物体下落得更快。而伽利略证明，这只是物体受到空气阻力不同而造成的假象，他用滚下斜面的球做了大量的实验来支持他的观点。通过这些实验，他证明了如果物体可以在没有空气阻力的情况下下落，那么所有物体的加速度都相同。更精确地说，他证明了一个从速度零开始不断加速的物体所走过的距离正比于下落时间的平方。

伽利略还提出了惯性原理：除非受到其他力的作用，物体的运动速度和方向将保持不变。亚里士多德曾错误地认为，只有施加力，物体才能保持运动。后来，牛顿把伽利略的原理纳入了他的运动定律。运动中的物体在没有外力的情况下不会自发地停止运动，如果你觉得这件事并非显而易见，那么可以想象一个实验，硬币的一面贴着无限光滑的水平桌面滑动，桌面光滑到毫无摩擦。这样的情况下，硬币将永远沿着这个假想的平面滑行下去。■

气压计

埃万杰利斯塔·托里拆利（Evangelista Torricelli，1608—1647）
布莱兹·帕斯卡（Blaise Pascal，1623—1662）

气压计是一种测量大气压力的仪器，以毫米汞柱或 hPa（百帕斯卡）为单位。一个大气压等于 1013.25 hPa。

虹吸管（公元前 250 年）、白贝罗天气定律（1857 年）、风速最快的龙卷风（1999 年）

1643 年

气压计（barometer）虽然极其简易，但有着深远的意义，远远超出了预测天气这项用途。这种仪表帮助科学家理解了大气的性质，他们发现大气的厚度是有限的，不会一直延伸到星星上去。

气压计是用来测量大气压力的仪表，主要有两种形式：水银气压计和无液气压计。水银气压计是一根装有水银的玻璃管，其顶部密封，底部则通向一个充满水银的容器。玻璃管内的水银柱高度受控于压在容器内水银上的大气压。比如，在高气压的情况下，玻璃管内的水银柱高度比低气压的时候要高。在玻璃管中，水银会自动调整高度以达成与大气压力的平衡。

通常认为是意大利物理学家埃万杰利斯塔·托里拆利于 1643 年发明了气压计，他观察发现气压计中的水银高度随着大气压的每日变化也会有轻微的变化。他写道："我们生活在由空气构成的浩瀚海洋之下，根据无可置疑的实验可以知道，这些空气是有质量的。"1648 年，布莱兹·帕斯卡用气压计证明，压在山顶的空气比压在山下的空气少；因此，大气并不是无穷无尽的。

无液气压计中没有流动的液体。取而代之的则是一个小型的弹性真空金属膜盒。膜盒内部有一根弹簧，大气压的微小变化会导致膜盒胀缩。气压计内部的杠杆机构放大了这些微小的变动，使用者因此可以读取压力值。

如果大气压下降，那么往往预示着暴风雨天气可能将要降临；而气压上升则表明接下来可能是没有降水的晴天。■

动量守恒

勒内·笛卡尔（René Descartes，1596—1650）

吊在海上救援直升机上的人。如果没有尾桨来保持稳定的话，这架直升机的机体会反方向旋转，即与顶部旋翼的旋转方向相反，以保持角动量守恒。

落体加速度（1638 年）、牛顿运动定律和万有引力定律（1687 年）、牛顿摆（1967 年）

1644 年

从古希腊哲学家的时代开始，人类就一直在思考物理学的第一大问题：“物体是如何运动的?”动量守恒是物理学中最重要的定律之一，哲学家兼科学家勒内·笛卡尔在他 1644 年出版的《哲学原理》（*Principia Philosophiae*）一书中对其进行了初步的探讨。

在经典力学中，线性动量 P 被定义为物体质量 m 乘以速度 v，即 $P = mv$，其中 P 和 v 是矢量，有大小和方向。对于一个由相互作用的物体组成的封闭或孤立系统，总动量 P_T 是守恒的。换句话说，即使个体的运动发生变化，P_T 也是不变的。

举例来说，假设有一名静止不动的滑冰者，体重 45 kg。她正前方的机器以 5m/s 的速度向她抛掷一枚质量为 5 kg 的球，由于机器到她的距离很短，所以我们可以假设球的飞行轨迹近乎水平。她接住了球，撞击使她以 0.5 m/s 的速度向后滑动。其中，运动中的球与静止的滑冰者在碰撞前的动量为 5 kg×5 m/s（球）+ 0（滑冰者），碰撞后持球者的动量为（45 kg + 5 kg）×0.5 m/s，与碰撞前相等，因此动量是守恒的。

角动量是一个与旋转物体有关的概念。考虑一个质点（例如可以粗略地假设为拴在绳子上的球）以动量 P 沿半径为 r 的圆旋转，角动量本质上是 P 和 r 的乘积，质量、速度或半径越大，角动量越大。孤立系统的角动量也是守恒的。例如，当一名快速旋转的滑冰者收起她的手臂时，r 减小，致使她旋转得更快。直升机为保持稳定而使用两支旋翼（螺旋桨）以保持角动量守恒，因为仅有一支水平旋翼会导致直升机机体反方向旋转。■

胡克弹性定律

罗伯特·胡克（Robert Hooke，1635—1703）
奥古斯丁－路易·柯西（Augustin-Louis Cauchy，1789—1857）

摩托车的镀铬悬挂弹簧。胡克弹性定律描述了弹簧和其他弹性体在长度变化时的表现。

桁架（公元前2500年）、显微图集（1665年）、超级球（1965年）

1660年

在玩螺旋弹簧玩具时，我迷上了胡克定律。1660年，英国物理学家罗伯特·胡克发现了如今我们所说的胡克弹性定律，即如果一个物体（比如一根金属棒或弹簧）被拉伸了一段距离x，则物体施加的回复力F正比于x，这一关系可以用方程表示为$F=-kx$；其中，k是比例常数，当胡克定律应用于弹簧时，它通常被称为弹簧常量。胡克定律也可以作为一种近似定律适用于某些材料，如钢材，它们被称为“胡克”材料，因为它们在一定条件范围内遵守胡克定律。

学生们在研究弹簧时最常碰到胡克定律，它将弹簧施加的力F与弹簧被拉伸的距离x联系起来。$F=-kx$中的负号表示弹簧施加的力与位移的方向相反。举例来说，如果我们将弹簧的一端向右拉，弹簧就会向左施加一个回复力。弹簧的位移指的是它距平衡位置$x=0$的位移。

我们上面一直在讨论的是单一方向上的运动和力。法国数学家奥古斯丁－路易·柯西将胡克定律推广到三维（3D）力和弹性体上，这项更复杂的公式依赖于应力的6个分量和应变的6个分量。应力－应变关系以矩阵形式表示时，构成了一个36个分量的应力——应变张量（stress-strain tensor）。

如果金属受到轻微的应力，三维晶格中原子的弹性位移可以实现暂时形变。消除应力则使金属恢复到原本的外形尺寸。

胡克的许多发现一直鲜为人知，部分原因是艾萨克·牛顿不喜欢他。牛顿曾将胡克的肖像移出皇家学会，并试图烧毁胡克的皇家学会论文。■

冯·居里克静电起电机

奥托·冯·居里克（Otto von Guericke，1602—1686）
罗伯特·杰米森·范德格拉夫（Robert Jemison Van de Graaff，1901—1967）

（左图）冯·居里克发明了也许是第一台静电起电机，其中一个版本在贝尔－弗朗索瓦·格拉沃洛的版画（约 1750 年）中有描绘。
（右图）世界上最大的空气绝缘范德格拉夫发电机，最初由范德格拉夫为早期原子能实验设计的，目前在波士顿科学博物馆中展示运行。

巴格达电池（公元前 250 年）、论磁（1600 年）、莱顿瓶（1744 年）、富兰克林的风筝（1752 年）、利希滕贝格图形（1777 年）、库仑静电定律（1785 年）、电池（1800 年）、特斯拉线圈（1891 年）、电子（1897 年）、雅各布阶梯（1931 年）、小男孩原子弹（1945 年）、看见单个原子（1955 年）

神经生理学家阿诺德·特雷胡布（Arnold Trehub）写道："过去两千年来最重要的发明必定影响广泛而深远，且意义重大。在我看来，这指的就是奥托·冯·居里克发明的静电起电机。"尽管到 1660 年电现象才为人所知，但冯·居里克似乎已经制造出了第一台发电机器的前身。他的静电起电机使用了一个硫制成的球体，可以用手旋转和摩擦。（历史学家还不清楚他的装置是否能持续旋转，如果确认它可以旋转的话，就可以将其归为机器了。）

更概括地说，静电起电机通过将机械功转化为电能来产生静电。19 世纪末，静电起电机在研究物质结构上起到了至关重要的作用。1929 年，美国物理学家罗伯特·范德格拉夫设计并制造了一台静电起电机，被称为范德格拉夫起电机（VG），它在核物理研究中得到了广泛的应用。作家威廉·古尔斯特尔（William Gurstelle）写道："最大、最亮、最狂暴、最灿烂的放电现象不是来自威姆斯赫斯特型号静电机器（请参阅第 53 页，莱顿瓶），也不是来自特斯拉线圈，而是来自礼堂般大小的一对高耸圆柱形机器，被称为范德格拉夫起电机，它能产生级联电火花、臭氧和强电场……"

VG 采用电力电子供电的方式给一条运动的传送带充电，从而积累高电压，通常是积累在一个中空的金属球上。在粒子加速器中使用 VG 时，离子（带电粒子）源由电压差加速。事实上，VG 产生的电压可以精确控制，这使得 VG 可以用于原子弹设计过程中的核反应研究。

多年来，静电加速器已被用于癌症治疗、半导体生产（通过离子注入的方式）、电子显微镜束流、食品灭菌以及核物理实验中的质子加速。■

玻意耳气体定律

罗伯特·玻意耳（Robert Boyle，1627—1691）

使用自携式水下呼吸器的潜水员应该学习玻意耳定律。如果潜水员在吸入压缩空气后上浮的过程中屏住呼吸，他们肺部的空气会随着周围水压的降低而膨胀，这有可能造成肺部损伤。

查理气体定律（1787 年）、亨利气体定律（1803 年）、阿伏伽德罗定律（1811 年）、分子运动论（1859 年）

“玛吉，你怎么了？”当霍默·辛普森（Homer Simpson）在飞机上注意到妻子的惊慌时，他问道。“你饿了？ 还是胀气？一定是胀气，对吧？”或许玻意耳定律能让霍默对此更有认识。1662 年，爱尔兰化学家兼物理学家罗伯特·玻意耳研究了恒温容器中气体压强 P 和体积 V 之间的关系。玻意耳经观察发现压强和体积的乘积保持恒定：$P\times V=C$。

玻意耳定律的一个粗略的实例就是手压式打气筒。当向下推动活塞时，打气筒内的体积减小，压力增加，导致空气挤进轮胎。海平面处充气的气球在空中上升时，受到的压力减小，所以会膨胀。同样地，当我们吸气时，肋骨提起，膈肌收缩，增加了肺容量，降低了压力，所以空气就流入肺部。从某种意义上说，玻意耳定律让我们每一次呼吸都充满活力。

玻意耳定律最适用于理想气体，这种气体由忽略自身体积的相同粒子组成，没有分子间力，且原子或分子与容器壁发生的是弹性碰撞。真实气体在足够低的压强下才遵循玻意耳定律，且这种近似在实际应用中往往是准确的。

使用自携式水下呼吸器的潜水员应该学习玻意耳定律，因为它有助于解释下潜、上浮过程中肺、面罩和浮力补偿调节装置（BCD）所发生的变化。举例来说，当一个人下潜时，压强增加，导致空气体积减小。潜水员会注意到，他们的 BCD 似乎在缩小，耳后的气腔也在减小。为了平衡耳腔，空气必定流经潜水员的咽鼓管，以补偿减少的空气体积。

玻意耳意识到，如果所有的气体都是由微小的粒子构成，那么他的结果就可以得到解释。于是，他试图建立一个普适的化学微粒说。在他 1661 年的著作《怀疑派化学家》（*The Sceptical Chymist*）一书中，玻意耳抨击了亚里士多德的四元素（土、气、水、火）说，并提出了微粒的概念，这些微粒聚集在一起形成了化学物质。■

043

显微图集

罗伯特·胡克（Robert Hooke，1635—1703）

跳蚤，摘自罗伯特·胡克 1665 出版的《显微图集》。

望远镜（1608 年）、开普勒的“六角雪花”（1611 年）、布朗运动（1827 年）、看见单个原子（1955 年）

1665 年

尽管早在 16 世纪晚期就已经出现了显微镜，但英国科学家罗伯特·胡克对复合显微镜（一种由多个透镜构成的显微镜）的使用是物理学史上的一个里程碑，他的仪器可以被看作现代显微镜的一个重要的光学和机械先驱。对于双透镜的光学显微镜来说，整体放大数是目镜放大数（通常是 10 倍左右）和物镜放大数的乘积，其中物镜离标本更近。

胡克《显微图集》（*Micrographia*）一书的特色在于惊人的显微观察，以及对植物到跳蚤等各种标本的生物学推测。这部著作还讨论了行星、光的波动说和化石的起源，激发了公众和科学界对显微镜能力的兴趣。

胡克首次发现了生物细胞，并创造“细胞”一词来描述所有生物的基本单元。“细胞”一词是出于他对植物细胞的观察，这让他联想起修道士们居住的地方“cellula”。关于这部宏伟的著作，科学史学家理查德·韦斯特福尔（Richard Westfall）写道：“罗伯特·胡克的《显微图集》是 17 世纪科学的杰作之一，它呈现了一系列来自矿物、动物和植物王国的观察资料。”

胡克还是使用显微镜研究化石的第一人，他经观察注意到，石化木和贝壳化石的结构与真正的木头和活着的软体动物贝壳惊人地相似。在《显微图集》一书中，他把石化木和朽木进行了比较，得出结论，木材可以通过一段渐进的过程变成石头。他还认为，许多化石意味着灭绝的生物，他写道：“在过去还有许多其他生物物种，现在我们已经找不到它们了；甚至还可能现在若干新的物种并不是从一开始就存在的。”显微镜的最新进展可参阅“看见单个原子（1955 年）”。■

阿蒙东摩擦

纪尧姆·阿蒙东（Guillaume Amontons，1663—1705）
莱奥纳多·达·芬奇（Leonardo da Vinci，1452—1519）
夏尔－奥古斯丁·德·库仑（Charles-Augustin de Coulomb，1736—1806）

像轮子和滚珠轴承这样的装置被用于将滑动摩擦转化成摩擦更小的滚动摩擦，从而减少了运动的阻力。

落体加速度（1638 年）、等时降落斜坡（1673 年）、滑溜的冰（1850 年）、斯托克斯黏度定律（1851 年）

1669 年

摩擦是一种力，它阻止物体相对于其他物体的滑动。尽管要为发动机中零件的磨损和能量的浪费负责，但在我们的日常生活中，摩擦是有益的。想象一个没有摩擦的世界。人们如何走路？如何开车？如何用钉子和螺丝固定物体？如何在牙齿上钻洞？

1669 年，法国物理学家纪尧姆·阿蒙东指出，两个物体之间的摩擦力正比于外加负载（即垂直于接触面的力），比例常数（摩擦系数）与接触面积的大小无关。这些关系最初由莱奥纳多·达·芬奇提出，后来被阿蒙东再次发现。摩擦的大小几乎与接触表面的面积无关，这似乎违反直觉。然而，如果沿着地板推动一块砖，不管砖是以较大的面还是较小的面滑动，摩擦阻力都是相同的。

为了确定阿蒙东定律在多大程度上能实际适用于纳米尺度到毫米尺度的材料，近年来，科学家们进行了多项研究。例如在微电子机械系统（MEMS）领域，其中涉及微型器件，包括现在用于喷墨打印机的微型器件，以及汽车安全气囊系统中的加速度计。MEMS 利用微细加工技术将机械元件、传感器和电子器件集成到一块硅基板上。阿蒙东定律在研究传统机器和运动部件时通常很有用，但可能不适用于针尖般微小的机器。

1779 年，法国物理学家夏尔－奥古斯丁·德·库仑开始了对摩擦的研究，发现相对运动的两个表面的动摩擦几乎与表面的相对速度无关。对于一个静止的物体，静摩擦力通常大于该物体运动时的阻力。■

045

测量太阳系

乔瓦尼·多梅尼科·卡西尼（Giovanni Domenico Cassini，1625—1712）

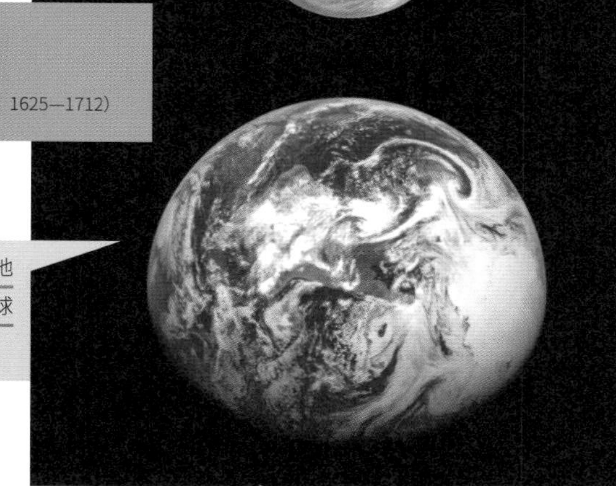

卡西尼计算了地球到火星的距离，然后是地球到太阳的距离。这里展示的是火星和地球大小的比较；火星半径大约是地球的一半。

埃拉托色尼测量地球（公元前 240 年）、日心宇宙（1543 年）、宇宙奥秘（1596 年）、开普勒行星运动定律（1609 年）、土星环的发现（1610 年）、波得定律（1766 年）、恒星视差（1838 年）、迈克尔逊－莫雷实验（1887 年）、戴森球（1960 年）

1672 年

在 1672 年天文学家乔瓦尼·卡西尼测定太阳系大小的实验之前，流传着一些相当古怪的理论。公元前 280 年，萨摩斯的阿利斯塔克（Aristarchus）曾说过，太阳到地球的距离仅仅是地月距离的 20 倍。卡西尼时代的一些科学家认为，星星距离地球只不过几百万英里远。卡西尼派天文学家让·里歇尔（Jean Richer）去南美东北海岸城市卡宴，他自己留在巴黎。卡西尼和里歇尔同时测量了火星相对于遥远恒星的角位置。使用简单的几何方法［参见条目“恒星视差（1838 年）”］，并且知道巴黎和卡宴之间的距离，卡西尼就确定了地球到火星的距离。一旦得到这个距离，他就可以采用开普勒第三定律［参见条目“开普勒行星运动定律（1609 年）”］计算火星和太阳之间的距离了。利用这两条信息，卡西尼确定了地球到太阳的距离约为 1.4 亿千米，仅比实际的平均距离少 7%。作家肯德尔·黑文（Kendall Haven）写道：“卡西尼发现的距离意味着宇宙比任何人幻想的都要大数百万倍。”如果要直接观察、测量太阳，肯定会伤害视力。

卡西尼因其他诸多发现而闻名。他发现了土星的 4 颗卫星，并且发现了土星环中的主要环缝，为了纪念他，这条环缝如今被命名为卡西尼环缝。有趣的是，他是最早正确猜想光以有限速度传播的科学家之一，但并没有公布他的证据来支持这一理论，据肯德尔·黑文所说，“他是一位虔诚的教徒，相信光来自上帝。因此，光必须是完美的、无限的，不能被有限的速度所限制。”

自卡西尼时代起，我们对太阳系的概念随着诸多发现而不断更新，例如天王星的发现（1781 年）、海王星的发现（1846 年）、冥王星的发现（1930 年）及阋神星的发现（2005 年）。■

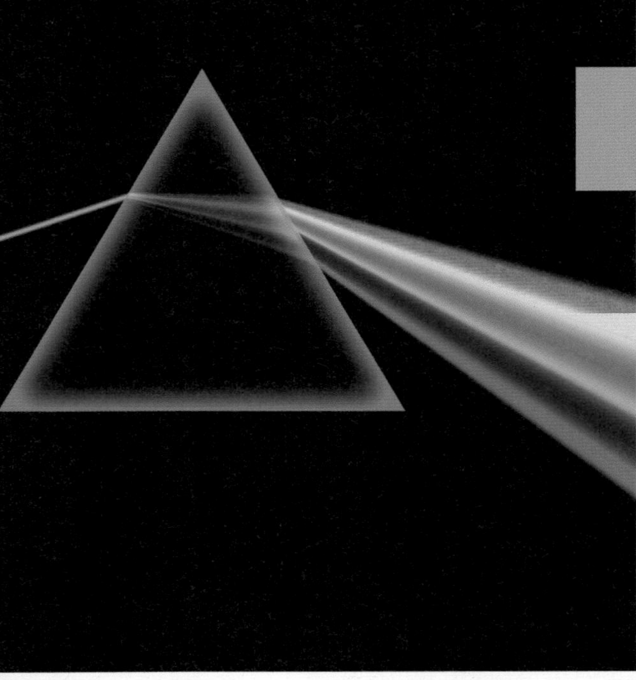

牛顿棱镜

艾萨克·牛顿（Isaac Newton，1642—1727）

牛顿使用棱镜证明，白光并不是亚里士多德所认为的单色光，而是许多不同光的混合体，这些光对应着不同的颜色。

解释彩虹（1304 年）、斯涅尔折射定律（1621 年）、布儒斯特光学（1815 年）、电磁波谱（1864 年）、超构材料（1967 年）

“我们现在对光和颜色的理解始于艾萨克·牛顿，”教育家迈克尔·杜马（Michael Douma）写道，“他在 1672 年发表了一系列实验。牛顿是第一个理解彩虹的人，他用棱镜折射白光，将它分解成组分色：红、橙、黄、绿、蓝和紫。”

17 世纪 60 年代后期，当牛顿在进行光和颜色的实验时，同时代的许多人认为颜色是光和暗的混合体，而棱镜给光涂上了颜色。尽管有着这样的主流观点，但他还是逐渐确信，白光并不是亚里士多德所认为的单色光，而是许多不同光的混合体，这些光对应着不同的颜色。英国物理学家罗伯特·胡克（Robert Hooke）对牛顿关于光特性的工作提出了批评，这使牛顿怒不可遏，且愤怒的程度似乎远远超出受到胡克批评所应有的程度。因此直到 1703 年胡克去世后，牛顿才出版了他的不朽杰作《光学》（*Opticks*）；这样，牛顿就可以对光这一主题下最终结论，也可以避免与胡克争辩不休。牛顿的《光学》出版于 1704 年，在这本书中，牛顿进一步讨论了他对颜色和光的衍射的研究。

牛顿在他的实验中使用了玻璃三棱镜。光从棱镜的一边入射，随后被玻璃折射成各种颜色的光；因为它们的分离角度随着不同颜色光的波长不同而不同。棱镜的工作原理是，当从空气进入棱镜玻璃时，光会改变速度。当这些颜色被分开后，牛顿还使用另一个棱镜将它们重新折射在一起，再次形成白光。这个实验表明，棱镜并非像许多人认为的那样仅仅是为光添加颜色。牛顿还用一个棱镜产生的红光穿过另一个棱镜，发现红色依然未变。这进一步证明了棱镜并没有产生颜色，而只是分离了原始光束中已经存在的颜色光。■

0 4 7

等时降落斜坡

克里斯蒂安·惠更斯（Christiaan Huygens，1629—1695）

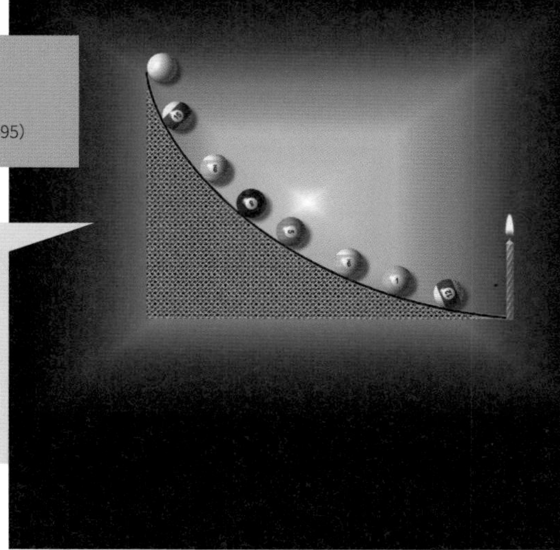

（左图）卡斯帕·内切尔（Caspar Netscher，1639—1684）的画作《克里斯蒂安·惠更斯》。
（右图）在重力的影响下，这些台球从不同位置开始沿等时降落斜坡滚动，然而将会同时抵达蜡烛处。

落体加速度（1638 年）、回旋环线（1901 年）

1673 年

多年前，我写过一个夸张的故事，讲述七个滑板者发现了一条似乎充满魔力的山路。无论滑板者从这条山路上的哪个地方开始下坡滑行，总是在完全相同的时间内到达坡底。这怎么可能呢？ 17 世纪时，数学家和物理学家在寻找一种曲线，它决定了一种特殊坡道或道路的形状。在这个特殊的斜坡上，不管从什么位置开始，物体都会在相同的时间内滑到坡底。物体由重力加速，且假定斜坡没有摩擦。

荷兰数学家、天文学家兼物理学家克里斯蒂安·惠更斯于 1673 年发现了一种解决方案，并将其发表在他的著作《摆钟论》（*Horologium Oscillatorium*）上。从技术上讲，等时降落轨迹是一种摆线，也就是说，当圆沿直线滚动时，圆周上的一点的路径所确定的一条曲线。等时降落轨迹也被称为最速降线，这条曲线使一个无摩擦的物体在从一点滑到另一点时，下降速度最快。

惠更斯试图利用他的发现来设计一种更为精确的摆钟。不管钟摆从哪里开始摆动，这种摆钟都在利用靠近摆绳的转动轴的倒摆弧线，确保摆绳沿着最佳曲线运动。（哎！摆绳沿弧线弯曲时产生的摩擦所带来的误差比它校正的还要多。）

在《白鲸》一书中，有一段关于试桶（try-pot）的讨论，提及了等时降落轨迹的特殊性质，试桶是一种用来将鲸脂熬制成油的大锅：“试桶也是一个进行深刻数学思考的地方。站在‘裴廓德号’左舷边的试桶里，我手中的皂石不断地滑落，我首次在不经意间被一个惊人的事实打动—— 在几何学中，所有沿着摆线滑行的物体，例如我的皂石，从任何一点下落的时间完全相同。” ■

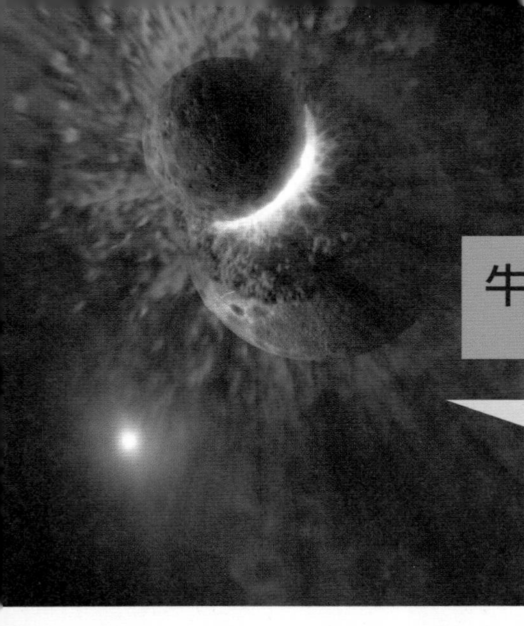

牛顿运动定律和万有引力定律

艾萨克·牛顿（Isaac Newton，1642—1727）

引力影响太空中物体的运动。画中展示的是天体间发生的一次巨大碰撞，可能有冥王星那么大的天体发生碰撞后，产生的尘埃环围绕着附近的织女星。

开普勒行星运动定律（1609 年）、落体加速度（1638 年）、动量守恒（1644 年）、牛顿棱镜（1672 年）、牛顿的启发（1687 年）、回旋环线（1901 年）、广义相对论（1915 年）、牛顿摆（1967 年）

1687 年

“上帝以数字（number）、质量（weight）和度量（measure）创造万物”，英国数学家、物理学家、天文学家艾萨克·牛顿写道。他曾发明了微积分，证实了白光是混合光，解释了彩虹，建造了第一架反射望远镜，发现了二项式定理，引入了极坐标系，说明了使物体下落的力与驱动行星运动并产生潮汐的是同一种力。

牛顿运动定律关注的是物体上的作用力和这些物体的运动之间的关系。他的万有引力定律声称，物体间相互吸引的力与物体质量的乘积成正比，与物体间距离的平方成反比。牛顿第一运动定律（惯性定律）指出，除非施加外力，否则物体不会改变它们的运动状态。也就是说，除非受到合力的作用，静止的物体会一直保持静止，而运动的物体则继续以同样的速度和方向运动。根据牛顿第二运动定律，当合力作用在一个物体上时，动量（质量 × 速度）的变化率与作用力成正比。根据牛顿第三运动定律，当一个物体对另一个物体施加力的时候，第二个物体会对第一个物体施加一个大小相等、方向相反的力。例如，勺子向下对桌子的力与桌子向上对勺子的力大小相等。

据说牛顿在他的一生中曾多次发作过躁狂抑郁症。他一直憎恨着他的母亲和继父，十几岁的时候，他威胁要将他们活活烧死在房子里。牛顿也写过一些与《圣经》及其预言有关的著述。很少有人知道他花在神学和炼金术上的时间比花在科学上的时间还多；他在宗教方面的著述也比他在自然科学方面的著述要多。但不管怎么说，这位英国数学家和物理学家可能是有史以来最有影响力的科学家。■

牛顿的启发

艾萨克·牛顿（Isaac Newton，1642—1727）

牛顿的出生地英格兰伍尔斯索普庄园及一棵古老苹果树的照片。牛顿在这里开展了许多关于光和光学的著名实验。根据传说，牛顿在这里看到了一个掉落的苹果，这在某种程度上启发了他发现万有引力定律。

牛顿运动定律和万有引力定律（1687 年）、爱因斯坦的启发（1921 年）、《星际迷航》中的斯蒂芬·霍金（1993 年）

化学家威廉·H. 克罗珀（William H. Cropper）写道："牛顿是物理学史上最伟大的创造型天才。哪怕是爱因斯坦、麦克斯韦、玻尔兹曼、吉布斯、费曼，都比不上牛顿在理论、实验和数学方面的成就。如果你是一名时间旅行者，并且在回到 17 世纪的旅行中遇到牛顿，你可能会发现，他有点像一个表演者，先是激怒眼前的所有人，然后走上舞台，如天使一般歌唱……"

牛顿或许比其他任何科学家都更能启发那些追随他的科学家，使他们相信可以从数学的角度来理解宇宙。记者詹姆斯·格莱克（James Gleick）写道："艾萨克·牛顿出生在一个黑暗、晦涩、巫术横行的世界……至少有一次濒临疯狂的边缘……却比之前或之后的任何人都更多地发现了人类知识的本质核心。他是现代世界的首席建筑师……他使知识有基于定量和精确的事实根据可依。他确立的原理被人们称为牛顿定律。"

作家理查德·科克（Richard Koch）和克里斯·史密斯（Chris Smith）指出："13 世纪到 15 世纪的一段时间里，欧洲在科学技术方面远远领先于世界其他地方，并在随后的 200 年里巩固了这一领先地位。到 1687 年，艾萨克·牛顿基于哥白尼、开普勒等人的先期研究提出了他的辉煌见解，他认为宇宙是由一些物理、机械和数学定律所支配的。这给人类注入了极大信心，让人们相信万物皆合理，万物皆相合，万物皆可以通过科学来完善。"

受到牛顿的启发，天体物理学家斯蒂芬·霍金写道："我不同意这种观点，说宇宙是一个谜……这种观点并不能公正地评价大约四百年前伽利略发起并由牛顿继承的科学革命……现在，数学定律足以解释我们在日常生活中所经历的一切。" ■

音叉

约翰 · 肖尔（John Shore，约 1662—1752）
赫尔曼 · 冯 · 亥姆霍兹（Hermann von Helmholtz，1821—1894）
朱尔 · 安托万 · 利萨茹（Jules Antoine Lissajous，1822—1880）
鲁道夫 · 凯尼格（Rudolph Koenig，1832—1901）

音叉在物理、音乐、医学和艺术中发挥着重要的作用。

听诊器（1816 年）、多普勒效应（1842 年）、战争大号（1880 年）

1711 年

音叉是一种 Y 形金属装置，被敲击时能发出恒定频率的纯音，在物理学、医学、艺术甚至文学中都发挥过重要的作用。我最喜欢的一幕发生在小说《了不起的盖茨比》（*The Great Gatsby*）中，“盖茨比知道当他亲吻了这个女孩……他的心灵再也不会像上帝的心灵那样自由自在了。于是他又等了一会儿，聆听那架敲击在星星上的音叉。然后他吻了她，在他的嘴唇触碰间，她像花儿一样为他绽放……”

英国音乐家约翰 · 肖尔于 1711 年发明了音叉，其产生的纯净正弦声波可用于为乐器调音。

音叉的两根叉子都朝向对方来回振动，而手柄则上下振动。手柄的运动幅度很小，意味着音叉可以拿在手里，而声音不会有明显的衰减。不过，手柄可以用来扩音，这要把它放在谐振器上，比如触碰一个空心盒子。根据音叉材料的密度、叉子的半径和长度、材料的杨氏模量（衡量的是材料的刚度）等参数，可以得到计算音叉频率的简单公式。

19 世纪 50 年代，数学家朱尔 · 利萨茹观察涟漪来研究音叉触碰水时产生的波。他还把光通过一个连着振动音叉的镜子反射到另一个连着垂直振动音叉的镜子上，然后再反射到墙上，最后获得了错综复杂的利萨茹图形。1860 年前后，物理学家赫尔曼 · 冯 · 亥姆霍兹和鲁道夫 · 凯尼格设计了一种电磁驱动音叉。到了现代，警务部门用音叉来校准管控交通速度的雷达设备。

在医学上，这些音叉可以用来评估病患的听觉和皮肤的震颤感，以及用于诊断骨折。音叉振动所产生的声音在骨折处会变小，因此可以用听诊器找出受伤的地方。■

051

逃逸速度

艾萨克·牛顿（Isaac Newton，1642—1727）

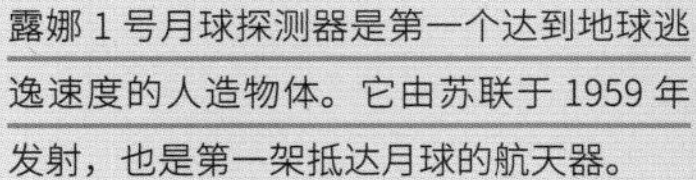

露娜 1 号月球探测器是第一个达到地球逃逸速度的人造物体。它由苏联于 1959 年发射，也是第一架抵达月球的航天器。

等时降落斜坡（1673 年）、牛顿运动定律和万有引力定律（1687 年）、黑洞（1783 年）、终端速度（1960 年）

1728 年

对着上方的天空射出一支箭，最终它会落下。把弓拉得更开一些，箭就能飞得更久。使箭不再返回地球的发射速度就是逃逸速度 V_e，它可以用一个简单的公式来计算：$V_e =[(2GM)/ r]^{1/2}$，G 是引力常数，r 是弓和箭到地心的距离，地球的质量则是 M。如果我们忽略空气阻力等其他力的影响，射出箭的速度带有一定垂直分量（即沿着自地心引出的径向线），那么 V_e = 11.2km/s。这肯定是一个假想中的高速箭，它的发射速度必须达到 34 倍音速！

要注意的是，无论抛射体是一支箭还是一头大象，其质量并不影响它的逃逸速度，不过它确实影响了驱动物体逃逸所需的能量。计算 V_e 的公式假设了一个均匀的球形行星和远小于其质量的抛射体。此外，相对于地球表面的 V_e 还受到地球自转的影响。例如，站在地球赤道处向东发射的箭支，它相对于地球的 V_e 约为 10.7km/s。

请注意，计算 V_e 的公式适用的情形是抛射体速度的垂直分量是“一次性的”。一艘真正的火箭飞船并不需要瞬间达到这个速度，因为它可以在飞行中持续发动引擎。

1728 年，艾萨克·牛顿出版的《论宇宙的体系》（*A Treatise of the System of the World*）提到了逃逸速度。书中，牛顿设想了以不同的高速发射一颗炮弹的情形，并思考了炮弹相对于地球的轨迹。逃逸速度公式的计算方法有很多种，包括引自牛顿万有引力定律（1687 年）的方法。该定律认为，物体之间相互吸引的力，其大小正比于物体质量的乘积，反比于物体之间距离的平方。■

伯努利流体动力学定律

丹尼尔·伯努利（Daniel Bernoulli，1700—1782）

许多发动机化油器都包括一个称为文丘里管的狭窄喉管，依据伯努利定律可以加速空气并降低压强来抽取燃料。这里的1935年化油器专利中被标记为10的就是喉管。

虹吸管（公元前250年）、泊肃叶流体流动定律（1840年）、斯托克斯黏度定律（1851年）、卡门涡街（1911年）

1738年

想象一下，水稳定地流经一根管道，液体得以从建筑物的顶部输送到下面的草地上。液体的压强沿着管道发生变化。数学家兼物理学家丹尼尔·伯努利发现的定律将流体在管道中流动时的压强、流速和高度联系在一起。今天，我们把伯努利定律写成 $v^2/2+gz+p/\rho=C$；v 是流体的速度，g 是重力加速度，z 是流体中某点的高度，p 是压强，ρ 是流体密度，而 C 是一个积分常数。伯努利之前的科学家就已经知道，当一个运动的物体升高时，会将动能转化成势能。伯努利意识到，按同样的方式，流动的流体动能的变化会导致压强的变化。

该公式假定流体在封闭管道中有稳定的（非湍流）流动，且流体必须是不可压缩的。由于大多数流体只有很小的可压缩性，所以伯努利定律往往是一个有用的近似法。此外，流体不应该是黏性的，这也意味着流体不应该有内摩擦。虽然真正的流体都不能满足所有这些标准，但对避开管壁或容器壁的流体自由流动区域来说，伯努利关系式通常是非常准确的，而且特别适用于气体和轻质液体。

伯努利定律经常引用上述方程的一个简化结论，即压强降低的同时速度会增加。在设计文丘里喉管时，就会用到伯努利定律；文丘里喉管是化油器空气道中一个狭窄区域，在这里压强会降低，从而令燃油蒸气被抽出化油器腔。依据伯努利定律，流体在直径较小的区域加速，降低压强，产生部分真空。

伯努利公式在空气动力学领域有着大量的实际应用，在研究流过翼型（如机翼、螺旋桨叶和舵）的流体时就会用到它。■

053

莱顿瓶

彼得·范·米森布鲁克（Pieter van Musschenbroek，1692—1761）
埃瓦尔德·格奥尔格·冯·克莱斯特（Ewald Georg von Kleist，1700—1748）
让－安托万·诺莱（Jean-Antoine Nollet，1700—1770）
本杰明·富兰克林（Benjamin Franklin，1706—1790）

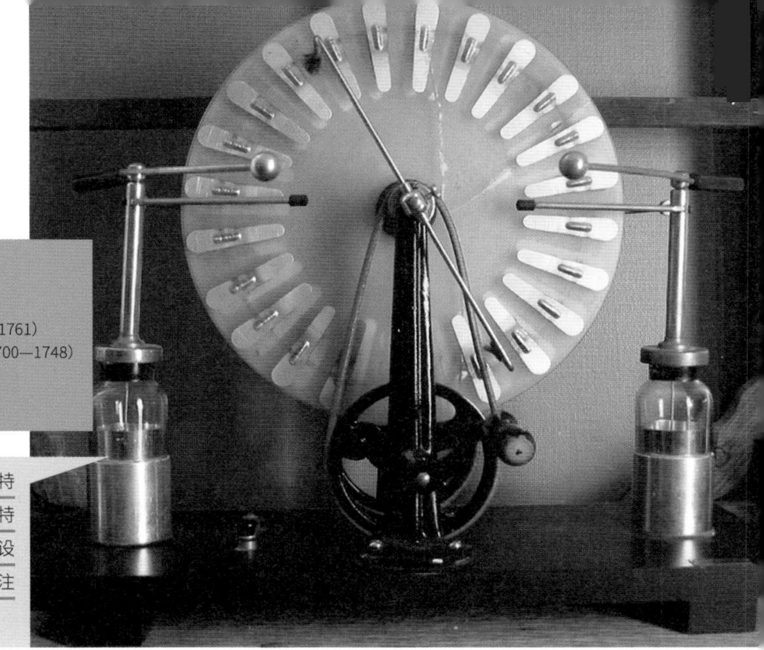

英国发明家詹姆斯·威姆斯赫斯特（James Wimshurt）发明了威姆斯赫斯特机器，这是一种能够产生高电压的静电设备。火花跃过两个金属球之间的间隙。注意这里有两个用来储存电荷的莱顿瓶。

冯·居里克静电起电机（1660 年）、富兰克林的风筝（1752 年）、利希滕贝格图形（1777 年）、电池（1800 年）、特斯拉线圈（1891 年）、雅各布阶梯（1931 年）

1744 年

“莱顿瓶的实质就是瓶中之电，是一种储存静电电荷并可随意释放的巧妙方法，”作家汤姆·麦克尼科尔（Tom McNichol）写道，“风头十足的实验者使全欧洲的人们为之着迷……他们利用储存的静电电荷的爆发杀死鸟类和小动物……1746 年，法国教士兼物理学家让－安托万·诺莱当着法王路易十五的面，释放了一个莱顿瓶的电荷，一股静电电流急速穿过 180 名皇家卫士手挽着手组成的人链。”诺莱还让数百名身穿长袍的加尔都西会修士连成一排，使他们感受到电击的震撼。

莱顿瓶将静电储存在瓶内电极和瓶外电极之间。普鲁士研究者埃瓦尔德·格奥尔格·冯·克莱斯特于 1744 年发明了一种早期型号的莱顿瓶。一年后，荷兰科学家彼得·范·米森布鲁克也在莱顿独立地发明了一种类似的装置。莱顿瓶在许多早期的电学实验中起着重要作用。今天，莱顿瓶被认为是电容器的雏形，这种电子元件是由用介电体（绝缘体）隔开的两个导体组成的。当导体之间存在电位差（电压）时，储存能量的介电体中就会产生电场。导体之间的间隔越窄，所能储存的电荷就越多。

典型的莱顿瓶设计是一个玻璃瓶，它的内外都衬有导电金属箔，一根金属棒穿过瓶盖，被链条连接到内侧的金属箔上。一些简便的方法就能让金属棒带上静电，比如用丝绸摩擦过的玻璃棒接触金属棒。如果有人触碰金属棒，那么他就会受到电击。多个莱顿瓶并联起来，可以增加存储的电荷量。■

富兰克林的风筝

本杰明·富兰克林（Benjamin Franklin，1706—1790）

英裔美国画家本杰明·韦斯特（Benjamin West，1738—1820）在 1816 前后绘制的《本杰明·富兰克林从天上引来电》（*Benjamin Franklin Drawing Electricity from the Sky*）。一道明亮的电流似乎从钥匙落入他手中的瓶子里。

圣艾尔摩之火（78 年）、莱顿瓶（1744 年）、利希滕贝格图形（1777 年）、特斯拉线圈（1891 年）、雅各布阶梯（1931 年）

1752 年

本杰明·富兰克林是发明家、政治家、印刷工、哲学家，同时也是一位科学家。他才华横溢，历史学家布鲁克·欣德尔（Brooke Hindle）写道：“富兰克林的大多数科学活动都与闪电及其他电学事件有关。通过著名的雷雨夜放风筝实验，他将闪电与电联系了起来，这是科学认识上的重大进步，在美国和欧洲以保护建筑为目的的避雷针结构中得到了广泛的应用。”尽管可能无法与这部书中其他许多物理学里程碑相提并论，但“富兰克林的风筝”往往被视为探寻科学真理的象征，激励了一代又一代的学子。

1750 年，为了验证闪电的本质是电，富兰克林提出了一项实验，在很可能会出现闪电的风暴中放飞风筝。虽然一些历史学家对这个故事的细节尚有争议，但据富兰克林所说，他的实验是 1752 年 6 月 15 日在费城进行的，目的是从云层中成功提取电能。在这个故事的某些版本中，他拉着系在风筝线末端一把钥匙上的丝带让电荷顺着风筝线流向钥匙并进入莱顿瓶（一种在两个电极之间储存电的装置）中，而自己则不受电流的影响。其他研究人员没有采取这样的防范措施，因而在进行类似的实验时遭到电击。富兰克林写道：“雨水打湿了风筝线，使它可以自由地传导电火，此时你会发现指关节附近的钥匙中大量流出电来，并且通过这把钥匙，让莱顿瓶充上电。”

历史学家乔伊斯·查普林（Joyce Chaplin）指出，人类第一次认识到闪电等同于电并不是依靠风筝实验，但这一实验的确证实了这一发现。富兰克林“想要知道这些云是否带电，如果真的带电的话，带的是正电荷还是负电荷。他想要确定的是自然界中电的存在，仅仅把他的发现简化为避雷针的话，那实在是太低估他所付出的努力了……”■

055

黑滴效应

托尔贝恩·奥洛夫·伯格曼（Torbern Olof Bergman，1735—1784）
詹姆斯·库克（James Cook，1728—1779）

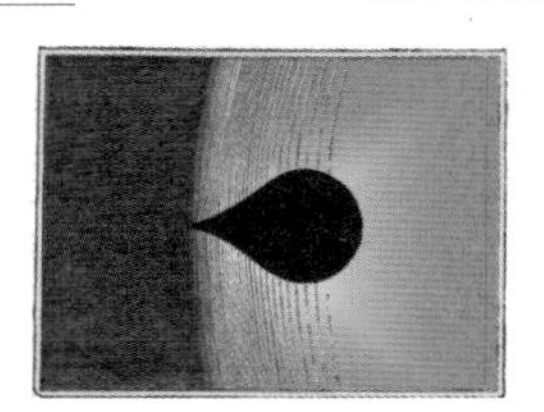

（左图）英国探险家詹姆斯·库克在1769金星凌日期间观测到黑滴效应，澳大利亚天文学家亨利·张伯伦·罗素（Henry Chamberlain Russell，1836—1907）的这幅画描绘了这一现象。（右图）2004年金星凌日时出现的黑滴效应。

土星环的发现（1610年）、测量太阳系（1672年）、海王星的发现（1846年）、绿闪光（1882年）

阿尔伯特·爱因斯坦曾说过，这个世界最难以理解的地方就在于它本身是可以理解的。事实也的确如此，我们生活的宇宙似乎可以用简洁的数学表达式和物理定律来描述。即便是最奇特的天体物理现象，科学家和科学定律也能做出解释，尽管提出条理清楚的解释可能需要花费很多年。

神秘的黑滴效应（Black Drop Effect，以下简称为“BDE”）指的是，从地球上观测金星凌日时，金星所呈现的视觉形状。尤其是，当金星在视觉上“接触”太阳的内边缘时，似乎呈现出黑色泪滴的形状。泪滴呈锥形、拉伸的部分像是一条厚厚的脐带或一座黑色的桥梁，这让早期的物理学家们无法确定金星精确的凌日时间。

对BDE最早的详细描述出现在1761年，当时瑞典科学家托尔贝恩·伯格曼用“连线”一词来描述BDE，指的是它将金星轮廓与太阳的黑暗边缘连接起来。在接下来的几年里，许多科学家提供了类似的报告。例如，英国探险家詹姆斯·库克在1769年金星凌日期间对BDE进行的观测。

今天的物理学家们仍在思索BDE形成的确切原因。天文学家杰伊·M.帕萨乔夫（Jay M.Pasachoff）、格伦·施奈德（Glenn Schneider）和莱昂·戈卢布（Leon Golub）认为这是“仪器效应再稍微加上点地球、金星和太阳大气中的效应”造成的。在2004年金星凌日期间，一些观测者看到了BDE，但也有些人没看到。记者戴维·志贺（David Shiga）写道：“所以21世纪的‘黑滴效应’仍和19世纪时一样神秘莫测。究竟‘真正的’黑滴是什么，关于这个问题的争论很可能还会持续下去……在下一次金星凌日之前，科学家们能否确定黑滴出现的条件，还有待观察。”■

1761年

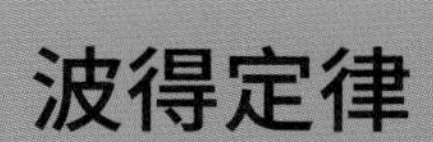

波得定律

约翰 · 埃勒特 · 波得（Johann Elert Bode，1747—1826）
约翰 · 丹尼尔 · 提丢斯（Johann Daniel Titius，1729—1796）

根据波得定律，木星到太阳的平均距离为 5.2 AU，而实际测量值为 5.203AU。

宇宙奥秘（1596 年）、测量太阳系（1672 年）、海王星的发现（1846 年）

1766 年

波得定律，也被称为提丢斯–波得定律，这是一个特别迷人的定律，因为它看起来像是伪科学的数字命理学，而且几个世纪以来，它同时吸引了物理学家和外行们的兴趣。该定律描述了行星到太阳的平均距离。考虑一组简单的序列：0，3，6，12，24，…，其中每个连续的数字都是前一个数字的两倍。接下来，将每个数字加上 4，再除以 10，就得到了新的序列：0.4，0.7，1.0，1.6，2.8，5.2，10.0，19.6，38.8，77.2，…。值得注意的是，波得定律这个数列，很接近以天文单位（AU）表示的行星到太阳的平均距离。一个天文单位指的是地球到太阳的平均距离，大约为 149 604 970 km。例如，水星距太阳约 0.4 AU，冥王星距太阳约 39 AU。

该定律是维滕贝格的德国天文学家约翰 · 提丢斯在 1766 年提出的，6 年后约翰 · 波得将其发表，不过早在 18 世纪初，行星轨道之间的关系已经被苏格兰数学家戴维 · 格雷戈里（David Gregory）近似化了。那时候，该定律非常准确地估算出当时已知的行星的平均距离：水星（0.39）、金星（0.72）、地球（1.0）、火星（1.52）、木星（5.2）和土星（9.55）。1781 年发现的天王星，其平均轨道距离为 19.2 AU，也和定律相吻合。

今天的科学家对波得定律持有很多保留意见，它显然不具备本书中其他定律那样的普适性。事实上，这种关系可能纯粹是经验性的，是一种巧合。

“轨道共振”现象是由做轨道运动的天体之间的引力相互作用引发的，它可以形成围绕太阳的长期稳定轨道的区域，因此在某种程度上可以解释行星的间距。当两个做轨道运动的天体的公转周期之间存在简单的整数比关系时，两个天体就会相互施加有规律的引力影响，这样就会发生轨道共振。■

利希滕贝格图形

格奥尔格·克里斯托夫·利希滕贝格
(Georg Christoph Lichtenberg，1742—1799)

伯特·希克曼的亚克力利希滕贝格图形，用电子束辐照后经人工放电产生。样本放电前的内部电势据估算在 200 万伏左右。

富兰克林的风筝（1752 年）、特斯拉线圈（1891 年）、雅各布阶梯（1931 年）、音爆（1947 年）

最美丽的自然现象之一要数三维利希滕贝格图形了，它让人联想到闪电化石被困在一块透明的亚克力塑料中。这些放电造成的分枝轨迹以德国物理学家格奥尔格·利希滕贝格命名，他最早研究了类似的平面放电轨迹现象。18 世纪，利希滕贝格在一块绝缘平面上放电。那时，他在平面上撒下某种带电的粉末，就能发现奇异的卷须状图案了。

如今，三维图案可以在亚克力中产生，亚克力是一种绝缘体或介电体，这意味着它可以容纳电荷，但电流不能正常通过它。首先，亚克力暴露在来自电子加速器的高速电子束中。电子渗透亚克力并储存在里面。由于亚克力是一种绝缘体，电子现在被困住了（想象一窝试图冲破亚克力牢笼的野黄蜂）。然而，当达到电应力大于亚克力介电强度的临界点时，某些部分突然变得具有导电性，可以用金属尖刺穿亚克力来触发电子的逸出。结果就是，将亚克力分子结合起来的化学键有一些被撕裂了。在几分之一秒内，随着电荷从亚克力中逸出，在亚克力内形成导电通道，并沿着通道溶蚀出分枝来。电气工程师伯特·希克曼（Bert Hickman）推测，这些微裂纹在亚克力内部的传播速度比声速还要快。

利希滕贝格图形属于分形体，放大后会显示出自相似的分枝结构。事实上，这种蕨类枝叶状的放电图案可以一直延伸到分子水平。研究人员已经建立了数学和物理模型，来描述产生这种枝状图案的过程，物理学家对此很感兴趣，因为这类模型可以在看似不同的物理现象中捕捉到图案形成的基本特征。这种图案或许还能应用到医学领域。例如，得克萨斯农工大学的研究人员认为，这些羽毛状的图案可以被用在人造器官上，作为培养血管细胞的模板。■

黑眼星系

爱德华·皮戈特（Edward Pigott，1753—1825）
约翰·埃勒特·波得（Johann Elert Bode，1747—1826）
夏尔·梅西耶（Charles Messier，1730—1817）

黑眼星系外层的星际气体有着与内部气体和恒星相反的旋转方向。这可能是由于黑眼星系在几十亿年前与另一个星系相撞，并与之合并造成的。

黑洞（1783 年）、星云假说（1796 年）、费米悖论（1950 年）、类星体（1963 年）、暗物质（1933 年）

黑眼星系位于后发座星系团，距地球约 2400 万光年。作家兼博物学家斯蒂芬·詹姆斯·奥米拉（Stephen James O' Meara）用诗意的笔触描绘了这个著名的星系，“丝滑的手臂优雅地缠绕着瓷器般精美的核心……这个星系就像一只有着‘黑眼圈’的闭着的眼睛。黑暗的尘埃云看上去如同经过耕耘的土壤般浓厚、污浊，但是盛装这种材质的容器很难与真空完全区分开来。”

1779 年，英国天文学家爱德华·皮戈特发现了这个星系，而就在 12 天后，德国天文学家约翰·埃勒特·波得独立发现了它，大约一年后，法国天文学家夏尔·梅西耶也成了它的独立发现者。正如条目“解释彩虹（1304 年）”中所提到的那样，这种几乎同时做出发现的故事在科学史和数学史上很常见。例如，英国博物学家查尔斯·达尔文和阿尔弗雷德·华莱士（Alfred Wallace）同时且独立地发展了进化论。同样，艾萨克·牛顿和德国数学家戈特弗里德·威廉·莱布尼茨（Gottfried Wilhelm Leibniz）几乎同时、独立地发展了微积分。这种科学上的同时性令哲学家相信，科学发现是必然的，因为它们是从特定的地点和时间内共同的知识领域中浮现出来的。

有趣的是，最近的发现表明，黑眼星系外层的星际气体有着与内部气体和恒星相反的旋转方向。这可能是由于黑眼星系在几十亿年前与另一个星系相撞，并与之合并造成的。

作家戴维·达林（David Darling）写道，这个星系的内区半径约为 3000 光年，“沿着外盘的内边缘摩擦，而外盘则以大约 300 千米 / 秒的速度反方向旋转，且向外延伸到至少 4 万光年的地方。这种摩擦或许解释了目前星系中爆发性的恒星形成，也就是我们看到的嵌在巨大尘埃带中的蓝色光点。”■

黑洞

约翰·米歇尔（John Michell，1724—1793）
卡尔·施瓦西（Karl Schwarzschild，1873—1916）
约翰·阿奇博尔德·惠勒（John Archibald Wheeler，1911—2008）
斯蒂芬·威廉·霍金（Stephen William Hawking，1942—2018）

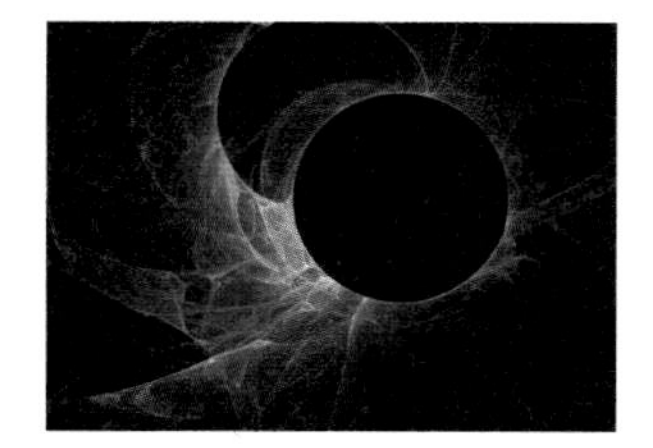

（右图）黑洞附近空间扭曲的艺术想象图。
（左图）黑洞和霍金辐射是斯洛文尼亚艺术家泰亚·克拉塞克（Teja Krašek）创作的大量印象派作品的灵感来源。

逃逸速度（1728 年）、广义相对论（1915 年）、白矮星和钱德拉塞卡极限（1931 年）、中子星（1933 年）、类星体（1963 年）、《星际迷航》中的斯蒂芬·霍金（1993 年）、宇宙消失（100 万亿年）

1783 年

天文学家们或许不相信地狱，但大多相信宇宙中存在贪食的黑色区域，并且建议人们在它前面放一块指示牌，写上“入此地者应抛开一切希望。”这是意大利诗人但丁·阿利吉耶里（Dante Alighieri）在他的《神曲》（*Divine Comedy*）中描述地狱入口时发出的警告，正如天体物理学家斯蒂芬·霍金所建议的那样，对于接近黑洞的旅行者来说，这是一条恰当的警示信息。

这些宇宙地狱真实存在于众多星系的中心。这类黑洞是数百万甚至数十亿倍太阳质量的坍缩天体，却挤在不比太阳系大的空间里。根据经典的黑洞理论，其周围的引力场巨大到任何东西都无法逃脱它们的魔掌，甚至光也是如此。任何坠落黑洞的人都会一头扎进它极高密度、极小体积的中心区域……时间在这里终结。如果考虑了量子理论，那么黑洞被认为会发射一种辐射，它被称为“霍金辐射”[参见条目“《星际迷航》中的斯蒂芬·霍金（1993 年）”]。

黑洞的大小不一。这里提及一些历史背景，就在 1915 年爱因斯坦发表他的广义相对论几周之后，德国天文学家卡尔·施瓦西精确地计算出了如今我们所知的施瓦西半径，即“视界”。这个半径定义了一个包裹着特定质量天体的球体。在经典的黑洞理论中，球体内的引力是如此之强，以至于光、物质或信号都无法逃离。对于太阳质量的黑洞，施瓦西半径大约有几千米长，而视界只有胡桃大小的黑洞，其质量竟与地球相当。这样一种质量大到光都无法逃离的天体，它的实际概念最早由地质学家约翰·米歇尔于 1783 年提出来，而“黑洞”一词则是理论物理学家约翰·惠勒在 1967 年创造的。■

库仑静电定律

夏尔－奥古斯丁·库仑（Charles-Augustin Coulomb，1736—1806）

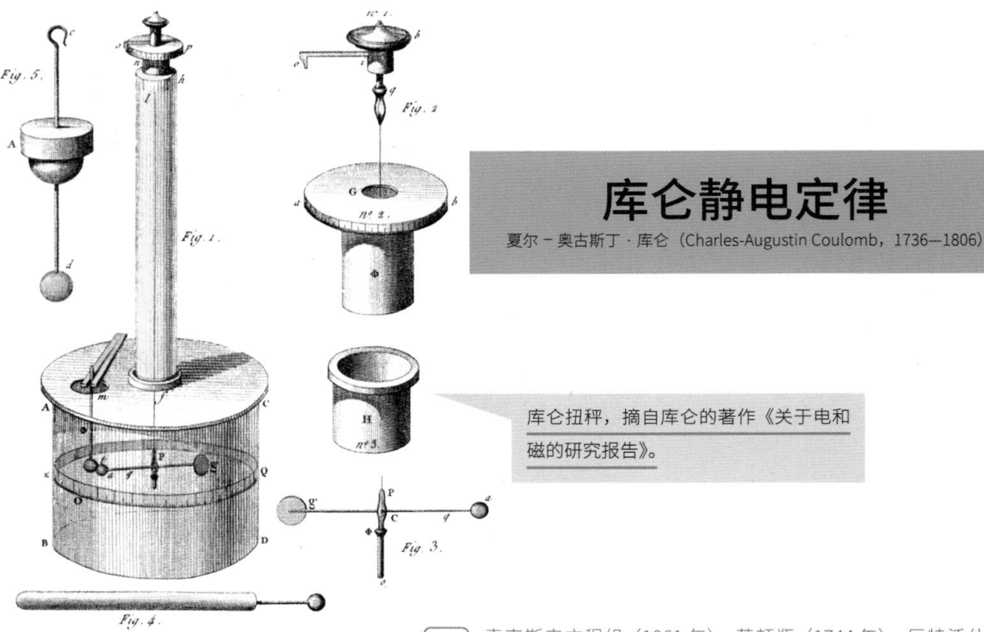

库仑扭秤，摘自库仑的著作《关于电和磁的研究报告》。

麦克斯韦方程组（1861 年）、莱顿瓶（1744 年）、厄特沃什重力梯度测量（1890 年）、电子（1897 年）、密立根油滴实验（1913 年）

1785 年

“我们称这雷云之火为电，”19 世纪的散文家托马斯·卡莱尔（Thomas Carlyle）写道，“但它究竟是什么？又由什么所组成呢？”法国物理学家夏尔－奥古斯丁·库仑涉足早期理解电荷的研究，这位杰出的物理学家在电、磁和力学等领域都做出了贡献。他的静电定律指出，两个电荷之间的吸引力或排斥力与它们的电荷量的乘积成正比，与它们之间距离 r 的平方成反比。如果电荷有相同的符号，它们之间是排斥力；而如果有相反的符号，则是吸引力。

今天，实验已经证明库仑定律在相当大的间距范围内是有效的，小至 10^{-16}m（原子核直径的十分之一），大到 10^{6}m。库仑定律只有在带电粒子静止时才是精确的，因为运动产生的磁场会改变作用在电荷上的力。

尽管在库仑之前的其他研究人员已经提出了 $1/r^2$ 定律，但我们仍把这种关系称为库仑定律，以纪念库仑通过扭秤测量提供的证据而独立获得的结果。换句话说，直到 1785 年库仑提供令人信服的定量结果之前，该定律只是一个猜想而已。

库仑扭秤的某个版本包括固定在绝缘棒上的一个金属球和一个非金属球。这根棒的中间悬在一根不导电的丝线上。为了测量静电力，金属球是带电的。第三个带相同电荷的球靠近扭秤的带电球，使扭秤上的带电球被排斥。这种排斥力使丝线扭转。如果我们测量以相同的旋转角度扭转丝线需要的力，就可以估算出带电球所造成的力的大小。换句话说，丝线就像一个非常灵敏的弹簧，提供了与扭转角成比例的扭力。■

061

查理气体定律

雅克·亚历山大·塞萨尔·查理（Jacques Alexandre César Charles，1746—1823）
约瑟夫·路易·盖－吕萨克（Joseph Louis Gay-Lussac，1778—1850）

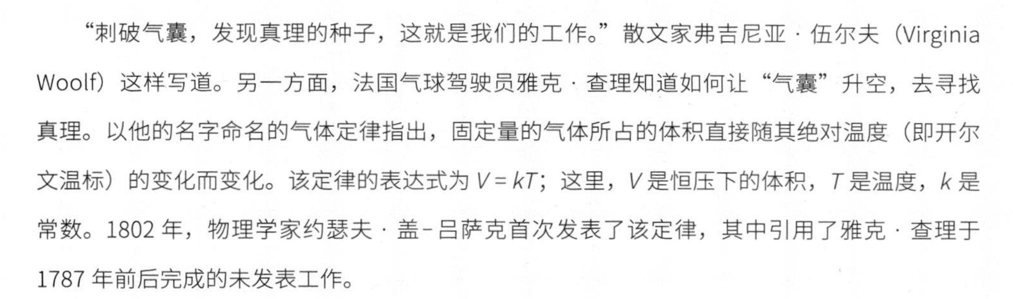

1783 年，雅克·查理和副驾驶尼古拉·路易·罗伯特（Nicolas-Louis Robert）的第一次飞行，他们在向观众挥舞旗帜，背景是凡尔赛宫。这幅版画可能是安托万·弗朗索瓦·塞尔让－马索（Antoine François Sergent-Marceau）于 1783 年前后创作的。

玻意耳气体定律（1662 年）、亨利气体定律（1803 年）、阿伏伽德罗定律（1811 年）、分子运动论（1859 年）

1787 年

“刺破气囊，发现真理的种子，这就是我们的工作。”散文家弗吉尼亚·伍尔夫（Virginia Woolf）这样写道。另一方面，法国气球驾驶员雅克·查理知道如何让“气囊”升空，去寻找真理。以他的名字命名的气体定律指出，固定量的气体所占的体积直接随其绝对温度（即开尔文温标）的变化而变化。该定律的表达式为 $V = kT$；这里，V 是恒压下的体积，T 是温度，k 是常数。1802 年，物理学家约瑟夫·盖－吕萨克首次发表了该定律，其中引用了雅克·查理于 1787 年前后完成的未发表工作。

随着气体温度的升高，气体分子会运动得更快，并以更大的力撞击容器壁。因此，假设容器体积能够膨胀的话，气体的体积也就随之增大。举一个更具体的例子，考虑加热气球内的空气。随着温度的升高，气球内气体分子的运动速度也会加快。这反过来又增加了气体分子撞击气球内表面的频率。由于气球具有伸缩性，其内部撞击的增加会导致气球表面的膨胀。气体体积增大，其密度减小。冷却气球内的气体将会产生相反的效果，导致压强降低，气球收缩。

与同时代的人相比，查理最出名的是他在气球飞行及其他实用科学方面的各种壮举和发明。他的首次气球旅行发生在 1783 年，成千上万崇拜他的观众观看气球飘飞。气球上升到近 914 米的高度，似乎最终降落在巴黎郊外的一块田地上，在那里被惊恐的农民们毁掉了。事实上，当地人认为气球是某种恶魔或野兽，他们听到了气球发出的嘶嘶声，伴随着一股臭味。■

星云假说

伊曼纽尔·康德（Immanuel Kant，1724—1804）
皮埃尔－西蒙·拉普拉斯（Pierre-Simon Laplace，1749—1827）

原行星盘。这幅艺术画描绘了一颗年轻的小恒星，周围环绕的圆盘由气体和尘埃组成，它们是形成地球这类岩石行星的原料。

1796 年

测量太阳系（1672 年）、黑眼星系（1779 年）、哈勃望远镜（1990 年）

几个世纪以来，科学家们一直猜测太阳和行星诞生于一个由宇宙气体和尘埃组成的旋转星盘。平坦的星盘限制了形成于其中的行星的轨道，致使其轨道几乎都位于同一平面上。这一星云理论由哲学家伊曼纽尔·康德于 1755 年提出，并由数学家皮埃尔－西蒙·拉普拉斯在 1796 年进一步修正。

简言之，恒星和它们的星盘是被称为恒星星云的大量稀疏星际气体在引力坍缩下形成的。有时来自附近超新星的激波可能会引发这类坍缩。这些原行星盘（proplyd）中的气体将更多是朝一个主要方向旋转，从而使气体云获得一个净旋转。

天文学家利用哈勃空间望远镜在猎户星云中发现了多个原行星盘，这个星云距地球约 1600 光年，是一个巨大的恒星摇篮。猎户座原行星盘比太阳系还要大，包含了足够的气体和尘埃，为未来的行星系统提供了原料。

早期的太阳系充满了暴力，大块的物质相互撞击。在太阳系的内圈，太阳的热量驱散了较轻的元素和物质，留下了水星、金星、地球和火星。在太阳系较为寒冷的外围，由气体和尘埃组成的太阳星云幸存了一段时间，逐渐聚集到木星、土星、天王星和海王星上。

有趣的是，艾萨克·牛顿惊讶于这样一个事实，大多数围绕太阳公转的天体都在一个黄道面内，仅仅偏移了几度。他推断自然过程不会造成这种现象。他为此辩称，这是仁慈且艺术的造物主进行设计的证据。他一度认为宇宙是“上帝的感官系统”，宇宙中的天体运动和变换是上帝在思考。■

063

卡文迪许称量地球

亨利·卡文迪许（Henry Cavendish，1731—1810）

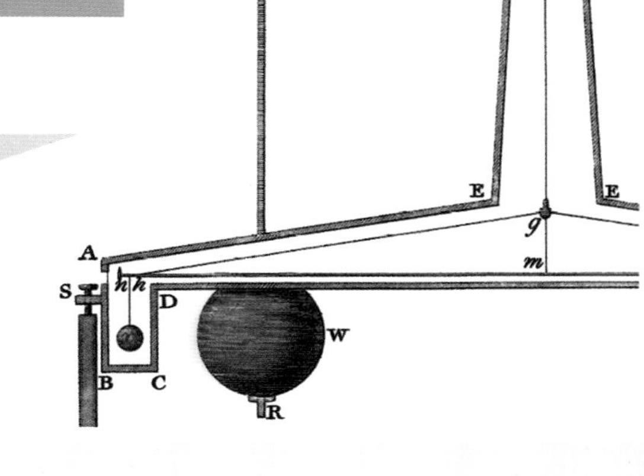

卡文迪许 1798 年的论文《测定地球密度的实验》（*Experiments to Determine the Density of the Earth*）中扭秤插图的部分特写。

牛顿运动定律和万有引力定律（1687 年）、厄特沃什重力梯度测量（1890 年）、广义相对论（1915 年）

1798 年

亨利·卡文迪许或许是 18 世纪最伟大的科学家，也是有史以来最伟大的科学家之一。然而他极度羞涩，这一特点使得他的大量科学著作直到他死后才为人所知，也导致他的一些重要发现被归在后来的研究者名下。卡文迪许死后才公开的大量手稿表明，他对当时所有的物理分支科学都有着广泛的研究。

这位才华横溢的科学家在女人面前非常害羞，以至于他只用便笺与他的女管家交流。他命令所有的女管家远离他的视线。如果不服从，他就将她们解雇。有一次，他看到了一名女仆，他感到非常窘迫，就另修了一道专供仆人的楼梯，这样他就可以避开她们了。

卡文迪许令人印象最深刻的实验中，有一项是他在 70 岁高龄时“称量”了世界！为了完成这一壮举，他可没有化身为古希腊擎天巨神阿特拉斯，而是用高灵敏度天平测定了地球的密度。他特别使用了一种扭秤，由一根挂梁及其两端各一个铅球组成。这对可移动的铅球受到一对更大的固定铅球吸引。为了减少气流，他把这套装置封装在玻璃盒内，用望远镜从远处观察球的运动。通过观察扭秤的振荡周期，卡文迪许计算出两球之间的吸引力，然后根据此力计算出地球的密度。他发现，地球的密度是水的 5.4 倍，仅比现在公认的密度小了 1.3%。卡文迪许是第一个能够探测到小物体之间微小引力的科学家；这里的吸引力只有人体重量的五亿分之一。他帮助量化了牛顿万有引力定律，这或许是自牛顿以来引力科学领域最重要的贡献。■

电池

路易吉 · 伽伐尼（Luigi Galvani，1737—1798）
亚历山德罗 · 伏打（Alessandro Volta，1745—1827）
加斯东 · 普朗忒（Gaston Planté，1834—1889）

电池的演变促进了电气应用方面的重大进展，从电报通信系统的出现，到电池在车辆、照相机、计算机和电话上的应用等。

巴格达电池（公元前 250 年）、冯 · 居里克静电起电机（1660 年）、燃料电池（1839 年）、莱顿瓶（1744 年）、太阳能电池（1954 年）、巴基球（1985 年）

1800 年

电池在物理、化学和工业的历史上发挥了不可估量的作用。随着电池在功率和复杂程度上的演变，它们促进了电气应用方面的重大进展，从电报通信系统的出现，到电池在车辆、照相机、计算机和电话上的应用等。

1780 年前后，生物学家路易吉 · 伽伐尼用青蛙腿进行了实验，他发现青蛙腿在接触金属时会产生痉挛。科学记者迈克尔 · 吉伦（Michael Guillen）写道："在伽伐尼轰动一时的公开演讲中，向人们展示了如同晾衣绳上一字排开的许多湿衣服一样，一根铁丝上的铜钩勾住的几十只青蛙腿在不由自主地抽动。正统的科学对他的理论不以为然，但他那如合唱队般整齐排列的蜷曲青蛙腿奇观，确保了伽伐尼的每一场演讲都座无虚席。"伽伐尼把这种腿部运动归因于"生物电"。然而，他的朋友——意大利物理学家亚历山德罗 · 伏打则认为，这种现象与伽伐尼使用的不同金属有关，不同金属被一种潮湿的连接物质连接起来而产生了电流。1800 年，伏打发明了传统意义上的第一块电池，当时，他将几对铜盘和锌盘交替堆叠，每一对铜盘和锌盘之间用盐水浸湿的布片隔开。当这种伏打电堆的顶端和底端被一根电线连接起来时，电流开始在其中流动。为了确定电流的确在流动，伏打甚至用舌头舔电池的两极，体验到一种刺痛感。

"电池本质上是一个充满化学物质的罐子，能够产生电子。"作家马歇尔 · 布雷恩（Marshall Brain）和查尔斯 · 布赖恩特（Charles Bryant）这样写道。如果在负极和正极之间接上一根电线，化学反应产生的电子就会从一极流向另一极。

1859 年，物理学家加斯东 · 普朗忒发明了可再充电电池。他迫使电流"反向"流动，可以给铅酸电池再充电。到了 19 世纪 80 年代，科学家们成功发明了商业化干电池，它使用的是糊状物质而非电解液（含有自由离子的可导电物质）。■

光的波动性

克里斯蒂安·惠更斯（Christiaan Huygens，1629—1695）
艾萨克·牛顿（Isaac Newton，1642—1727）
托马斯·杨（Thomas Young，1773—1829）

模拟两个点源的干涉图样。杨指出，来自两条狭缝的光波叠加可以解释观察到的一系列明暗区域，其中明区和暗区分别代表相长干涉和相消干涉。

麦克斯韦方程组（1861 年）、电磁波谱（1864 年）、电子（1897 年）、光电效应（1905 年）、布拉格晶体衍射定律（1912 年）、德布罗意关系（1924 年）、薛定谔波动方程（1926 年）、互补原理（1927 年）

1801 年

“光是什么？”这个问题曾困扰了科学家们好几个世纪。1675 年，著名的英国科学家艾萨克·牛顿提出，光是一束微小的粒子。他的竞争对手、荷兰物理学家克里斯蒂安·惠更斯则认为，光是由波组成的，但牛顿的理论往往占据上风，这一定程度上是由于牛顿的声望。

大约在 1800 年，英国研究者托马斯·杨开始了一系列实验，为惠更斯的波动理论提供支持；值得一提的是，杨也因罗塞塔石碑破译方面的工作而闻名。在现代版的杨氏实验中，一束激光均等地照亮不透明表面上的两条平行狭缝。光通过两条狭缝后形成的图样在远处的屏幕上可以观察到。杨用几何论证表明，来自两条狭缝的光波叠加可以解释观察到的一系列等间距的明暗带（明暗条纹）现象，其中明条纹和暗条纹分别代表相长干涉和相消干涉。你可以把这些光的图样想象成类似于两块石头丢进湖里的情形，观察波浪相撞，它们或是相互抵消，或是堆叠出更大的波浪。

如果我们用电子束代替光来做同样的实验，会得到相似的干涉图样。这个观测结果非常有趣，因为如果电子只表现出粒子性，那么人们所预期的是仅仅能看到与这两条狭缝对应的两条亮带。

今天，我们知道光和亚原子粒子表现出来的特性可能会更加神秘。当每次只发射一个电子通过狭缝时，也会产生干涉图样，且与同时通过两条狭缝的波所产生的干涉图样相似。这种特性适用于所有的亚原子粒子，而不仅仅是光子和电子，这也表明光和其他亚原子粒子不可思议地同时具备粒子性和波动性，这仅仅是物理学的量子力学革命的一个方面。■

亨利气体定律

威廉 · 亨利（William Henry，1775—1836）

玻璃杯中的可乐。根据亨利定律，当易拉罐被打开时，减压使溶解的气体逸出溶液。从汽水中逸出的二氧化碳形成了气泡。

玻意耳气体定律（1662 年）、查理气体定律（1787 年）、阿伏伽德罗定律（1811 年）、分子运动论（1859 年）、声致发光（1934 年）、吸水鸟（1945 年）

1803 年

即使在指关节的“噼啪”声中，也能发现有趣的物理现象。以英国化学家威廉 · 亨利的名字命名的亨利定律指出，溶解于液体中的气体量与溶液上方的气体压强成正比。这里假设要研究的系统已达到平衡状态，并且气体与液体不发生化学反应，那么今天常用的亨利定律公式是 $P=kC$，其中 P 是溶液上方特定气体的分压强，C 是溶解气体的浓度，k 是亨利定律常数。

假设气体在液体上方的分压增加两倍，那么平均而言，在给定的时段内，有两倍的分子与液面碰撞，因此就有两倍的气体分子可以进入溶液。注意，不同的气体有不同的溶解度，而这些差异也会和亨利常数一起影响这个过程。

研究人员已经利用亨利定律更好地理解了指关节的“噼啪”声。随着关节的拉伸和压强的降低，溶解在关节滑液中的气体迅速逸出溶液。这种气穴现象，也就是液体中低压气泡在机械力作用下突然形成和破碎的过程，会产生特有的“噼啪”声。

在使用自携式水下呼吸器潜水的过程中，呼吸的空气压强大致等于周围的水压。潜得越深，气压就越高，血液中溶解的空气也就越多。当潜水员迅速上浮时，溶解的空气会过快逸出，在血液中形成气泡，这会导致一种痛苦而危险的疾病，即减压病。■

傅里叶分析

让·巴蒂斯特·约瑟夫·傅里叶（Jean Baptiste Joseph Fourier，1768—1830）

喷气式发动机的螺旋桨。傅里叶分析法被用来量化和理解多种带有运动部件的系统中的有害振动。

傅里叶热传导定律（1822 年）、温室效应（1824 年）、孤立子（1834 年）

1807 年

“数学物理学中最常出现的主题就是傅里叶分析，”物理学家萨德里·哈桑尼（Sadri Hassani）写道，“举例来说，它会出现在经典力学中……出现在电磁理论和波的频率分析中，在噪声研究和热物理学中，在量子理论中。”频率分析在几乎任何领域都很重要。傅里叶级数可以帮助科学家们解析和更好地理解恒星的化学成分，以及量化电子电路中的信号传输。

法国数学家约瑟夫·傅里叶在发现他著名的数学级数之前，曾陪同拿破仑于 1798 年远征埃及，在那里，他花了数年时间研究埃及文物。傅里叶对热的数学理论研究始于 1804 年前后，当时他已经回到了法国。到 1807 年，他完成了重要的研究报告《论固体中的热传导》（*On the Propagation of Heat in Solid Bodies*）。他的基础工作之一是研究不同形状的物体中的热扩散。对于这些问题，研究人员通常给定 $t = 0$ 时刻表面和边界的温度。傅里叶则引入了一个含有正弦项和余弦项的级数，以便找到这类问题的解。更概括地说，他发现任何可微函数都能够由正弦函数和余弦函数之和以任意精度来表示，不管这个函数在图上看起来有多古怪。

传记作家杰尔姆·拉韦茨（Jerome Ravetz）和格拉顿·吉尼斯（ Grattan Guiness）指出：“傅里叶的成就可以这样理解，他发明了用于求解方程的强大数学工具，随之产生了一系列衍生品与数学分析中的诸多问题，这激发了在他之后该领域的大量前沿工作。”英国物理学家詹姆斯·金斯爵士（James Jeans，1877—1946）评论道：“傅里叶定理告诉我们，每条曲线，不管它的性质是什么，或者它最初是用什么方法得到的，都可以通过叠加足够多的简谐曲线来精确地重建。简而言之，每条曲线都可以通过叠加波来构建。”■

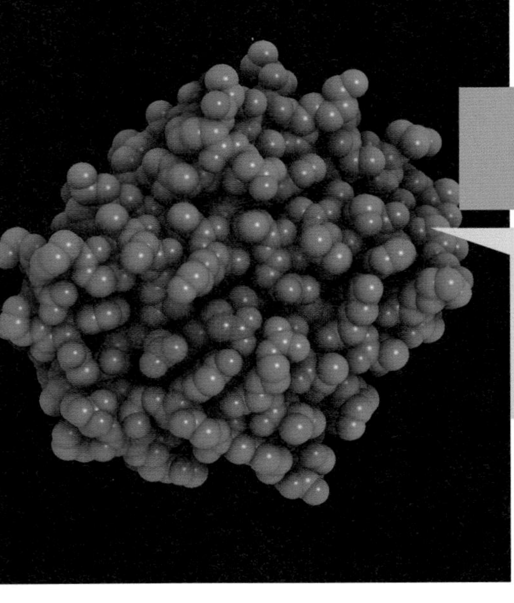

原子论

约翰 · 道尔顿（John Dalton，1766—1844）

（左图）根据原子论，一切物质都是由原子组成的。图示的一个血红蛋白分子 中以球体表示原子。这种蛋白质存在于红细胞中。

（右图）约翰 · 道尔顿的肖像画，出自威廉 · 亨利 · 沃辛顿（William Henry Worthington，1795—1839）之手。

分子运动论（1859 年）、电子（1897 年）、原子核（1911 年）、看见单个原子（1955 年）、中微子（1956 年）、夸克（1964 年）

1808 年

尽管历尽艰辛，约翰 · 道尔顿依然在事业上取得了成功。他成长于一个贫困家庭，口才不佳，还有严重的色盲，而且实验技术还很差，对于那个时代初出茅庐的化学家来说，这些都是难以逾越的障碍，但道尔顿坚持了下来，为原子论的发展做出了卓越的贡献。根据原子论，所有物质都由不同重量的原子组成，且原子以简单的比例结合成原子化合物。在道尔顿时代，原子论还认为，原子不再分割，而且对于一种特定的元素来说，所有的原子都是一样的，具有相同的原子量。

他还提出了倍比定律（Law of Multiple Proportions），当两种元素可以结合形成不同的化合物时，两者质量成简单的整数比，比如 1：2。这些简单的比例也证明了原子是构成化合物的基本部件。

道尔顿的原子论也曾遭到过反对。比如，英国化学家亨利 · 恩菲尔德 · 罗斯科爵士（Henry Enfield Roscoe，1833—1915）曾在 1887 年嘲笑道尔顿说："原子是道尔顿先生发明的小木球。"或许罗斯科指的是一些科学家用来表示不同大小原子的木头模型。不过，到了 1850 年，物质的原子论被相当多的化学家所接受，而大多数的反对意见也消失了。

公元前 5 世纪，希腊哲学家德谟克利特（Democritus）认为物质是由微小的、不可分割的粒子组成的。但直到 1808 年道尔顿发表《化学哲学新体系》（*A New System of Chemical Philosophy*）之后，这一观点才被普遍接受。今天，我们知道原子可以被分割成更小的粒子，比如质子、中子和电子。而质子和中子这些亚原子粒子则是由更小的粒子夸克组成的。■

阿伏伽德罗定律

阿梅代奥·阿伏伽德罗（Amedeo Avogadro，1776—1856）

在一个碗里放置24个带有编号的金球（编号从1到24）。如果你每次随机抽取一个金球将它们取完，它们的编号刚好以数字大小排列的概率大约是阿伏伽德罗常量的倒数，这是非常小的概率！

查理气体定律（1787年）、原子论（1808年）、分子运动论（1859年）

1811年

阿伏伽德罗定律是意大利物理学家阿梅代奥·阿伏伽德罗在1811年提出的。该定律指出，在相同的温度和压强下，等体积的气体包含相同数量的分子，与气体的分子组成无关。该定律假设了“理想”的气体粒子，有效适用于压力不高于几个大气压且接近室温的大多数气体。

阿伏伽德罗定律的另一种解释（同样是由阿伏伽德罗提出）是，气体的体积与分子数成正比。这用公式可以表示为$V=a\times N$，其中a是常数，V是气体的体积，N是气体分子的数量。同时代的其他科学家都认为这样的比例关系应该是正确的，但是阿伏伽德罗定律比其他理论走得更远，因为它从本质上将分子定义为保持物质特征的最小粒子。分子是由若干个原子组成的粒子。例如，水分子由两个氢原子和一个氧原子组成。

阿伏伽德罗常量等于6.0221367×10^{23}，即1摩尔元素中所含的原子数。今天，我们把阿伏伽德罗常量定义为12克游离的碳12中的原子数。摩尔是衡量元素的量的单位，它所含的克数与该物质的原子量的数值完全相同。例如，镍的原子量是58.6934，所以1摩尔镍的质量为58.6934克。

由于原子和分子非常小，所以阿伏伽德罗常量的大小很难想象。如果有外星人从天而降，给地球留下数量为一个阿伏伽德罗常量的玉米粒，那么这些玉米粒足够在美国全境这么大的面积上堆到9英里那么高。■

夫琅和费谱线

约瑟夫·冯·夫琅和费（Joseph von Fraunhofer，1787—1826）

太阳可见光谱及其夫琅和费谱线。Y 轴代表光的波长，范围从顶部的 380 纳米到底部的 710 纳米。

牛顿棱镜（1672 年）、电磁波谱（1864 年）、质谱仪（1898 年）、轫致辐射（1909 年）、恒星核合成（1946 年）

1814 年

光谱通常会显示一个物体在不同波长处的辐射强度的变化。当电子从较高的能级跃迁到较低的能级时，原子光谱中就会出现明线，这被称为发射光谱。谱线的颜色取决于能级之间的能量差，且同种原子能级的特定值完全相同。当原子吸收光子时，电子跃迁到更高的能级，光谱中就会出现暗线，这被称为吸收光谱。

检查吸收或发射光谱，我们就可以确定光谱是由哪些化学元素产生的。19 世纪时，许多科学家注意到，太阳的电磁辐射光谱并不是一种颜色接着另一种颜色的平滑曲线；相反，它含有许多暗线，这表明某些波长的光被吸收了。这些暗线被称为夫琅和费线，它们以其记录者巴伐利亚物理学家约瑟夫·冯·夫琅和费而得名。

有些读者可能很容易就想象出太阳是如何产生发射光谱的，但却想象不出它又是如何产生暗线的。那么，太阳如何吸收它自己的光呢？

你可以把恒星想象成炽热的气体球，其中包含着许多不同的原子，发射出各种颜色的光。来自恒星表面光球层的光有一条连续谱，但是当光穿过恒星的外层大气时，其中一些颜色（即不同波长的光）被吸收，这就是暗线产生的原因。在恒星中，缺失的颜色，或者说暗吸收线，准确地告诉我们在恒星的外层大气中有哪些化学元素。

科学家们已经把太阳光谱中许多缺失的波长编入目录。通过比较暗线和地球上的化学元素产生的谱线，天文学家已经在太阳中发现了 70 多种元素。值得注意的是，夫琅和费谱线被发现数十年之后，科学家罗伯特·本生（Robert Bunsen）和古斯塔夫·基尔霍夫（Gustav Kirchhoff）研究了加热元素的发射光谱，并于 1860 年发现了铯元素。■

拉普拉斯妖

皮埃尔－西蒙·拉普拉斯（Pierre-Simon Laplace，1749—1827）

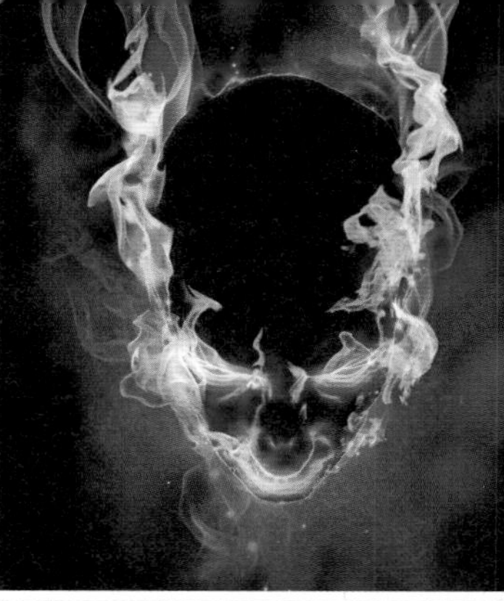

(左图）皮埃尔－西蒙·拉普拉斯［这幅肖像画由费托夫人（Madame Feytaud）绘制于 1842 年］。
(右上图）拉普拉斯妖的艺术再现图。它在观测某一特定时刻的每一个粒子（这里用亮点来表示）的位置、质量和速度。
(右下图）存在拉普拉斯妖的宇宙中，自由意志将是一种错觉？

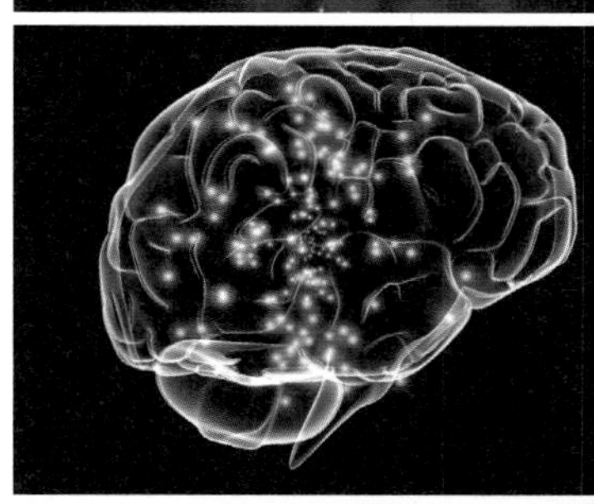

麦克斯韦妖（1867 年）、海森堡不确定性原理（1927 年）、混沌理论（1963 年）

1814 年

1814 年，法国数学家皮埃尔－西蒙·拉普拉斯描述了一种后来被称为“拉普拉斯妖”的灵体，它有能力计算和决定未来的所有事件，前提是已知宇宙中每个原子的位置、质量和速度，以及各种已知的运动公式。“它遵循的是拉普拉斯的思想，”科学家马里奥·马库斯（Mario Markus）写道，“也就是说，如果我们的脑海中囊括的是这些粒子，那么自由意志就会成为一种错觉……事实上，拉普拉斯的上帝只是翻开了一本已经写好的书。”

在拉普拉斯时代，这个想法有一定的道理。毕竟，如果我们可以预测台球桌上台球弹跳的位置，那么为什么就不能预测由原子组成的实体呢？事实上，拉普拉斯的宇宙根本就不需要上帝。

拉普拉斯写道：“我们可以把宇宙的现状看作是过去的结果和未来的起因。如果有一位智者在某一刻知道使自然运动的所有力，知道构成自然的万物的位置，而且这位智者也强大到足以分析所有这些数据的话，那么从宇宙中最大的天体到极微小的原子，其运动都能被容纳在一个公式之中。对于这样一位智者来说，没有什么事情是不确定的，未来就像过去一样呈现在他的眼前。”

后来，如海森堡不确定性原理（Heisenberg Uncertainty Principle，HUP）和混沌理论的发展似乎使拉普拉斯妖失去了魔力。根据混沌理论，即便是在某一初始时刻的极小测量误差，也可能导致预测结果和实际结果的巨大差异。这意味着拉普拉斯妖必须知道每个粒子无限精确的位置和运动，从而使得它自己比宇宙本身还要复杂。即便拉普拉斯妖是超出宇宙的存在，HUP 也会告诉我们，无限精确的测量是不可能的。■

布儒斯特光学

戴维·布儒斯特（David Brewster，1781—1868）

（左图）布儒斯特的光偏振实验指引他在1816年发明了万花筒。
（右图）利用涉及偏振光的皮肤图案，乌贼可以产生复杂的"图样"作为交流的手段。这些图案是人类的眼睛所看不到的。

斯涅尔折射定律（1621年）、牛顿棱镜（1672年）、光纤光学（1841年）、电磁波谱（1864年）、激光（1960年）、照明不完全房间（1969年）

1815年

几个世纪以来，光都深深吸引着科学家们的目光，但谁会想到令人毛骨悚然的乌贼有可能教我们关于光本质的内容呢？光波由电场和磁场组成，电场和磁场的振荡方向相互垂直，且都垂直于光的传播方向。然而，通过使光束平面偏振，电场的振动能够限制在特定的平面上。例如，有一种方法是通过光在两种介质（如空气和玻璃）界面的反射来获得平面偏振光。已知平行于界面的电场分量反射率最高，那么在界面上以某一特定角入射的话，其反射光束完全由电矢量平行于界面的光组成。这个特定的入射角被称为布儒斯特角，它以苏格兰物理学家戴维·布儒斯特命名。

光在地球大气中散射导致的偏振有时会在天空中产生眩光。摄影师可以使用特殊材料来减少这种部分偏振，防止眩光破坏掉天空的本来图像。许多动物，如蜜蜂和乌贼，都能够很好地感知光的偏振，而且蜜蜂可以利用偏振来导航，因为日光的线偏振是垂直于太阳方向的。

布儒斯特的光偏振实验指引他在1816年发明了万花筒，物理学的学生和教师们常常为之着迷，他们试图构建射线图，以理解万花筒的多重反射。布儒斯特万花筒协会的创始人科济·贝克（Cozy Baker）写道："他的万花筒引发了空前的轰动……从最低的到最高的，从最愚昧的到最博学的，所有阶层都爆发了一股狂热，所有人不仅感受到，还表达出这样一种情绪：他们的生活增添了一种新的乐趣。"美国发明家埃德温·H.兰德（Edwin H. Land）写道："万花筒就是19世纪50年代的电视机……" ■

听诊器

勒内－泰奥菲勒－亚森特·雷奈克（René-Théophile-Hyacinthe Laennec，1781—1826）

现代听诊器。人们进行了各种声学实验来确定听诊头尺寸和材料对声音收集的影响。

音叉（1711 年）、泊肃叶流体流动定律（1840 年）、多普勒效应（1842 年）、战争大号（1880 年）

社会历史学家罗伊·波特（Roy Porter）写道："听诊器打开了聆听身体声音（呼吸声、血液流过心脏的汩汩声）的通道，从而改变了治疗内科疾病的方法，也因此改变了医患关系。至少，活体不再是一本紧紧闭合的书籍：病理学研究可以在活体上进行了。"

1816 年，法国内科医生勒内·雷奈克发明了听诊器，它由一根木制管子构成，其喇叭状的末端用来接触胸部。它充满空气的腔体将病患身体里的声音传到医生的耳朵里。20 世纪 40 年代，双面听诊头成为听诊器的标准配置。听诊头的一面是隔膜（例如，盖住开口的塑料圆盘），当诊听到身体的声音时，隔膜振动，产生的声压波通过听诊器的空气腔传播。听诊头的另一面是一个钟形的出口端（比如一个空心杯），更适于传输低频声音。隔膜面实际上屏蔽了与心音有关的低频成分，可以用来诊听呼吸系统。当用到钟形面时，医生可以改变空心杯在皮肤上的压力，"调节"达到聆听心跳的最佳皮肤振动频率。多年来，许多改良设计出现在听诊器上，包括放大、降噪方面的改进，还有利用简单物理原理对其他特性进行的优化。

在雷奈克的时代，医生常常将耳朵直接贴在病人的胸部或背部。然而，雷奈克抱怨道，这项技术"对医生和病患来说很不方便；就女性而言，这不仅不雅，而且往往行不通"。后来，当医生们想要远离满身跳蚤的病人时，就用超长的听诊器进行诊疗。除了发明听诊器外，雷奈克还详细记录了具体的身体疾病（如肺炎、结核病和支气管炎）所对应的声音。很巧的是，雷奈克本人在 45 岁的时候死于结核病，他的侄子用听诊器做出了诊断。■

1816 年

傅里叶热传导定律

让 · 巴蒂斯特 · 约瑟夫 · 傅里叶（Jean Baptiste Joseph Fourier，1768—1830）

（上图）在计算机芯片散热器的发展过程中，各种各样的热传递方式发挥了至关重要的作用。看这张照片的中央位置，那个带有矩形基座的器件就是用于从芯片传递走热量的散热器。
（下图）自然铜矿石。铜既是优良的热导体，也是优良的电导体。

傅里叶分析（1807 年）、卡诺热机（1824 年）、焦耳定律和焦耳加热（1840 年）、保温瓶（1892 年）

1822 年

“热离不开火焰，美也离不开永恒。”但丁曾这样写道。热的性质也深深吸引着法国数学家约瑟夫 · 傅里叶，他的固体材料热传导公式广为人知。他的热传导定律表明，材料中任意两点间热量流动的速率与两点间的温差成正比，与两点间的距离成反比。

如果我们将全金属餐刀的一端放入一杯热可可中，另一端的温度也会开始升高。这种热量传递是由热端的分子通过无规则运动与相邻区域交换动能和振动能所致。可以视为“热流”的能量流动的速率正比于位置 A 和位置 B 之间的温差，反比于 A 和 B 之间的距离。这意味着温差翻倍则热流翻倍，餐刀长度减半则热流亦翻倍。

假设 U 为材料的热导率，也就是说，是对一种材料导热能力的度量，我们可以把这个变量加入傅里叶定律。按热导率的值来排序，则最好的热导体是钻石、碳纳米管、银、铜和金。借助简单的仪器，钻石的高热导率有时被用来协助专家鉴别钻石真假。任何尺寸的钻石摸起来都很凉，因为它们具有很高的热导率，这或许有助于解释“冰”这个词为何常常被用来形容钻石。

尽管傅里叶所做的基础性工作是关于热量传递的，但他从未调控好自身的热量。即使在夏天，他也总是感到寒冷，所以会穿上好几层外套。在生命的最后几个月里，傅里叶经常待在箱子里，以支撑他虚弱的身体。■

奥伯斯佯谬

海因里克 · 威廉 · 马特乌斯 · 奥伯斯
(Heinrich Wilhelm Matthäus Olbers，1758—1840)

如果宇宙是无限的，那么无论朝哪个方向看去，你的视线最终一定会被一颗恒星打断。这个特性似乎意味着夜空应该在星光的照耀下亮得刺眼。

大爆炸（137 亿年前）、多普勒效应（1842 年）、哈勃宇宙膨胀定律（1929 年）

1823 年

1823 年，德国天文学家海因里克 · 威廉 · 奥伯斯发表了一篇论文，讨论了一个在后来被称为奥伯斯佯谬的问题：“为什么夜晚的天空是黑色的?”这就是问题所在！如果宇宙是无限的，那么无论朝哪个方向看去，你的视线最终一定会被一颗恒星打断。这个特性似乎意味着夜空应该在星光的照耀下亮得刺眼。你的第一反应或许是，这些恒星离我们很遥远，它们的光会在传播这么大的距离后耗散殆尽。星光的确在传播过程中变暗，不过是按照到观测者距离的平方变暗。但是，宇宙的体积，还有恒星的总数，则按照距离的立方增加。因此，即便恒星离得越远就会变得越暗，但这会被恒星数量的增加所抵消。如果我们生活在一个无限可见的宇宙中，夜空的确应该非常明亮。

实际上，我们并不是生活在一个无限的、静止的可见宇宙中的，这就是解决奥伯斯佯谬的方法。宇宙的年龄是有限的，而且正在膨胀。因为自大爆炸以来，仅仅过去了大约 137 亿年，我们只能观测到有限距离内的恒星。这就意味着我们能观测到的恒星数量是有限的。由于光速的限制，宇宙中有些部分我们从未见过，来自极遥远恒星的光也没有时间到达地球。有趣的是，第一个提出这种解决方案的人是作家埃德加 · 爱伦 · 坡（Edgar Allan Poe)。

另一个需要考虑的因素是，宇宙的膨胀也会使夜空变暗，因为星光会扩展到更加广阔的空间中去。此外，多普勒效应会导致快速退行的恒星发出的光的波长红移。如果没有这些因素，我们所知道的生命就不会进化，因为夜空会极端明亮和炽热。■

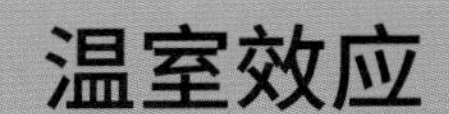

温室效应

约瑟夫·傅里叶（Joseph Fourier，1768—1830）
斯万特·奥古斯特·阿伦尼乌斯（Svante August Arrhenius，1859—1927）
约翰·廷德耳（John Tyndall，1820—1893）

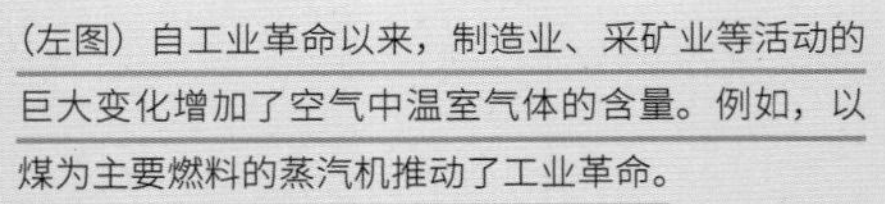

（左图）自工业革命以来，制造业、采矿业等活动的巨大变化增加了空气中温室气体的含量。例如，以煤为主要燃料的蒸汽机推动了工业革命。

（右图）菲利普·詹姆斯·德·卢泰尔堡（Philip James de Loutherbourg，1740—1812）在 1801 创作的《煤溪谷之夜》（*Coalbrookdale by Night*），画中展示的是梅德利木材炉，这是早期工业革命一种常见的标志物。

北极光（1621 年）、傅里叶热传导定律（1822 年）、瑞利散射（1871 年）

1824 年

“尽管对温室效应的负面报道层出不穷，”作家约瑟夫·冈萨雷斯（Joseph Gonzalez）和托马斯·谢勒（Thomas Sherer）写道，“但这种效应其实是非常自然且必要的现象……大气中所含的气体使阳光能够穿透、照射到地表，但却会阻碍再辐射的热能逃逸。如果没有这种自然的温室效应，地球将变得太冷而无法维持生命的存在。”或者，如卡尔·萨根（Carl Sagan）曾经描写的那样：“有一点温室效应是一件好事。”

一般来说，温室效应指的是大气气体吸收和发射红外辐射或热能而使行星表面升温的过程。一些能量经气体再辐射后逃逸到外太空；另一部分则被再辐射回行星。大约在 1824 年，数学家约瑟夫·傅里叶想知道，地球是如何保持足以维持生命的温度的。他提出，尽管一些热量确实会逃逸到太空中，但大气有点像半透明的穹顶或玻璃锅盖，它吸收了一部分太阳的热量，并将其再辐射到地球上。

1863 年，英国物理学家、登山家约翰·廷德耳报道了一些实验，证明水蒸气和二氧化碳吸收了大量的热。他的结论是，水蒸气和二氧化碳因此必定在调节地表温度方面发挥着重要作用。1896 年，瑞典化学家斯万特·阿伦尼乌斯证明了二氧化碳充当了非常强大的“集热器”，如果大气中二氧化碳含量减半的话，就有可能引发冰期。今天，我们用“人为全球变暖”一词来表示人类排放温室气体（如燃烧化石燃料）导致的温室效应增强。

除了水蒸气和二氧化碳，牛打嗝产生的甲烷也会促成温室效应。“牛打嗝？”托马斯·弗里德曼（Thomas Friedman）写道，“没错，温室气体的惊人之处就在于排放源的多样性。一群牛打嗝可能比满是悍马的高速公路还糟糕。”■

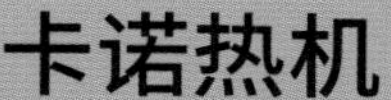

卡诺热机

尼古拉·莱昂纳尔·萨迪·卡诺
(Nicolas Léonard Sadi Carnot，1796—1832)

(左图）萨迪·卡诺的肖像。
(右图）机车蒸汽机。卡诺致力于理解机器中的热流，他的理论也适用于现在。在他那个时代，蒸汽机通常烧木头或煤炭。

永动机（1150 年）、傅里叶热传导定律（1822 年）、热力学第二定律（1850 年）、吸水鸟（1945 年）

1824 年

热力学（功与热量之间能量转换的研究）的大部分前期工作集中在发动机的运转，以及煤等燃料是如何被发动机有效地转化为有用功的。萨迪·卡诺可能是最常被尊为“热力学之父”的人，这要归功于他在 1824 年的著作《论火的动力》。

卡诺不知疲倦地研究机器内部的热流，部分原因是他对英国蒸汽机似乎比法国蒸汽机更有效率而感到不安。在他那个时代，蒸汽机通常燃烧木头或煤炭来将水转化成蒸汽。然后，高压蒸汽推动发动机的活塞。当蒸汽从排气口释放出来的时候，活塞又回到了原来的位置。冷却散热器将排出的废气转化为水，这样它就可以再次被加热成蒸汽来驱动活塞。

卡诺设想了一种如今被称为卡诺热机的理想热机，理论上它的输出功等于输入的热量，且在转换过程中不会损失一点点能量。经实验之后，卡诺意识到没有任何装置可以在这种理想状况下运转，总有一些能量流失到周围环境中。以热的形式存在的能量不可能被完全转换成机械能。不过，卡诺的确帮助发动机设计师改进了发动机，使其以接近峰值的效率运转。

卡诺对“循环装置”也很感兴趣，其中，在循环的不同部分，这种装置会吸收或排出热量，但制造这样一台百分之百效率的发动机是不可能的。这种不可能性也是热力学第二定律的另一种表述方式。不幸的是，卡诺在 1832 年染上了霍乱，按照卫生部门的命令，他几乎所有的书籍、论文和其他个人物品被付之一炬！■

安培电磁定律

安德烈－马里·安培（André-Marie Ampère，1775—1836）
汉斯·克里斯蒂安·奥斯特（Hans Christian Ørsted，1777—1851）

（左图）电动机外露的转子和线圈。电磁铁广泛应用于电动机、发电机、扬声器、粒子加速器、工业电磁吸盘等。
（右图）安德烈－马里·安培的肖像画，由A. 塔迪厄（A. Tardieu，1788—1841）绘制。

法拉第电磁感应定律（1831 年）、麦克斯韦方程组（1861 年）、灵敏电流计（1882 年）

到 1825 年，法国物理学家安德烈－马里·安培已经奠定了电磁理论的基础。而此前直到 1820 年，电和磁之间的关系在很大程度上还是未知的。当时，丹麦物理学家汉斯·克里斯蒂安·奥斯特发现，罗盘磁针在附近的电线接通或断掉电流的瞬间会发生移动。尽管他当时并未完全理解这个简单的演示，但它表明电和磁是相关的现象，这一发现引发了电磁学的各种应用，并最终发展出电报、收音机、电视和计算机。

安培等人在 1820 年至 1825 年进行的后续实验表明，任何载有电流 I 的导体都会在其周围产生磁场。这一基本发现及其对导线的各种影响，有时被称为安培电磁定律。例如，载流导线产生环绕导线的磁场 $\mathbf{B}$（这里用粗体表示向量）。$\mathbf{B}$ 的大小与 I 成正比，且方向是沿着以长直导线的轴为中心、半径为 r 的假想圆周。安培等人证明电流能吸引铁屑，并且安培提出了电流是磁源的理论。

尝试过电磁铁的读者都算是亲身体验了安培定律。电磁铁的制作方法是用一根绝缘导线缠绕钉子，然后再将导线的两端接到一块电池上。简而言之，安培定律表达了磁场和产生磁场的电流之间的关系。

美国科学家约瑟夫·亨利（Joseph Henry，1797—1878）、英国科学家迈克尔·法拉第（Michael Faraday，1791—1867）和詹姆斯·克拉克·麦克斯韦（James Clerk Maxwell）的实验进一步证明了电和磁之间的联系。法国物理学家让－巴蒂斯特·毕奥（Jean-Baptiste Biot，1774—1862）和费利克斯·萨伐尔（Félix Savart，1791—1841）也研究了导线电流和磁之间的关系。安培是一名虔诚的教徒，他相信自己已经证明了灵魂和上帝的存在。■

超级巨浪

朱尔·塞巴斯蒂安·塞萨尔·迪蒙·迪维尔
（Jules Sébastien César Dumont d' Urville，1790—1842）

超级巨浪非常可怕，有时还是晴空万里，它就在毫无预警的情况下出现在大洋中央，前方的波谷深得足以在海中形成可怕的“洞”。超级巨浪会造成船只和生命的损失。

傅里叶分析（1807 年）、孤立子（1834 年）、
风速最快的龙卷风（1999 年）

1826 年

“从最早的文明时代起，”海洋物理学家苏珊·莱纳（Susanne Lehner）写道，“人类就一直着迷于惊涛巨浪的故事；海洋‘怪兽’……高高卷起的水柱冲击着无助的船只。你可以看到海水如墙一般涌来……但你无法逃避，也无法与之抗争……未来我们能够应付这种噩梦般的场景吗？预测极端波浪？操控它们？还是像冲浪者一样驾驭巨浪？”

到了 21 世纪，物理学家们对洋面还没有一个完整的认识，也完全不清楚超级巨浪的起因，这似乎令人吃惊。1826 年，当法国探险家、海军军官迪蒙·迪维尔（Dumont d' Urville）船长报告了高达 30 米（大约有 10 层楼那么高）的巨浪时，他遭到了嘲讽。然而，在使用卫星监测和许多结合了波分布相关概率论的模型之后，我们现在知道，这样的巨浪比预期的要常见得多。想象一下这样的恐怖场景，有时还是晴空万里，一堵水墙就在毫无预警的情况下出现在大洋中央，前方的波谷深得足以在海中形成可怕的“洞”。

有一种理论认为，洋流和海床形状起到类似于光学透镜的作用，所以能聚焦波浪。也许高高的波浪是由两场不同风暴带来的交叉波浪叠加而成的。然而，其他因素似乎在产生这种非线性波效应方面也发挥了作用，使相对平静的海面上形成高高的水墙。在破碎之前，超级巨浪的波峰可以比相邻巨浪的波峰高四倍。许多论文都试图用非线性薛定谔方程来模拟超级巨浪的形成。风对波浪非线性演化的影响也是一个富有成效的研究领域。由于超级巨浪会造成船只和生命的损失，科学家们一直在不断寻找预测和避免超级巨浪的方法。■

欧姆定律

格奥尔格 · 欧姆（Georg Ohm，1789—1854）

(左图)配置电阻器(图中带彩色条纹的圆柱体)的电路板。根据欧姆定律，电阻两端的电压与通过它的电流成正比。图中彩色条纹指示电阻值。(右图)电热水壶依靠电阻产生热量。

焦耳定律和焦耳加热（1840 年）、基尔霍夫电路定律（1845 年）、白炽灯泡（1878 年）

1827 年

尽管德国物理学家格奥尔格 · 欧姆发现了电学领域最基本的定律之一，但他的工作却被当时的同行忽视，而他一生中大部分时间都过着贫困的生活。最严厉的批评者称他的工作是一张“赤裸裸的幻想之网”。欧姆的电学定律指出，电路中的恒定电流 I 与电阻两端的恒定电压 V（或总电动势）成正比，与电阻的值 R 成反比：$I = V/R$。

欧姆于 1827 年对该定律的实验发现表明，该定律适用于许多不同的材料。从上述方程明显可以看出，如果导线两端的电势差 V（单位为伏特）加倍，那么电流 I（单位为安培）也加倍。对于给定的电压，如果电阻加倍，那么电流则减少一半。

欧姆定律有助于确定电击对人体造成的危害。一般来说，电流越高，电击也就越危险。电流等于施加在人体上两点之间的电压除以人体的电阻。准确地说，一个人能承受多大的电压并幸免于难，取决于人体的总电阻。而人体的总电阻则因人而异，可能取决于人体脂肪和水分的含量、皮肤出汗情况，以及电极与皮肤接触的方式和位置等因素。

如今，电阻被用来监测管道的腐蚀和材料损耗。例如，金属壁上电阻的净变化可归咎于金属的损耗。腐蚀检测装置可以固定安装，不间断地提供信息，也可以根据需要使用便携式装置收集信息。要注意的是，如果没有电阻，电热毯、电水壶和白炽灯泡都无法使用。■

布朗运动

罗伯特 · 布朗（Robert Brown，1773—1858）
让 – 巴蒂斯特 · 佩兰（Jean-Baptiste Perrin，1870—1942）
阿尔伯特 · 爱因斯坦（Albert Einstein，1879—1955）

科学家使用布朗运动和扩散概念来模拟麝鼠的繁殖。1905 年，5 只麝鼠从美国被引进布拉格。到了 1914 年，它们的后代已经扩散到方圆 90 英里的范围。1927 年，它们的数量超过了 1 亿只。

永动机（1150 年）、原子论（1808 年）、格雷姆泻流定律（1829 年）、分子运动论（1859 年）、玻尔兹曼熵方程（1875 年）、爱因斯坦的启发（1921 年）

1827 年

1827 年，苏格兰植物学家罗伯特 · 布朗用显微镜研究悬浮在水中的花粉粒。花粉粒在液体内似乎在以一种随机的方式跳跃舞蹈。1905 年，阿尔伯特 · 爱因斯坦预测了这类小颗粒的运动，他认为这些小颗粒正不断受到水分子的冲击。任何时刻，仅仅出于偶然，颗粒的某一侧比另一侧受到更多水分子的撞击，从而导致颗粒短暂地朝一特定方向轻微移动。爱因斯坦利用统计规律证明，布朗运动可以用这类碰撞中的随机波动来解释。此外，通过这种运动，我们可以确定正在轰击宏观颗粒的假想分子的大小。

1908 年，法国物理学家让 – 巴蒂斯特 · 佩兰证实了爱因斯坦对布朗运动的解释。由于爱因斯坦和佩兰的研究成果，物理学家们最终被迫接受存在原子和分子的事实，而此前即便到了 20 世纪初，这个问题也依然悬而未决。佩兰在总结他 1909 年关于这一问题的论文时写道：“我认为从今以后将很难再用合乎逻辑的论证来捍卫反对分子假说的观点。”

布朗运动导致了各种介质中颗粒的扩散，这一常识在许多领域都有着广泛的应用，包括污染物的扩散、理解舌面上糖浆的相对甜度等。扩散概念也有助于我们理解信息素对蚂蚁的影响，以及 1905 年麝鼠被意外释放后在欧洲的繁殖扩散。扩散定律已经被用于烟囱污染物浓度的建模，以及模拟新石器时代农民取代狩猎采集者的过程。研究人员还利用扩散定律研究了石油烃类污染在土壤中的扩散和露天空气中氡气的扩散。■

格雷姆泻流定律

托马斯 · 格雷姆（Thomas Graham，1805—1869）

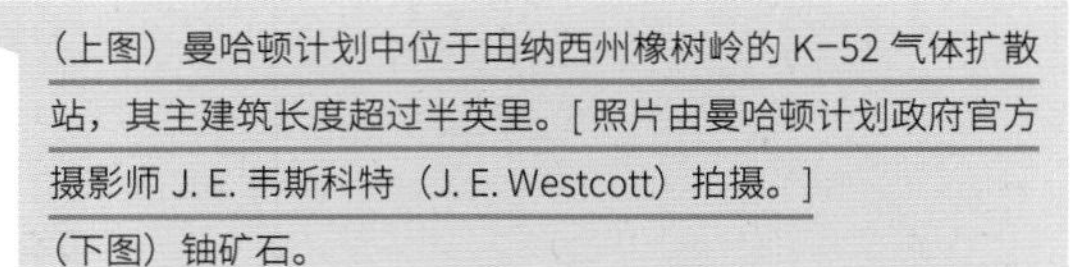

（上图）曼哈顿计划中位于田纳西州橡树岭的 K–52 气体扩散站，其主建筑长度超过半英里。[照片由曼哈顿计划政府官方摄影师 J. E. 韦斯科特（J. E. Westcott）拍摄。]
（下图）铀矿石。

布朗运动（1827 年）、玻尔兹曼熵方程（1875 年）、放射性（1896 年）、小男孩原子弹（1945 年）

1829 年

每当我琢磨格雷姆泻流定律的时候，就禁不住会想起死亡和原子武器。格雷姆泻流定律得名自苏格兰科学家托马斯 · 格雷姆，该定律指出，气体的泻流率与其粒子质量的平方根成反比，用公式表述可以写成：$R_1/R_2 = (M_2/M_1)^{1/2}$，其中 R_1 是气体 1 的泻流率，R_2 是气体 2 的泻流率，M_1 是气体 1 的摩尔质量，M_2 是气体 2 的摩尔质量。该定律对扩散和泻流都适用，后者指的是单个分子流过极小的孔而不发生相互碰撞的过程。泻流率取决于气体的分子量。例如，像氢气这样的低分子量气体比较重的粒子泻流得更快，因为轻分子量粒子的运动速度通常更快。

20 世纪 40 年代，当时的核反应堆技术利用格雷姆定律来分离放射性气体，这些气体因分子量不同而具有不同的泻流率。人们使用一种长扩散室来分离铀的两种同位素，即 U–235 和 U–238。这些同位素与氟发生化学反应生成六氟化铀气体。含可裂变 U–235 的六氟化铀分子质量稍微小一点，其沿扩散室运动的速度略快于质量稍大的含 U–238 的六氟化铀分子。

第二次世界大战期间，这种分离过程使美国得以开发出原子弹，因为原子弹的链式核裂变反应需要分离 U–235。美国政府在田纳西州建起了一座气体扩散工厂，以便分离 U–235 和 U–238。该工厂利用多孔膜进行扩散，加工曼哈顿计划所需的铀，最后制造出 1945 年在日本投下的原子弹。为了完成同位素分离，气体扩散工厂需要在占地 43 英亩的空间里完成 4000 道程序。■

法拉第电磁感应定律

迈克尔·法拉第（Michael Faraday，1791—1867）

（左图）1861 年由约翰·沃特金斯（John Watkins，1823—1874）拍摄的法拉第肖像。（右图）发电机图片，摘自 1889 年 G. W. 德·通塞尔曼（G. W. de Tunzelmann）的《现代生活中的电》（*Electricity in Modern Life*）。发电站一般用到的发电机带有转子，通过磁场和导电体间的相对运动将机械能转化为电能。

安培电磁定律（1825 年）、麦克斯韦方程组（1861 年）、霍尔效应（1879 年）

“迈克尔·法拉第是在莫扎特去世的那一年出生的，”戴维·古德林（David Goodling）教授写道，“法拉第的成就比莫扎特的要难理解得多，但法拉第对现代生活和文化做出的贡献却同样伟大……他在磁感应方面的发现奠定了现代电气技术的基础……也为电、磁和光的统一场论打造了框架。”

英国科学家迈克尔·法拉第最伟大的发现是电磁感应定律。他在 1831 年注意到，当他移动磁铁穿过一个固定线圈时，线圈的导线中总是会产生电流。其中，感应电动势等于磁通量的变化率。美国科学家约瑟夫·亨利（Joseph Henry）也做过类似的实验。今天，这种电磁感应现象在发电厂中起着至关重要的作用。

法拉第还发现，如果他在固定永磁体附近移动一个线圈，只要线圈移动，就会有电流流过线圈的导线。法拉第用电磁铁做实验，改变电磁铁周围的磁场，随即就检测到附近另一根导线中的电流。

苏格兰物理学家詹姆斯·克拉克·麦克斯韦（James Clerk Maxwell）后来提出，磁通量变化产生的电场不仅会引发附近导线中的电子流动，而且即便在缺少电荷的情况下也存在于空间中。麦克斯韦用公式表达了磁通量变化及其与感应电动势（ε）之间的关系，这就是我们所说的法拉第电磁感应定律。电路中产生的感应电动势的大小与影响电路的磁通量的变化率成正比。

法拉第虔信是上帝在维持着宇宙的运转，而他在按上帝的旨意揭示真相，实现这一点必须通过精心的实验，并通过同行们对其结果进行测试和构建。他把《圣经》中的每一个字都当作真理，但也认为这个世界上，在接受任何其他类型的断言之前，细致的实验都是必不可少的。■

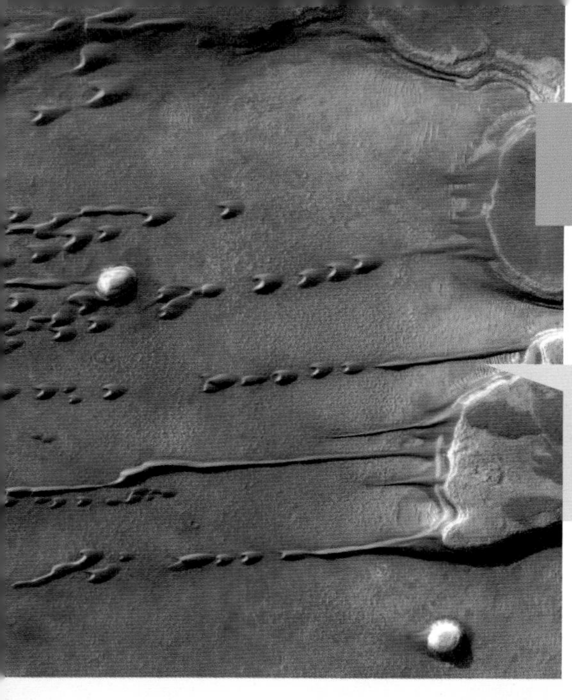

孤立子

约翰 · 斯科特 · 罗素（John Scott Russell，1808—1882）

火星上的新月形沙丘。当地球上的两座新月形沙脊相撞时，它们会先形成一座复合沙脊，待分开后各自恢复原本的形状。（当两座沙丘“交错”时，沙粒实际上并没有穿过彼此，但沙脊的形状会保持不变。）

超级巨浪（1826 年）、傅里叶分析（1807 年）、自组织临界性（1987 年）

1834 年

孤立子（soliton）是一种孤立波，在长距离传播的过程中能够维持其形状不变。孤立子的发现源于一次偶然的观察，这在偶然发现的重大科学中也算最有趣的故事之一。1834 年 8 月，苏格兰工程师约翰 · 斯科特 · 罗素碰巧看到一艘马拉驳船在运河上行驶。当驳船缆绳断掉而突然停下来的时候，罗素惊奇地观察到河水形成了一片隆起，他这样描述道：“一大团水向前高速翻滚着，呈现出的形状是一个孤立的大隆丘，水丘圆滑且轮廓分明，一直沿着河道前行，而且显然形状不变，速度也没有慢下来。我骑着马从后面追上去，发现它仍在以每小时大约八九英里的速度向前翻滚着，且维持着原貌，直径约 30 英尺，高度为 1 ～ 1.5 英尺。后来它的高度逐渐降低，又过了一两英里后，它在弯曲的河道中失去了踪影。”

随后，为了描述这些神秘孤立子（他称之为移动波）的特征，罗素在自己家中用波浪水槽进行了实验，结果发现，孤立子的速度取决于它的大小。两个不同大小的孤立子（因此速度也不同）穿过彼此后会再次出现，并继续传播下去。在等离子体和流沙等其他系统中也观察到了孤立子的行为。举例来说，有着弧形沙脊的新月形沙丘就曾被发现会“穿过”彼此。木星的大红斑或许也是某种孤立子。

今天，孤立子被广泛用于各种现象的解释中，包括神经信号的传播、光纤中基于孤立子的通信等。据报道，在 2008 年，外太空中已知的第一例不变孤立子以约 8 km/s 的速度穿过地球周围的电离气体。■

085

高斯和磁单极子

卡尔 · 弗里德里希 · 高斯（Carl Friedrich Gauss，1777—1855）
保罗 · 狄拉克（Paul Dirac，1902—1984）

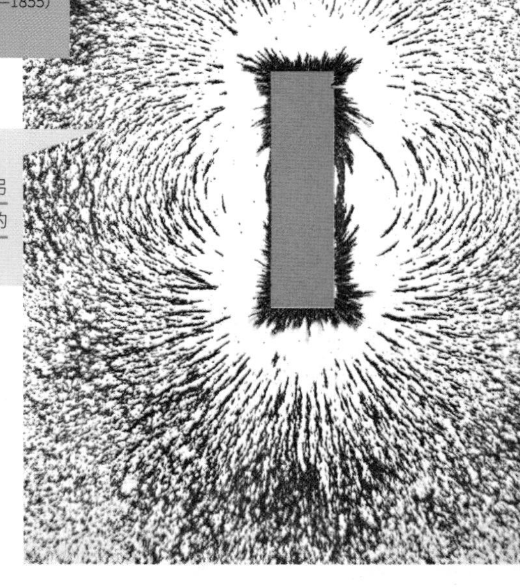

（上图）德国邮票上的高斯（1955）。

（下图）条形磁铁，其一端为北极，另一端为南极，周围的铁屑显示出磁场的分布。物理学家能找到磁单极子吗？

奥尔梅克罗盘（公元前 1000 年）、论磁（1600 年）、麦克斯韦方程组（1861 年）、施特恩 – 格拉赫实验（1922 年）

1835 年

“人们之所以会认为磁单极子应该存在，是因为它具有数学的美感。”英国理论物理学家保罗 · 狄拉克如是写道。然而，迄今还没有物理学家找到过这些奇怪的粒子。得名自德国数学家卡尔 · 高斯的高斯磁定律是电磁学的基本方程之一，也是不存在孤立磁单极子（例如，一块只有北极而没有南极的磁铁）的一种正式说法。而另一方面，在静电学中，孤立电荷是存在的，这种电场和磁场之间的不对称现象使科学家们感到困惑。在 20 世纪初，科学家们想准确地知道，为什么可以有孤立的正电荷和负电荷，却不存在孤立的北磁极和南磁极。

1931 年，保罗 · 狄拉克从理论上推定磁单极子可能存在，他也是首批提出这种可能性的科学家之一。多年来，人们为探测磁单极子粒子付出了很多努力。然而，到目前为止，物理学家们从未发现过一个孤立的磁单极子。值得注意的是，如果将一块传统的磁铁（同时拥有一个北极和一个南极）切成两半，得到的是两块磁铁，每一块都有自己的北极和南极。

粒子物理学中，一些试图统一电弱相互作用和强相互作用的理论预言了磁单极子的存在。不过，即便磁单极子真的存在，也很难利用粒子加速器来产生，因为磁单极子的质量和能量非常巨大（约 10^{16} GeV）。

高斯常常对自己的工作讳莫如深。根据数学历史学家埃里克 · 坦普尔 · 贝尔（Eric Temple Bell）的说法，如果高斯在做出发现的同时就将它们全部公开或发表，数学领域会马上进步 50 年。当高斯证明了某个定理之后，他有时会说，这种洞察力并非来自“痛苦的努力，而是源于上帝的恩典”。■

恒星视差

弗里德里希·威廉·贝塞尔（Friedrich Wilhelm Bessel，1784—1846）

研究人员基于美国国家航空航天局（NASA）斯皮策空间望远镜和地基望远镜的观测结果测量视差，确定了从小麦哲伦星云（左上角）中的恒星前方经过的天体到我们的距离。

埃拉托色尼测量地球（公元前 240 年）、望远镜（1608 年）、测量太阳系（1672 年）、黑滴效应（1761 年）

1838 年

人类设法测定恒星到地球距离的历史已经很久了。古希腊哲学家亚里士多德和波兰天文学家哥白尼都知道，如果地球环绕太阳运转，那么每年恒星都会来回移动。可惜的是，亚里士多德和哥白尼从未观测到这些微小的视差，要等到 19 世纪，人类才真正发现恒星视差。

恒星视差（Stellar Parallax）指的是沿两条不同的视线观察一颗恒星时造成的恒星视位移。依据简单的几何方法，就可以用这个位移角来测定恒星到观测者的距离。计算该距离的一个方法是测定一颗恒星在一年中特定时间的位置，半年后，当地球绕着太阳转了半圈，再次测量恒星的位置，会发现近邻的一颗恒星在朝着较远的恒星移动。恒星视差类似于轮流闭上左右眼观察自己的手的效果。先用一只眼，然后换另一只眼，那么你的手看上去在移动。视差角越大，天体离你越近。

19 世纪 30 年代，天文学家之间展开了激烈的竞赛，他们争夺的是准确测定星际距离第一人的归属。直到 1838 年这件事才尘埃落定，德国天文学家弗里德里希·威廉·贝塞尔第一次测量到恒星视差。他用望远镜研究了天鹅座中的恒星天鹅座 61，发现它有明显的视运动，贝塞尔的视差计算表明，这颗恒星距地球 3.18 秒差距，也就是 10.4 光年。这是令人惊叹的成就，早期的天文学家们确定的这种方法可以不离开自家后院就计算出浩瀚的星际距离。

对于恒星来说，视差角太小了，所以早期的天文学家只能对那些离地球比较近的恒星使用这种方法。到了现代，天文学家使用欧洲的依巴谷天文卫星测量了超过 10 万颗恒星到地球的距离。■

燃料电池

威廉·罗伯特·格罗夫（William Robert Grove，1811—1896）

直接甲醇燃料电池（DMFC）的照片。DMFC 是一种电化学装置，它以甲醇—水溶液为燃料来发电。实际的燃料电池部件就是照片中心的分层立方体。

电池（1800 年）、温室效应（1824 年）、太阳能电池（1954 年）

你们还记得高中化学课上的电解水实验吗？一对金属电极被浸在水中，两极之间加上电流后会产生氢气和氧气，这一过程依据的化学方程式为：电 + $2H_2O$（液体）→ $2H_2$（气体）+ O_2（气体）。实际上，纯水是电的不良导体，人们可以加入稀硫酸来加大通过电流。分离这些离子所需的能量由电源提供。

1839 年，律师兼科学家威廉·格罗夫创造了早期的燃料电池（Fuel Cell，FC），他使用上述方程式的逆过程，由燃料箱中的氢气和氧气来产生电。燃料电池的燃料还有许多可能的组合方式。在氢燃料电池中，化学反应从氢原子中移除电子，从而产生质子。电子通过连接的导线运动提供了可用的电流。然后，从电路中返回的电子与氧气和氢离子结合，在燃料电池中产生了“废物”，也就是水。氢燃料电池类似于传统的电池，但又有不同之处。传统电池最终会被耗尽，人们只好将它丢弃或再充电，而燃料电池只要有氢气和空气中的氧气作为燃料，就能无限期地运转下去。这类化学反应使用铂等催化剂来加快速度。

有些人希望燃料电池有朝一日能更频繁地用在交通工具上，以取代传统的内燃机。然而，广泛的应用还存在很多障碍，包括成本、耐久性、温度管理，以及氢气的制造和配送等。尽管如此，燃料电池在后备系统和航天器中还是非常有用的，它们曾在美国登月计划中发挥了至关重要的作用。燃料电池的优势还包括零碳排放，以及对石油依赖的减少等。

要注意的是，驱动燃料电池的氢气有时是通过分解烃基燃料来产生的，这与燃料电池减少温室气体排放的预期目标背道而驰。■

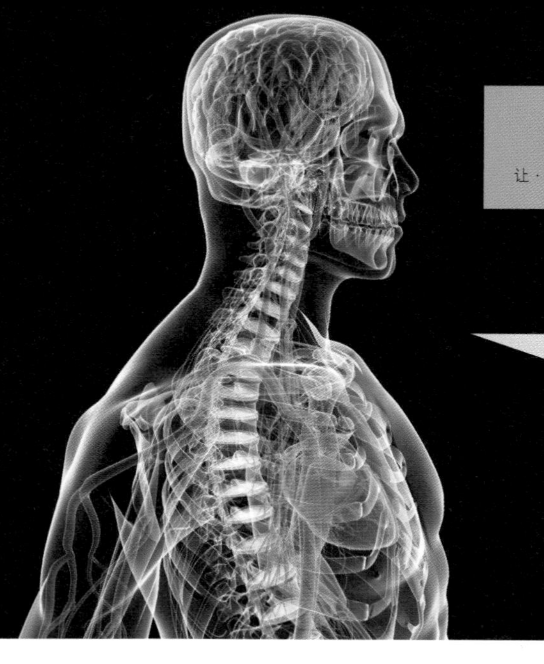

泊肃叶流体流动定律

让·路易·马里·泊肃叶（Jean Louis Marie Poiseuille，1797—1869）

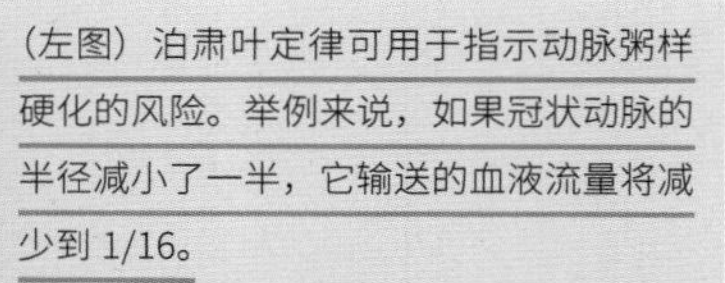

（左图）泊肃叶定律可用于指示动脉粥样硬化的风险。举例来说，如果冠状动脉的半径减小了一半，它输送的血液流量将减少到 1/16。
（右图）泊肃叶定律解释了为什么用细吸管喝饮料比用粗吸管要困难得多。

虹吸管（公元前 250 年）、伯努利流体动力学定律（1738 年）、斯托克斯黏度定律（1851 年）

1840 年

扩大闭塞血管的医疗程序非常有用，因为血管半径只要增加一点点就可以显著改善血液流动，其中的原因就在于泊肃叶定律。该定律得名自法国内科医生让·泊肃叶，它为在管道内流体的流量与管道宽度、流体黏度和管道内压强的变化之间提供了精确的数学关系。该定律可以表述为：$Q=[(\pi r^4)/(8\mu)]\times(\Delta P/L)$，其中，$Q$ 是管道内的流体流量，r 是管道的内半径，ΔP 是管道两端的压强差，L 是管道长度，μ 是流体黏度。该定律还假设所研究的流体是在作层流的稳定流动（即平滑、无湍流）。

泊肃叶定律在医疗领域有着实际的应用价值，尤其适用于血管内流动方面的研究。需要注意的是，r^4 项确保了管道半径在决定流体的流量 Q 时起到主要作用。如果其他参数都相同的话，管道半径加倍会导致 Q 增大到原来的 16 倍。实际来说，这意味着，一根管道直径加倍后输送的水量，需要我们用 16 根直径未加倍的管道才能做到。从医学角度来看，泊肃叶定律可用于指示动脉粥样硬化的风险：如果冠状动脉的半径减小了一半，它输送的血液流量将减少到 1/16。这也解释了为什么用粗吸管喝饮料要比用略细的吸管容易得多。同样的吸吮力度下，如果用一根两倍粗的吸管，单位时间内你能喝到的液体是原来的 16 倍。当前列腺增大导致尿道半径缩小，导致排尿困难时，我们可以将其归咎于泊肃叶定律，因为即使是很小的收缩也会对尿液的流量产生巨大的影响。■

089

焦耳定律和焦耳加热

詹姆斯·普雷斯科特·焦耳（James Prescott Joule，1818—1889）

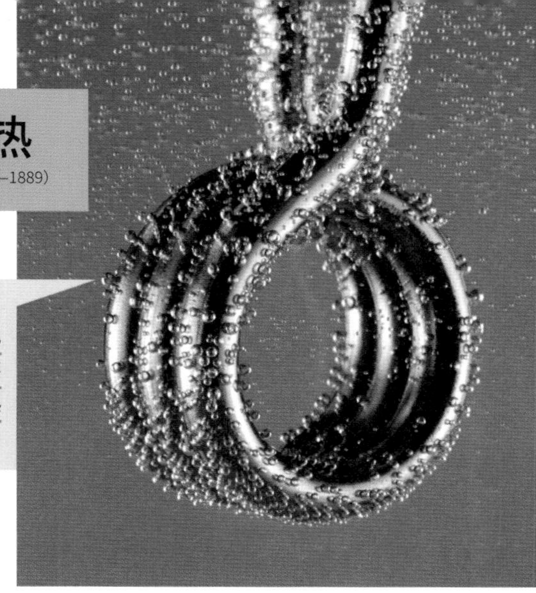

（左图）詹姆斯·焦耳的肖像照。
（右图）焦耳定律和焦耳加热在现代液体浸入式加热器中起着重要的作用，其中，加热器产生的热量由焦耳定律决定。

傅里叶热传导定律（1822 年）、欧姆定律（1827 年）、能量守恒（1843 年）、白炽灯泡（1878 年）

外科医生常常用到焦耳定律和焦耳加热。根据焦耳定律，导体中的恒定电流所产生的热量 Q 可以用 $Q=I^2Rt$ 一式来计算，其中，R 是导体的电阻，I 是流经导体的恒定电流，而 t 是电流持续的时间。

当电子通过电阻为 R 的导体时，电子失去的动能转换为电阻的热量。用一种经典的解释来说，这种热量的产生涉及导体中原子的晶格。电子与晶格的碰撞增大了晶格热振动的振幅，从而提升了导体的温度，这个过程被称为焦耳加热。

焦耳定律和焦耳加热在现代电外科技术中发挥着重要的作用，其中，电探针的热量由焦耳定律决定。在这类装置中，电流从“有效电极”经生物组织流向中性电极。生物组织的欧姆电阻取决于组织与有效电极接触区域（如血液、肌肉或脂肪组织）的电阻，以及有效电极与中性电极之间总路径中的电阻。在电外科手术中，通电持续时间（焦耳定律中的 t）通常受控于手指开关或脚踏开关。有效电极的精密形状可以集中热量，比如尖头电极就可以用来切割组织，而在电凝术中，表面积大的电极产生弥散的热量引起大片组织的凝固。

今天，焦耳还因另一项贡献而被铭记，他帮助确立了机械能、电能和热能之间是相互联系的，也是可以相互转换的。因此，他的实验也验证了能量守恒定律（也被称为热力学第一定律）的许多基本原理。■

1840 年

周年钟

许多型号的周年钟每年只需要上一次发条。周年钟内起扭簧作用的是悬挂在细金属丝上的摆盘。

沙漏（1338 年）、傅科摆（1851 年）、原子钟（1955 年）

1841 年

最早的时钟并没有分针，只有随着现代工业社会的发展，分针才变得重要起来。工业革命时期，火车开始按时刻表运行，工厂要在规定的时刻开工、停工，而生活节奏也变得更加精准。

我最喜爱的钟表是扭摆钟，也被称为 400 天钟或周年钟，因为它的许多型号每年只需要上一次发条。在读到古怪的亿万富豪霍华德 · 休斯（Howard Hughes）的事迹之后，我对这些时钟产生了浓厚的兴趣。据传记作家理查德 · 哈克（Richard Hack）所说，休斯最钟爱的房间里有“一个立在红木架上的地球仪，还有一个大壁炉，壁炉架上放着一台法国青铜 400 天钟，千万不要将这台钟的发条拧得太紧”。

周年钟内起扭簧作用的是悬挂在细金属丝上的一块加重圆盘。圆盘以金属丝为垂直轴来回旋转，这种运动替代了传统钟摆的摆动。普通摆钟的历史至少可以追溯到 1656 年，当时克里斯蒂安 · 惠更斯（Christiaan Huygens）受伽利略图纸的启发，受人委托制造了这类摆钟。由于钟摆的运动近乎同步，尤其是摆动幅度很小的时候，摆动周期相对恒定，所以这些惠更斯摆钟比之前的钟更精准。

在周年钟内，发条驱动圆盘来回转动非常有效，弹簧松开得很缓慢，因而只要最初拧上一次发条，弹簧就可以持续驱动时钟齿轮很长一段时间。早期的周年钟并不是很精准，部分原因是弹簧力随温度而变化。不过，后来的型号使用了一种补偿温度变化的弹簧。1841 年，美国发明家阿龙 · 克兰（Aaron Crane）申请了周年钟的专利。1880 年前后，德国钟表匠安东 · 哈德（Anton Harder）也独立发明了周年钟。第二次世界大战结束时，周年钟成为流行的结婚礼物，当时有许多美国士兵将这种钟从欧洲带回国。■

光纤光学

让-丹尼尔·科拉东（Jean-Daniel Colladon，1802—1893）
高锟（Charles Kuen Kao，1933—2018）
乔治·阿尔弗雷德·霍克姆（George Alfred Hockham，1938—2013）

光纤沿着其长度方向传输光。通过一种被称为全内反射的过程，光被束缚于光纤之内，直到它抵达光纤末端为止。

斯涅尔折射定律（1621 年）、布儒斯特光学（1815 年）

光纤光学有着悠久的历史，其中就要提到瑞士物理学家让-丹尼尔·科拉东于 1841 年进行的光喷泉精彩演示，光在水槽流出的弧形水流内传播。到了 20 世纪初，现代光纤光学兴起并经过多次改进，采用柔性的玻璃或塑料纤维来传输光。1957 年，研究人员申请了光纤内窥镜的专利，使内科医生得以查看胃肠道的内部。1966 年，电气工程师高锟和乔治·阿尔弗雷德·霍克姆提出在电信行业利用光纤来传输光脉冲形式的信号。

通过一种被称为全内反射的过程［参见条目“斯涅尔折射定律（1961 年）”］，光纤可以将光束缚在其内部，这是由于光纤的纤芯材料相对于包裹它的薄包层有着更高的折射率。一旦光进入纤芯，它就会在纤芯内壁上不断反射。信号在传播很长一段距离后，其强度会有一定的损耗，因此有必要使用光再生器来增强光信号。今天，与传统的通信铜线相比，光纤具备很多优势，比如光纤相对廉价和轻巧，信号传输的衰减也较小，而且不受电磁干扰的影响。此外，如果需要照明和查看的对象位于紧窄、难以到达的地方，光纤也可以派上用场，提供照明或传送图像。

在光纤通信中，借由不同波长的光，每根光纤可以传输许多独立的信道。信号的最初形式是电子比特流，发光二极管或激光二极管等微小光源发出的光经它们调制后，产生了用于传输的红外光脉冲。1991 年，技术人员研发出光子晶体光纤，它通过一种周期结构（如贯穿光纤的圆柱孔阵列）的衍射效应来引导光。■

多普勒效应

克里斯蒂安·安德烈亚斯·多普勒（Christian Andreas Doppler，1803—1853）
克里斯托福鲁斯·亨里克斯·迪德里克斯·白贝罗（Christophorus Henricus Diedericus Buys Ballot，1817—1890）

（右图）多普勒著作《论双星的色光》（*Über das farbige Licht der Doppelsterne*）重印本卷首的克里斯蒂安·多普勒肖像。
（左图）想象一个声源或光源在发射一组球面波。当波源从右向左移动时，左边的观察者看到的是被压缩的波，而正在接近的波源被认为是在蓝移，即波长变短。

奥伯斯佯谬（1823 年）、哈勃宇宙膨胀定律（1929 年）、类星体（1963 年）、风速最快的龙卷风（1999 年）

1842 年

“当警察用雷达枪或激光束照射一辆汽车时，”记者查尔斯·塞费（Charles Seife）写道，“他实际上是在利用多普勒效应测量汽车的运动压缩反射辐射的程度。通过测量这种压缩，他可以算出汽车移动的速度，然后给司机开一张 250 美元的罚单。科学是不是很奇妙？”

多普勒效应得名自奥地利物理学家克里斯蒂安·多普勒，它指的是当波源相对于观察者移动时，观察者看到的波的频率会发生变化。举例来说，如果一辆行驶中的汽车鸣响喇叭，相较喇叭真实发出的声波频率而言，当汽车接近你时，你听到的声音频率更高，在它经过你的瞬间频率相同，而随着它的驶离，频率变低。虽然我们提及多普勒效应通常想到的是声音，但它也适用于所有的波，包括光。

最早验证多普勒声波理论的实验之一是由荷兰气象学家兼物理化学家白贝罗于 1845 年进行的。在这项实验中，号手们搭乘火车，吹奏着一个声调不变的音符，而与此同时，音乐家们在铁轨旁聆听。借用这些观察者的完美的音感，白贝罗证明了多普勒效应的存在，随后将其简化为一个公式。

许多星系远离我们的速度可以通过星系的红移来估算。红移指的是，相较于这些波源所发射的电磁辐射，地球上的观测者接收到的是看上去波长增加或频率减小的电磁辐射。这类红移发生的原因是，随着空间的膨胀，星系正在以高速远离我们。光源和接收者的相对运动导致了光的波长变化，这就是多普勒效应的另一个例子。■

能量守恒

詹姆斯 · 普雷斯科特 · 焦耳（James Prescott Joule，1818—1889）

拉弓蓄积的势能在松开弓后转换为箭的动能。而当箭射中靶子时，动能又转换为热能。

弩（公元前 341 年）、永动机（1150 年）、动量守恒（1644 年）、焦耳定律和焦耳加热（1840 年）、热力学第二定律（1850 年）、热力学第三定律（1905 年）、$E = mc^2$（1905 年）

1843 年

“在那些深夜里的恐怖时刻，每当想到死亡和湮灭之时，能量守恒定律就成了你可以抓住的救命稻草，”科学记者纳塔莉 · 安吉尔（Natalie Angier）写道。“你个人的能量总和，包括储存在你身体所有原子内的能量，以及结合这些原子的化学键中的能量，将不会湮灭…… 构造你身体的质量和能量将会改变形式和位置，但它们依然在这里，在这生命和光的轮回之中，在始于一场大爆炸的永恒派对之中。”

用经典的方式来说，能量守恒原理表明，在一个封闭系统中，相互作用的物体的能量可以改变形式，但总能量保持不变。能量有多种形式，包括动能、势能、化学能和热能。就拿弓箭手来说，他拉弓产生的形变蓄积了势能，松开弓后势能转换为箭的动能。弓和箭的总能量在放箭前后原则上是不变的。同样，储存在电池中的化学能也可以转换为电动机的动能。球在下落的时候，它的引力势能转换为动能。能量守恒的发展史上有一个关键的时间点，那就是 1843 年，物理学家詹姆斯 · 焦耳发现，在重物下落带动水桨旋转的过程中损失的引力势能等于水与桨摩擦获得的热能。热力学第一定律通常可以这样表述：一个系统因加热而增加的内能等于加热补充的能量减去系统对周围环境所做的功。

值得注意的是，在弓箭的例子中，当箭射中靶子时，动能转换为热量。热力学第二定律则限制了热能转换为功的方式。■

工字梁

理查德 · 特纳（Richard Turner，1798—1881）
德西默斯 · 伯顿（Decimus Burton，1800—1881）

这根巨大的工字梁曾是美国世界贸易中心二号楼的一部分，现在是加州博览会纪念广场 9 · 11 纪念碑的一部分。这些沉重的梁通过铁路从纽约运送到萨克拉门托。

桁架（公元前 2500 年）、拱（公元前 1850 年）、张力完整性（1948 年）

1844 年

你有没有想过，为什么有这么多建筑钢梁的横截面形状呈“工”字形？原来，这种梁在承受垂直于轴线的荷载时，能有效抵抗弯曲。比如这样一根长条工字梁，其两端被支承住，一头沉重的大象站在中间保持平衡。那么，这根梁的上层将被压缩，而底层则因张力被略微拉伸延长。钢材昂贵且沉重，所以建筑商试图在保持结构强度的同时尽量减少建材的使用。工字梁就是一种有效且经济的建材，因为较多的钢材分布在上下翼缘，而翼缘是最有效的抗弯构造。工字钢可以通过轧制或挤压钢材成形，也可以由钢板焊接成板梁来制作。要注意的是，如果侧向受力，其他某些形状比工字梁更有效；要抵抗所有方向上的弯曲，最有效和经济的形状是空心圆柱。

历史保护主义者查尔斯 · 彼得森（Charles Peterson）记述了工字梁的重要性：“熟铁工字梁在 19 世纪中叶得到完善，是有史以来最伟大的结构发明之一。工字梁最初用熟铁轧制，很快就改成用钢轧制。等到贝塞麦炼钢法降低了钢材价格的时候，工字梁开始普及。它成为建造摩天大楼和大桥的材料。”

已知最早在建筑中引入工字梁的是伦敦的基尤花园棕榈屋，它由理查德 · 特纳和德西默斯 · 伯顿在 1844 至 1848 年建造。1853 年，新泽西州托伦顿钢铁公司（TIC）的威廉 · 博罗（William Borrow）将两个部件用螺栓紧固在一起制成工字梁。1855 年，TIC 的老板彼得 · 库珀（Peter Cooper）轧制出了一体化的工字梁。这就是著名的库珀梁。■

基尔霍夫电路定律

古斯塔夫·罗伯特·基尔霍夫（Gustav Robert Kirchhoff，1824—1887）

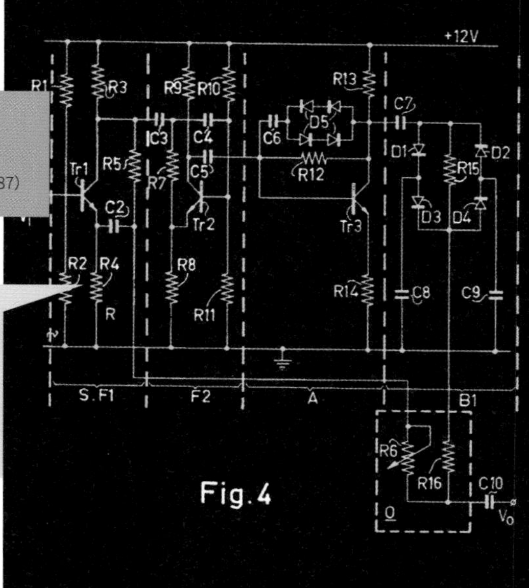

（左图）古斯塔夫·基尔霍夫的肖像照。
（右图）数十年来，工程师们一直在用基尔霍夫电路定律来理解电路中电流和电压之间的关系，比如图中所示的降噪电路图（美国专利 38183621974）。

欧姆定律（1827 年）、焦耳定律和焦耳加热（1840 年）、能量守恒（1843 年）、集成电路（1958 年）

1845 年

在古斯塔夫·基尔霍夫的妻子克拉拉去世后，这位杰出的物理学家独自带大了他的四个孩子。对于任何男人来说，这项任务都是艰巨的，对于基尔霍夫来说更是如此，因为他的脚受过伤，终生都要依赖拐杖或者轮椅。在妻子去世之前，基尔霍夫就已经因他的电路定律而闻名于世，该定律关注的是电路节点处的电流和环形电路回路的电压之间的关系。

基尔霍夫电流定律是对一个系统中电荷守恒原理的重述。特别是对电路中任意节点，流进某节点的电流的总和等于流出该节点的电流的总和。这条定律常被用于几根交叉导线的连接点处，例如十字形或 T 形的节点，其中一些导线的电流流入该节点，而对另一些导线来说则是流出该节点。

基尔霍夫电压定律是对一个系统中能量守恒定律的重述：环形电路的电势差之和一定为零。假设一个带有若干节点的电路。如果我们从任意节点开始，沿着一连串形成了闭合路径的电路元件回到起始节点，那么在这条回路中遇到的电势差之和等于零。电路元件包括导线、电阻和电池。举例来说，当我们沿着电路穿过一块电池（在电路图中，从一个标准电池符号的负极到正极）时，电压会上升。当我们继续前行远离电池时，由于某些原因（比如，电路中存在电阻），电压会下降。■

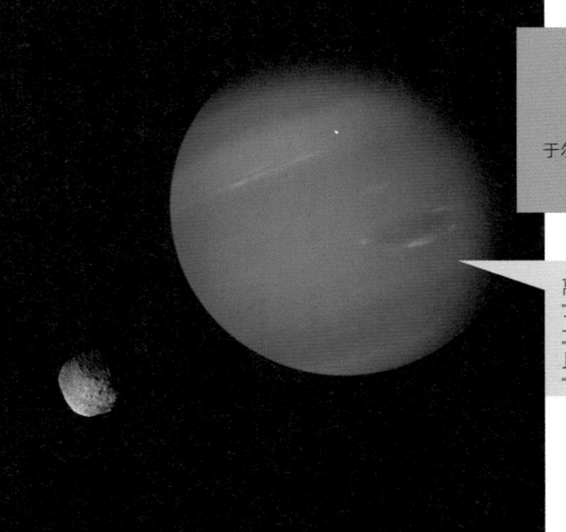

海王星的发现

约翰·库奇·亚当斯（John Couch Adams，1819—1892）
于尔班·让·约瑟夫·勒威耶（Urbain Jean Joseph Le Verrier，1811—1877）
约翰·戈特弗里德·加勒（Johann Gottfried Galle，1812—1910）

离太阳第八远的行星海王星，以及它的卫星海卫八普洛透斯。海王星已知的卫星有 14 个，且海王星的赤道半径差不多是地球的四倍。

望远镜（1608 年）、测量太阳系（1672 年）、牛顿运动定律和万有引力定律（1687 年）、波得定律（1766 年）、哈勃望远镜（1990 年）

1846 年

“以最高精度追踪行星是一个极端复杂的问题，”天文学家詹姆斯·卡勒（James Kaler）写道，“对于两体问题，我们有一套优美简洁的规则。而仅仅才到三体相互吸引的时候，这样的规则就不存在了，数学上也证明了这一点……这门被称为扰动理论的数学科学，以及牛顿力学，在海王星的发现过程中大获成功。”

海王星是太阳系中唯一一颗在实际观测到它之前，就已经从数学上预测了它的存在和位置的行星。天文学家们已经注意到，发现于 1781 年的天王星在围绕太阳的公转轨道上出现了某些不规则性。他们想知道，这是否意味着牛顿定律并不适用于遥远的外太阳系，或者有一个巨大的看不见的天体正在扰乱天王星的轨道。法国天文学家于尔班·勒威耶和英国天文学家约翰·库奇·亚当斯都做了计算，来定位可能的新行星。1846 年，勒威耶根据他的计算告诉德国天文学家约翰·加勒应该把望远镜对准哪里，大约半小时后，加勒在预测位置的角度 1°的范围之内发现了海王星；牛顿万有引力定律得到了有力的证据。9 月 25 日，加勒写信给勒威耶说：“先生，你所说的行星确实在那里。”勒威耶回复道：“感谢你迅速接受了我的意见。多亏了你的发现，毫无疑问，我们找到了一个新的世界。”

英国科学家认为亚当斯也在同一时间发现了海王星，随之引发的是一场争论，谁是这颗行星的真正发现者？有趣的是，在亚当斯和勒威耶之前的几个世纪里，许多天文学家都曾观测到海王星，不过他们仅仅把它当作一颗恒星，而不是一颗行星。

海王星仅用肉眼是看不见的。它每 164.7 年绕太阳运行一周，在太阳系的行星中，海王星上的风速最高。■

097

热力学第二定律

鲁道夫·克劳修斯（Rudolf Clausius，1822—1888）
路德维希·玻尔兹曼（Ludwig Boltzmann，1844—1906）

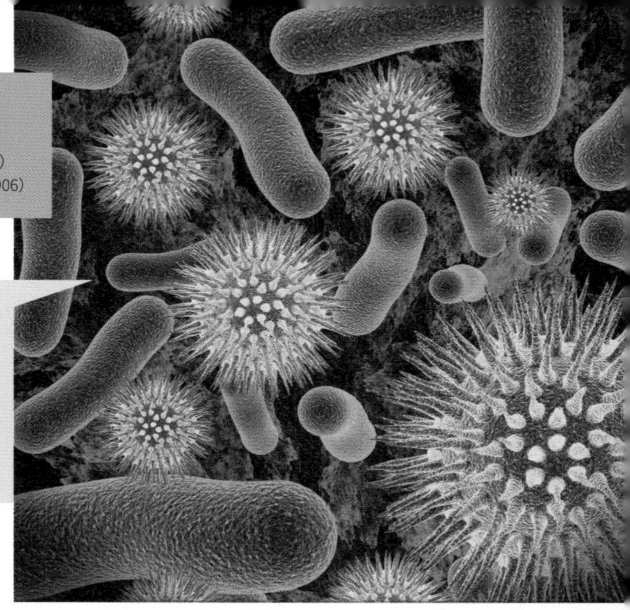

（左图）鲁道夫·克劳修斯的肖像照。
（右图）微生物从周围环境的无序材料中构建它们“不可思议的结构”，但这样做的代价是增加周围环境的熵。封闭系统的总熵增加，而单个组分的熵可以减小。

永动机（1150 年）、玻尔兹曼熵方程（1875 年）、麦克斯韦妖（1867 年）、卡诺热机（1824 年）、能量守恒（1843 年）、热力学第三定律（1905 年）

每当看到我在海滩上堆起的沙堡崩塌时，我总会想起热力学第二定律（Second Law of Thermodynamics，以下简称为“SLT”）。SLT 的一种早期表述形式为：孤立系统的总熵或无序度总是趋向于某一极大值。对于一个封闭的热力学系统，熵可以被认为是对无法做功的热能总量的度量。德国物理学家鲁道夫·克劳修斯以如下形式阐述了热力学第一和第二定律：宇宙的能量是恒定的，而宇宙的熵则在趋于一极大值。

热力学是一门研究热的学科，更宽泛地说，是研究能量转换的学科。SLT 暗指宇宙中所有的能量都趋向于演化到一种均匀分布的状态。当我们想到一座房屋、一个身体或一辆汽车不经保养而日趋恶化的时候，也会间接地援引 SLT。或者，正如小说家威廉·萨默塞特·毛姆（William Somerset Maugham）所写的那样，“打翻了牛奶，哭也没用，因为宇宙间的一切力量都在处心积虑要把牛奶打翻。”

克劳修斯在他职业生涯的早期曾说过：“热量不会自发地从低温物体传向高温物体。”奥地利物理学家路德维希·玻尔兹曼扩展了熵和 SLT 的定义，他将熵解释为一个系统中因分子热运动而导致的无序度。

从另一个角度来看，SLT 说的是两个相互接触的毗邻系统趋向于使它们的温度、压力和密度相等。例如，当一块热金属被放进冷水槽时，金属会变冷，而水则会变暖，直到二者温度相等为止。当一个孤立系统最终处于平衡状态时，如果没有来自系统外部的能量，该系统就无法做有用功，这有助于解释为什么 SLT 阻止我们建造第二类永动机。■

滑溜的冰

迈克尔·法拉第（Michael Faraday，1791—1867）
加博尔·A. 绍莫尔尧伊（Gabor A. Somorjai，1935— ）

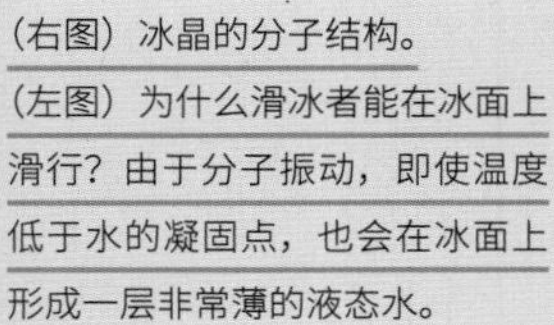

（右图）冰晶的分子结构。
（左图）为什么滑冰者能在冰面上滑行？由于分子振动，即使温度低于水的凝固点，也会在冰面上形成一层非常薄的液态水。

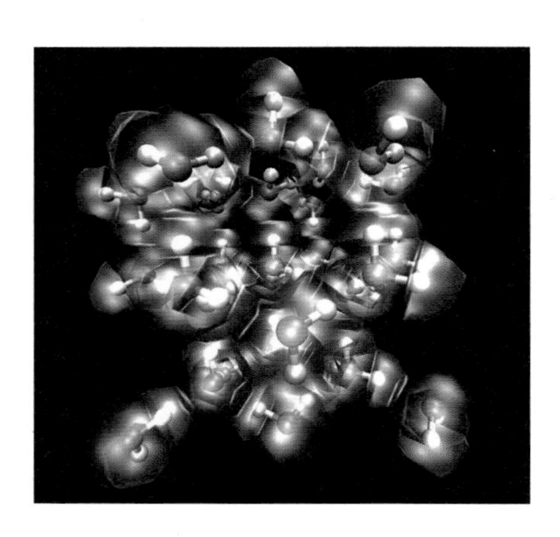

阿蒙东摩擦（1669 年）、斯托克斯黏度定律（1851 年）、超流体（1937 年）

1850 年

“黑冰”泛指在黑色路面上由清水冻结成的冰，司机们往往无法察觉到这些冰，所以它们特别危险。有意思的是，黑冰有时形成于非雨雪天气，因为道路上的露水和雾霭也会凝结成冰。由水冻结而成的黑冰是透明的，因为困在冰中的气泡相对较少。

几个世纪以来，科学家们一直想要弄清楚，为什么黑冰以及其他任何形式的冰都是滑溜溜的。1850 年 6 月 7 日，英国科学家迈克尔·法拉第向英国皇家学院提出，冰的表面隐藏着一层液态水，而这就是冰面滑溜的原因。为了检验这一假说，他只是把两块冰按在一起，然后它们就粘住了。随后他论述道，当这些极薄的液层不在冰的表面时，就会冻结。

为什么滑冰者能在冰面上滑行？多年来，教科书给出的答案是冰刀施加的压力降低了冰的融点，从而形成了一层薄薄的水。尽管这个答案不再被认可，但冰刀和冰之间的摩擦会产生热量，确实会短暂地产生一些液态水。最近的另一种解释表明，冰面上的水分子振动得更厉害，因为它们之上再没有其他水分子。即使温度低于水的凝固点，也会在冰面上形成一层非常薄的液态水。1996 年，化学家加博尔·绍莫尔尧伊利用低能电子衍射法证明了冰面上存在一层薄薄的液态水。法拉第在 1850 年提出的理论似乎是正确的。今天，科学家们还是不太确定，究竟是这种固有的液态水层，还是摩擦造成的液态水，在冰的滑溜特性中起着更大的作用。■

099

傅科摆

让·贝尔纳·莱昂·傅科（Jean Bernard Léon Foucault，1819—1868）

巴黎先贤祠中的傅科摆。

等时降落斜坡（1673 年）、周年钟（1841 年）、白贝罗天气定律（1857 年）、牛顿摆（1967 年）

1851 年

“摆的运动并非是由于任何来自外界的超自然或神秘力量，”作家哈罗德·T. 戴维斯（Harold T. Davis）写道，“而仅仅是因为摆锤下的地球在自转。不过，这个解释也许并不是那么简单，因为相关实验最早是到 1851 年才由让·傅科完成。一般来说，简单的事实不会等这么多年才被发现……布鲁诺为之而死，伽利略为之而落难的原理，其正确性得到了证明。地球真的在转动！”

1851 年，在巴黎的新古典主义穹顶建筑先贤祠中，法国物理学家莱昂·傅科演示了他的实验：一个南瓜大小的铁球由 67 米长的钢丝悬挂着摆动。随着摆动的进行，摆的运动方向渐渐发生了变化，以每小时 11 度的速度顺时针旋转，从而证明了地球是在自转的。为了使这个证据形象化，让我们想象一下把先贤祠搬到北极的情景。在摆动时，摆的振荡面与地球的运动无关，地球仅仅是在它下面自转而已。因此，在北极，摆的振荡面每 24 小时顺时针旋转 360°。摆的振荡面的旋转速度取决于摆所在的纬度：在赤道，它完全不旋转。在巴黎，摆转完一圈需要大约 32.7 小时。

当然，在 1851 年之前，科学家就已经知道地球在自转，但傅科摆却以一种简单易懂的方式，为这种自转提供了生动而有力的证据。傅科是这样描述傅科摆的：“这个现象平静地发生着，但它不可避免，也无法阻挡……任何人，在见证了这一事实之后，都会驻足片刻，静默沉思，而往往在离开时，总是能够更加清晰、敏锐地感受到，我们在太空中永不停息地运动着。”

傅科早年学医，当他发现自己恐血之后，就放弃了，转而研究物理学。■

斯托克斯黏度定律

乔治 · 加布里埃尔 · 斯托克斯（George Gabriel Stokes，1819—1903）

（左图）通俗地说，黏度与流体的“浓度”和流动阻力有关。例如，蜂蜜的黏度比水的要高。黏度也随温度变化而变化，因此蜂蜜加热后会更容易流动。

（右图）乔治 · 斯托克斯的肖像照。

阿基米德浮力原理（公元前250年）、阿蒙东摩擦（1669年）、滑溜的冰（1850年）、泊肃叶流体流动定律（1840年）、超流体（1937年）、橡皮泥（1943年）

1851年

每当想到斯托克斯定律，我就会联想到洗发水。假设半径为 r 的实心球体以速度 v 通过黏度为 μ 的流体，爱尔兰物理学家乔治 · 斯托克斯确定，阻碍球体运动的摩擦力 F 可由方程式 $F = 6\pi r\mu v$ 算出。要注意的是，摩擦力 F 与球体半径 r 成正比。这有些违反直觉，因为一些研究人员推断摩擦力应与横截面面积成正比，这样的话，就会误以为 F 与 r^2 成正比。

考虑这样一种场景，流体中的一个颗粒受到引力的作用。举例来说，一些年长的读者可能还记得风行一时的美国普莱尔洗发水电视广告，一颗珍珠落入盛着绿色洗发水的容器。珍珠的初速为零，随后它开始加速下沉，但珍珠的运动很快就产生了一个与其加速度方向相反的摩擦阻力。因此，当引力与摩擦力相平衡时，珍珠就迅速地达到零加速度的状态（终端速度）。

斯托克斯定律在工业上的应用是研究沉降作用，这一过程发生在分离液体中的悬浮固体颗粒时。在这些应用中，科学家通常对液体施加于运动的下沉粒子上的阻力很感兴趣。举例来说，沉降过程有时用于食品工业，从可用材料中分离污垢和碎屑片，从液体中分离悬浮的晶体，或从气流中分离尘埃。为了优化药物输送到肺部的过程，研究人员还利用这一定律来研究气溶胶粒子。

20 世纪 90 年代末，斯托克斯定律被用来解释微米大小的铀颗粒为何能在空中漂流几个小时且穿越很长的距离，从而有可能对海湾战争中的士兵造成毒害。在这次战争中大炮经常会发射贫铀穿甲弹，当炮弹击中坦克等坚固目标时，其中的铀就会雾化。■

陀螺仪

让 · 贝尔纳 · 莱昂 · 傅科（Jean Bernard Léon Foucault，1819—1868）
约翰 · 戈特利布 · 弗里德里希 · 冯 · 博嫩贝格尔
（Johann Gottlieb Friedrich von Bohnenberger，1765—1831）

莱昂 · 傅科发明并由迪穆兰－弗罗芒（Dumoulin-Froment）于 1852 年制造的陀螺仪，摄于巴黎的法国国立工艺学院博物馆。

回旋镖（公元前 2 万年）、动量守恒（1644 年）、哈勃望远镜（1990 年）

1852 年

根据 1897 年《男孩的运动和消遣》（*Every Boy's Book of Sport and Pastime*）一书所载，“陀螺仪一直被称为力学的悖论：当圆盘没有自旋时，这件装置就静止不动；但随着圆盘的快速旋转，它似乎不把引力当回事，当你把它拿在手里的时候，你会产生一种奇异的感受，仿佛它具有生命一般，总是不按照你的意愿来转动方向。”

1852 年，法国物理学家莱昂 · 傅科首次使用“陀螺仪”一词，并借助这种装置进行了很多实验，有时候甚至被认为是它的发明者。事实上，这种用到旋转球体的装置的发明者是德国数学家约翰 · 博嫩贝格尔。传统的机械式陀螺仪包括一个沉重的旋转圆盘，以及将转盘悬挂支承在内的平衡环。当圆盘自旋时，基于角动量守恒原理，陀螺仪表现出惊人的稳定性，并且旋转轴的方向也保持不变（一个自旋物体的角动量矢量方向与自旋轴平行）。假设陀螺仪指向某个特定的方向，并且在平衡环内自旋。平衡环会重新定位，但不管它如何运动，转盘轴的空间位置都保持不变。由于具备这一特性，当磁罗盘不起作用（如在哈勃空间望远镜中）或不够精确（如在洲际弹道导弹中）的时候，就要拿陀螺仪来导航。飞机有多个与导航系统相关的陀螺仪。陀螺仪对外部运动的抗拒也使搭载它的航天器得以保持预定的航向。这种一直指向某个特定方向的趋势也出现在自旋的陀螺、自行车的轮子，甚至是地球的自转中。■

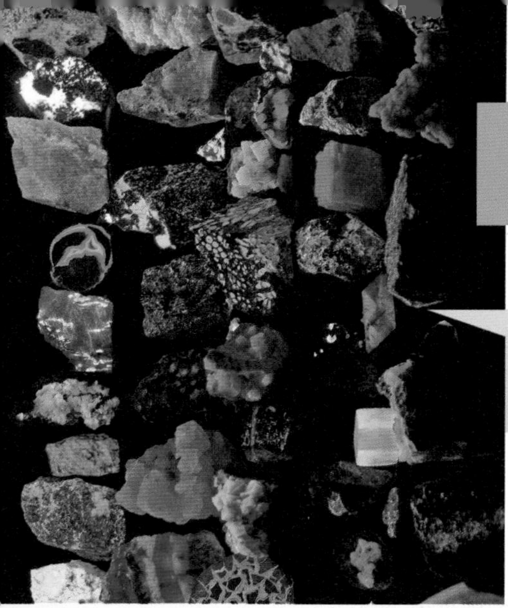

斯托克斯荧光

乔治·加布里埃尔·斯托克斯（George Gabriel Stokes，1819—1903）

（左图）各种在 UV-A、UV-B 和 UV-C 照射下会发出荧光的矿石。
（右图）节能型荧光灯。

圣艾尔摩之火（78 年）、黑光（1903 年）、霓虹灯（1923 年）、雅各布阶梯（1931 年）、原子钟（1955 年）

1852 年

我小时候会收集一些绿色荧光矿物，因为它们能让我联想到《绿野仙踪》(*Land of Qz*)。荧光通常指的是，物体在受到电磁辐射激发时发出的可见光。1852 年，物理学家乔治·斯托克斯经观察发现荧光符合某种特性，即荧光的波长总是大于激发辐射的波长，这就是斯托克斯荧光定律。斯托克斯在他 1852 年的论著《论光折射性的变化》（*On the Change of Refrangibility of Light*）中发表了他的这项发现。今天，对于原子吸收较短波长（较高频率）光子后再发射较长波长（较低频率）光子的现象，我们称之为斯托克斯荧光。这个过程的精确细节取决于所涉及的特定原子的特性。光通常在大约 10^{-15} 秒内被原子吸收，这种吸收导致电子受激发并跃迁到更高的能态。电子维持激发态约 10^{-8} 秒，然后就回到基态并发出能量。“斯托克斯位移”通常指的是吸收量子和发射量子在波长或频率上的差异。

斯托克斯受强荧光矿物萤石（fluorite）的启发，创造了“荧光”一词。他是第一个充分解释了荧光现象的人，也就是某些材料可以通过紫外（UV）光激发产生荧光。今天，我们知道，这些材料可以通过可见光、红外辐射、X 射线和射电波等多种形式的电磁辐射激发荧光。

荧光的应用多种多样。荧光灯中的放电导致汞原子发射紫外光，随后紫外光照射在灯管内壁的荧光材料上，并激发出可见光。在生物学领域中，荧光染料被用作追踪分子的标记。而另一种磷光材料不像荧光材料那样迅速地释放吸收的辐射。■

白贝罗天气定律

克里斯托福鲁斯·亨里克斯·迪德里克斯·白贝罗（Christophorus Henricus Diedericus Buys Ballot，1817—1890）

（左图）克里斯托福鲁斯·白贝罗的肖像照。
（右图）2005 年 8 月 28 日的卡特里娜飓风。白贝罗定律可用于确定飓风中心的大概位置，以及飓风的移动方向。

气压计（1643 年）、玻意耳气体定律（1662 年）、伯努利流体动力学定律（1738 年）、棒球曲线球（1870 年）、风速最快的龙卷风（1999 年）

1857 年

如果你学着我的做法，在起风的天气外出，然后神秘地一指，就能定出低压的方向，这必会给你的朋友们留下深刻的印象。白贝罗定律得名自荷兰气象学家克里斯托福鲁斯·白贝罗，该定律指出，在北半球，如果一个人背风而立，那么低压区就在他的左边。这意味着，在北半球，风沿逆时针方向绕低压区吹动。而在南半球，风沿顺时针方向吹动。该定律还指出，风向和气压梯度成直角，前提是离地面足够远，避开了大气和地面之间的摩擦影响。

地球的天气模式受到多种行星特性的影响，比如地球的近似球形，还有科里奥利效应（Coriolis Effect），该效应指出，由于地球的自转，地面及其上空的任何运动物体都有偏离原本前进方向的趋势，比如洋流的偏移。靠近赤道的大气通常比远离赤道的大气流动得更快，因为赤道附近的大气离地球的自转轴更远。为了更形象地理解这一点，我们可以认为，一天内，离地轴较远的大气必然比更接近地轴的高纬度大气流动得更远。因此，如果北半球存在一个低压系统，它从南方吸入的大气比其下的地面运动得更快，这是由于偏北的地面向东运动的速度比偏南的地面要慢。这也意味着来自南方的大气将因较高的速度而偏向东流动，当它和来自北方的气流交汇时，就形成了绕北半球的低压区逆时针旋转的气流。■

分子运动论

詹姆斯·克拉克·麦克斯韦（James Clerk Maxwell，1831—1879）
路德维希·爱德华·玻尔兹曼（Ludwig Eduard Boltzmann，1844—1906）

根据分子运动论，我们在吹肥皂泡时，向密闭空间吹入了更多的空气分子，导致泡内的分子碰撞比泡外的更剧烈，从而使肥皂泡膨胀。

查理气体定律（1787 年）、原子论（1808 年）、阿伏伽德罗定律（1811 年）、布朗运动（1827 年）、玻尔兹曼熵方程（1875 年）

1859 年

想象一下，一个薄薄的塑料袋里装满了嗡嗡作响的蜜蜂，它们随机地撞向其他蜜蜂及袋子的内壁。随着蜜蜂飞舞弹跳的速度加快，它们坚硬的身体会携带更大的力量撞击内壁，导致袋子膨胀。这里的蜜蜂是对气体中原子或分子的隐喻。分子运动论试图用这些粒子的持续运动来解释气体的宏观性质，如压强、体积和温度。

根据分子运动论，温度取决于容器中粒子的速度，而压强则来自粒子与容器壁的碰撞。当某些假设条件得到满足时，即便分子运动论的最简版本也极为精确。比如，组成气体的应该是大量微小的全同粒子，且它们的运动方向随机。这些粒子相互之间，以及粒子和容器壁之间的碰撞应该是弹性的，而且粒子之间再没有其他的相互作用力。此外，粒子的平均间隔也应该比较大。

大约在 1859 年，物理学家詹姆斯·克拉克·麦克斯韦发展了一套统计处理方法，把容器内气体粒子的速度范围表示为温度的函数。例如，气体分子会随着温度的升高而加速。麦克斯韦还考虑了分子运动的特性是如何决定气体的黏度和扩散的。1868 年，物理学家路德维希·玻尔兹曼推广了麦克斯韦的理论，得出了麦克斯韦 - 玻尔兹曼分布定律，它描述了随温度变化的粒子速度的概率分布。有趣的是，当时的科学家们还在争论原子是否存在。

我们在日常生活中就能看到分子运动论的身影。举例来说，在给轮胎或气球充气时，我们往密闭空间注入了更多的空气分子，导致空间内部的分子碰撞比外部的更剧烈，从而使密闭空间的外壳膨胀。■

麦克斯韦方程组

詹姆斯·克拉克·麦克斯韦（James Clerk Maxwell，1831—1879）

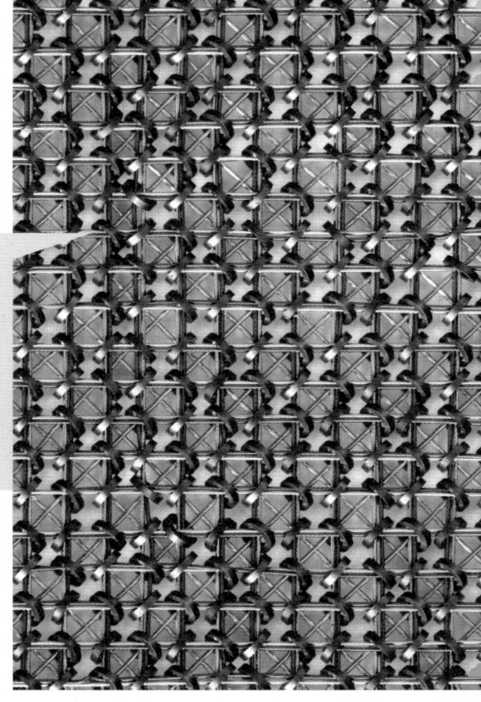

（左图）詹姆斯·克拉克·麦克斯韦夫妇（摄于 1869 年）。
（右图）利用麦克斯韦方程组中的安培定律，我们可以在一定程度上理解 20 世纪 60 年代的计算机磁芯存储器。安培定律描述了载流导线如何产生环绕导线的磁场，从而使甜甜圈状的磁芯改变其磁极。

安培电磁定律（1825 年）、法拉第电磁感应定律（1831 年）、高斯和磁单极子（1835 年）、万物理论（1984 年）

1861 年

“展望人类历史的远景，”物理学家理查德·费曼（Richard Feynman）写道，“比方说，从现在开始的一万年后，再回过头来看，毫无疑问，麦克斯韦发现电动力学定律将被评为 19 世纪最重大的事件。与这项重要的科学事件相比，同一时期的美国内战也会黯然失色而显得微不足道。”

麦克斯韦方程组是描述电场和磁场行为的四个著名公式的集合。这个方程组告诉我们电荷如何产生电场，以及磁荷不可能存在的事实。它们还展示了电流如何产生磁场，以及变化的磁场如何产生电场。如果用 E 代表电场，B 代表磁场，ε_0 代表电常数，μ_0 代表磁常数，而 J 代表电流密度，麦克斯韦方程组可以写为：

$\nabla \cdot E = \frac{\rho}{\varepsilon_0}$　高斯电学定律（即高斯定律）

$\nabla \cdot B = 0$　高斯磁定律（无磁单极子）

$\nabla \times E = -\frac{\partial \boldsymbol{B}}{\partial t}$　法拉第电磁感应定律

$\nabla \times B = \mu_0 J + \mu_0 \varepsilon_0 \frac{\partial E}{\partial t}$　麦克斯韦 - 安培定律

请注意这些表达式的绝对简洁，爱因斯坦也因此认为，麦克斯韦取得的成就足以媲美艾萨克·牛顿。此外，这些方程还预言了电磁波的存在。

哲学家罗伯特·P. 克里斯（Robert P. Crease）描述了麦克斯韦方程组的重要性：“尽管麦克斯韦方程组相对简单，但它大胆地重组了我们对自然的认知，统一了电和磁，并将几何、拓扑和物理联系在一起。它对理解周围的世界也至关重要。而且作为第一个场方程，它不仅向科学家展示了一种研究物理学的新方法，也推动他们朝着统一自然中基本力的方向迈出了第一步。”■

电磁波谱

弗里德里克·威廉·赫歇尔（Frederick William Herschel，1738—1822）
约翰·威廉·里特（Johann Wilhelm Ritter，1776—1810）
詹姆斯·克拉克·麦克斯韦（James Clerk Maxwell，1831—1879）
海因里希·鲁道夫·赫兹（Heinrich Rudolf Hertz，1857—1894）

在我们看来，印度月蛾无论雌雄都是浅绿色的，难以分辨，但月蛾自己却能感知到紫外波段的光。因此，对它们来说，雌性和雄性看起来很不一样。

牛顿棱镜（1672 年）、光的波动性（1801 年）、夫琅和费谱线（1814 年）、布儒斯特光学（1815 年）、斯托克斯荧光（1852 年）、X 射线（1895 年）、黑光（1903 年）、宇宙微波背景辐射（1965 年）、伽马射线暴（1967 年）、最黑的黑色（2008 年）

电磁波谱指的是电磁辐射宽广的频率范围。电磁辐射由能量波组成，这些波能够在真空中传播，并且包含相互垂直振荡的电场分量和磁场分量。电磁波谱的不同部分是根据波的频率来区分的。按照频率增加（也就是波长减少）的顺序，依次是射电波、微波、红外辐射、可见光、紫外辐射、X 射线和伽马射线。

我们可以看到波长为 4000 ～ 7000 埃的光，其中 1 埃等于 10^{-10} 米。输电塔中来回移动的电子可以产生射电波，其波长从几英尺到几英里不等。如果我们把电磁波谱比作一架有 30 个八度的钢琴，其中辐射的波长每过一个八度就增加一倍，那么可见光只有一个八度的一部分。如果我们想要体现我们的仪器探测到的整个辐射光谱，需要给钢琴增加至少 20 个八度。

外星人或许拥有超越我们的感官。即便是在地球上，我们也能找到更敏感的生物。例如，响尾蛇就有红外探测器，可以给它们提供周围环境的“热图像”。在我们看来，印度月蛾无论雌雄都是浅绿色的，难以分辨，但月蛾自己却能感知到紫外波段的光。因此，对它们来说，雌性和雄性看起来很不一样。当月蛾栖息在绿叶上的时候，其他生物很难发现它们，但月蛾相互之间无法伪装；相反，它们眼中的对方都是色彩斑斓。蜜蜂也能察觉紫外光。事实上，在紫外光下许多花卉都有美丽的图案，蜜蜂可以看到这些图案，并被引导着飞向花朵。这些迷人而复杂的图案完全隐藏在人类的感知范围之外。

弗雷德里克·威廉·赫歇尔、约翰·威廉·里特、詹姆斯·克拉克·麦克斯韦、海因里希·鲁道夫·赫兹等物理学家在电磁波谱的研究方面发挥了重要的作用。■

表面张力

洛兰·冯·厄特沃什（Loránd von Eötvös，1848—1919）

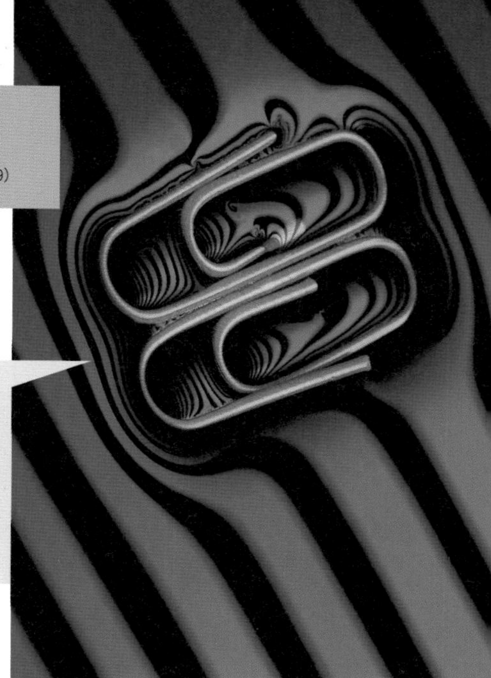

（左图）水黾。
（右图）浮在水面上的两枚红色回形针的照片，其中，投射的彩色条纹标示着水面的轮廓的变化。表面张力阻止了回形针的下沉。

斯托克斯黏度定律（1851 年）、超流体（1937 年）、熔岩灯（1963 年）

1866 年

物理学家洛兰·厄特沃什曾这样写道："诗人比科学家更能深入探索秘密之境。"然而，厄特沃什本人却利用科学的工具来理解表面张力的复杂性。表面张力在自然界的许多方面都发挥着重要作用。在液体表面，分子受分子间力作用而内聚。洛兰确定了液体的表面张力和温度之间的有趣关系：$\gamma = k(T_0 - T)/\rho^{3/2}$。这里，液体的表面张力 γ 与液体的温度 T、临界温度 T_0 和密度 ρ 相关。常数 k 对包括水在内的许多常见液体来说基本相同。T_0 是表面张力消失或变为零时的温度。

表面张力一词通常指液体的一种性质，它是由液体表面及附近的分子间作用力不平衡引起的。这些吸引力导致液体表面有收缩的趋势，并且表现出类似于拉伸弹性膜的性质。表面张力可以被认为是一种分子表面能，有趣的是，它随温度变化的方式基本上独立于液体本身的性质。

在实验过程中，洛兰特别当心，防止液体表面有任何形式的污染，所以他通过熔融来密封玻璃容器。此外，他还将光学方法用于测定表面张力。这些灵敏的方法基于光学反射来表征液体表面的局部几何形状。

水黾之所以能在水面行走，是因为表面张力赋予了水面类似弹性膜的性质。2007 年，卡内基梅隆大学的研究人员制造出机器水黾，并发现涂有特氟龙的机器金属丝腿的"最优"长度约为 5 厘米。此外，它 1 克重的身体上有 12 条腿，最多可以支撑 9.3 克的重量。■

硝化甘油炸药

阿尔弗雷德·伯恩哈德·诺贝尔（Alfred Bernhard Nobel，1833—1896）

硝化甘油炸药有时用于露天采矿。产出建筑材料及相关石材的露天矿通常被称为采石场。

小男孩原子弹（1945 年）

1866 年

“人类探索驾驭火之破坏力的历程，是一部可以追溯至文明曙光初现之时的传奇，”作家斯蒂芬·鲍恩（Stephen Bown）这样写道，“尽管火药的确带来了社会变革，推翻了封建制度，引入了新的军事结构……但直到 19 世纪 60 年代，一位名叫阿尔弗雷德·诺贝尔的瑞典化学家才凭借非凡的直觉，开启了真正伟大的炸药时代，彻底且不可逆转地改变了整个世界。”

大约在 1846 年，人类就发明了硝化甘油（nitroglycerin），这是一种威力巨大的炸药，极易被引爆而造成伤亡。事实上，诺贝尔在瑞典的硝化甘油制造工厂就曾于 1864 年发生过爆炸，导致五人死亡，其中包括他的弟弟埃米尔（Emil）。瑞典政府也因此禁止诺贝尔重建他的工厂。1866 年，诺贝尔发现，将硝化甘油与一种被称为硅藻土（kieselguhr 或 diatomaceous earth）的细碎岩石混合，就能制造出一种比硝化甘油稳定得多的爆炸材料。一年后，诺贝尔获得了这种材料的专利，并称之为硝化甘油炸药。硝化甘油炸药主要用于采矿和建筑业，但也用于战争。比如第一次世界大战期间，许多驻扎在加利波利的英国士兵用装满硝化甘油炸药和废金属片的果酱罐头（就是字面意思，装过果酱的空罐头）来制造炸弹，接上引信就能引爆。

诺贝尔从来都没打算把这种材料用于战争。事实上，让硝化甘油变得更安全才是他的主要目的。作为一名和平主义者，他相信硝化甘油炸药可以迅速地终结战争，或者这种炸药的威力使战争可怕得无法想象，因而进行不下去。

今天，诺贝尔因他创立的诺贝尔奖而闻名于世。研究网站 Bookrags 的工作人员写道：“许多人都注意到一个具有讽刺意味的事实，那就是诺贝尔通过硝化甘油炸药的专利和制造以及其他一些发明而赚取的数百万美元财富被他留下来设立奖项，授予‘前一年度中为人类做出最大贡献的人类’。”■

109

麦克斯韦妖

詹姆斯·克拉克·麦克斯韦（James Clerk Maxwell，1831—1879）
莱昂·尼古拉·布里渊（Léon Nicolas Brillouin，1889—1969）

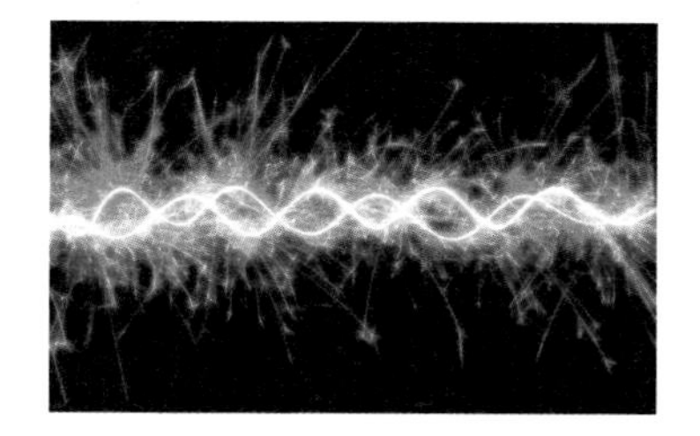

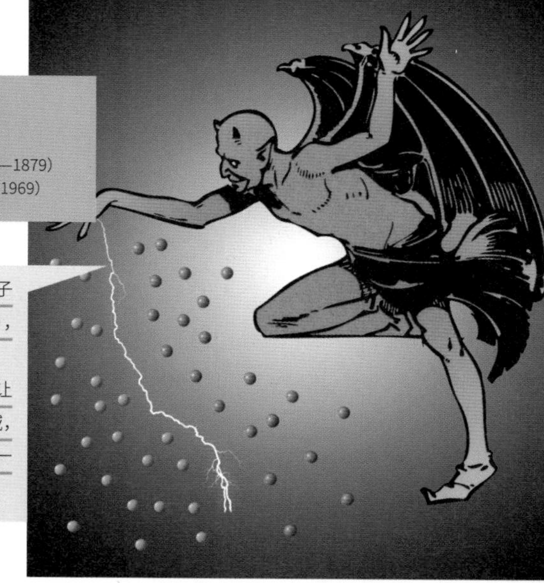

（左图）麦克斯韦妖能够分离热粒子和冷粒子（图中红色代表热粒子，蓝色代表冷粒子），那么它可以给我们带来取之不竭的能源吗？
（右图）麦克斯韦妖的艺术刻画。这只小妖让快速移动的分子（橙色）聚集在一个区域，而缓慢移动的分子（蓝绿色）则聚集在另一个区域。

永动机（1150 年）、拉普拉斯妖（1814 年）、热力学第二定律（1850 年）

1867 年

“麦克斯韦妖不过是一个简单的概念，”物理学家哈维·莱夫（Harvey Leff）和安德鲁·雷克斯（Andrew Rex）这样写道，“但它却挑战了一批最优秀的科学头脑，而有关它的文献也所涉极广，涵盖了热力学、统计物理、量子力学、信息论、控制论、运算的极限、生物科学、科学史和科学哲学等领域。”

麦克斯韦妖是一种假想的智能实体，最初由苏格兰物理学家詹姆斯·克拉克·麦克斯韦提出，曾被用于说明违反热力学第二定律的可能性。该定律的一个早期公式指出，孤立系统的总熵或无序度随时间的推移总是趋近于某一极大值。此外，它认为热量不会自发地从低温物体流向高温物体。

为了形象地描述麦克斯韦妖，我们设想两个容器，分别是 A 和 B，它们由一个小孔连接且含有相同温度的气体。原则上，麦克斯韦妖可以打开和关闭这个孔，只让单个气体分子通过。此外，麦克斯韦妖只允许快速移动的分子从容器 A 进入容器 B，同时也只允许缓慢移动的分子从 B 进入 A。这种情况下，麦克斯韦妖在容器 B 中积累了更大的动能和热量，可以用作诸多设备的动力来源。热力学第二定律似乎出现了一个漏洞。无论这只小妖是活生生的，或者仅仅是台机器，它都在利用分子运动的随机性和统计特征来减少熵。如果某个疯狂的科学家能够创造出这样的实体，我们的世界就会拥有取之不竭的能源。

法国物理学家莱昂·布里渊于 1950 年前后提出了一个解决麦克斯韦妖问题的方案。布里渊等人证明，麦克斯韦妖在快慢分子间做出实际选择时增加的熵超过了它经细心观察和行动所减少的熵，由此驱逐了这只小妖。简言之，麦克斯韦妖也需要能量来运转。■

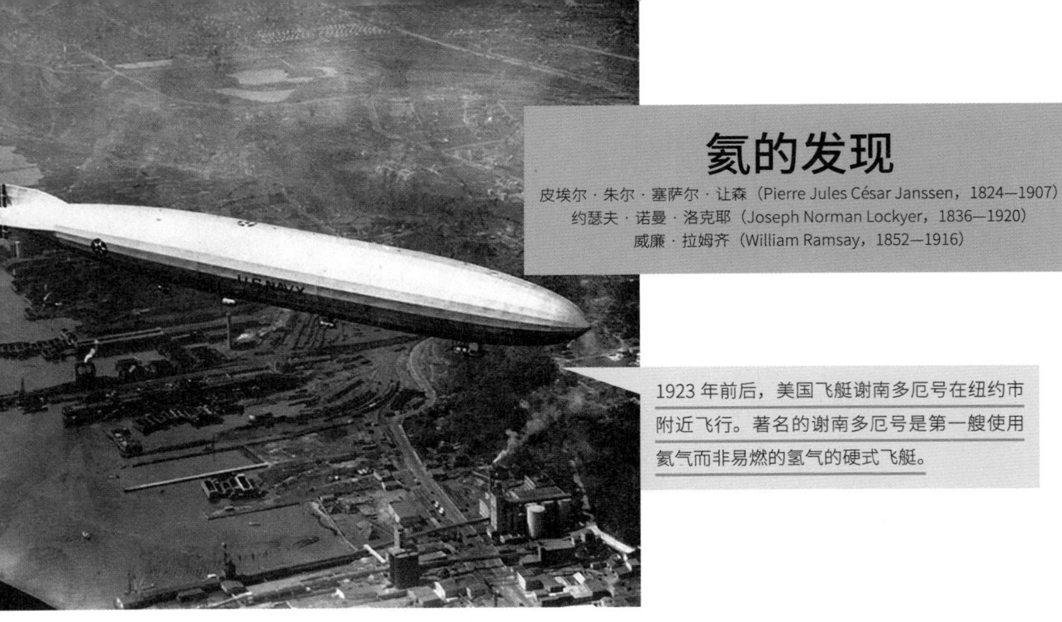

氦的发现

皮埃尔·朱尔·塞萨尔·让森（Pierre Jules César Janssen，1824—1907）
约瑟夫·诺曼·洛克耶（Joseph Norman Lockyer，1836—1920）
威廉·拉姆齐（William Ramsay，1852—1916）

1923 年前后，美国飞艇谢南多厄号在纽约市附近飞行。著名的谢南多厄号是第一艘使用氦气而非易燃的氢气的硬式飞艇。

大爆炸（137 亿年前）、保温瓶（1892 年）、超导电性（1911 年）、超流体（1937 年）、核磁共振（1938 年）

1868 年

作家戴维·加芬克（David Garfinkle）和理查德·加芬克（Richard Garfinkle）写道："今天，每个孩子的生日派对上都会出现氦气球，但可能令人吃惊的是，在 1868 年，氦气差不多和如今的暗物质一样神秘莫测。此前，这是一种地球上从未见过的物质，只在太阳中出现过，人们通过阳光中氦的谱线间接地知道了它的存在。"

氦的发现的确引人注目，因为它代表了第一例先在地外天体而非地球上发现的化学元素。尽管宇宙中氦的丰度很高，但在人类历史的大多数时间里，它完全不为人所知。

氦是惰性元素，无色无味，其沸点和熔点在所有元素中最低。此外，氦是宇宙中丰度仅次于氢的元素，银河系恒星总质量有大约 24% 由氦组成。1868 年，天文学家皮埃尔·让森和诺曼·洛克耶在观测到太阳光中一个未知的谱线信号后，发现了氦。不过直到 1895 年，英国化学家威廉·拉姆齐爵士才在一种放射性富铀矿物中发现了地球上的氦。1903 年，人们在美国的天然气田中找到了储量巨大的氦。

由于沸点极低，液氦是磁共振成像（MRI）设备和粒子加速器中超导磁体的标准冷却剂。在非常低的温度下，液氦还表现出了超流体的特殊性质。氦对深海潜水员（防止过多氧气进入大脑）和焊接工（在高温作业下降低金属氧化）很重要，它也被用于火箭发射、激光、气象气球和检漏等。

宇宙中的大多数氦是形成于大爆炸期间的氦-4 同位素，包含两个质子、两个中子和两个电子。此外还有少部分氦是在恒星中通过氢的核聚变形成的。地球大气中的氦非常稀少，就像填充了氦气的气球会往天上飞一样，大多数的氦气都逸散到了太空中。■

棒球弧线球

弗雷德里克·欧内斯特·戈德史密斯（Fredrick Ernest Goldsmith，1856—1939）
海因里希·古斯塔夫·马格努斯（Heinrich Gustav Magnus，1802—1870）

棒球的四周有一层空气，像旋涡一样跟着球一起旋转，在球的顶部和底部之间产生一个压力差。这个差值可以导致球形成弯曲的轨迹，当它靠近击球手时将迅速下降。

大炮（1132 年）、伯努利流体动力学定律（1738 年）、高尔夫球窝（1905 年）、终端速度（1960 年）

1870 年

《棒球物理学》（*The Physics of Baseball*）一书的作者罗伯特·阿代尔（Robert Adair）写道：“投球手在将球投出之前的动作是投球艺术的一部分；当球离开了投球手的手之后……也必须遵守物理定律。”多年来，在一些流行杂志上，关于在棒球运动中投出的弧线球究竟是弯曲的，还是仅仅是一种视错觉的争论一直很激烈。

尽管我们不可能确切地说出是哪位棒球运动员首先发明了弧线球，但通常人们认为是职业投手弗雷德·戈德史密斯于 1870 年 8 月 16 日在纽约布鲁克林展示了首次公开记录的弧线球。许多年后，对弧线球的物理学的研究表明，例如当球被施加了上旋时——使球的顶部朝着抛出方向旋转——球会明显地偏离于常规运动轨迹。特别地，会有一层空气随着球旋转，就像一个旋涡，其中靠近球底部的空气层比靠近顶部的空气层运转速度更快——旋涡顶部的空气层与球的运转方向相反。根据伯努利原理，当空气或液体流动时，它会产生一个与流速相关的低气压区［参见条目“伯努利流体动力学定律（1738 年）”］。球的顶部和底部之间的压力差使得它形成弯曲的轨迹，当它靠近击球手时将迅速下降。相较于一个没有旋转的球的路线，这种速降或称“变向”最大偏离可达 20 英寸。德国物理学家海因里希·马格努斯在 1852 年描述了这种效应。

1949 年，工程师拉尔夫·莱特福特（Ralph Lightfoot）利用风洞证明了弧线球的轨迹的确是弯曲的。然而，视觉错觉增强了曲球的效果，因为当球靠近本垒，并从击球手的中央视觉转移到他的周边视觉时，旋转运动扭曲了击球手对球的轨迹的感知，使球看起来似乎是突然落下的。■

瑞利散射

约翰·威廉·斯特拉特（John William Strutt，瑞利爵士，1842—1919）

几个世纪以来，科学家和普通人都曾疑惑过是什么让天空变得湛蓝，让落日变得火红。最后，在 1871 年，瑞利爵士发表了一篇论文，提供了答案。

解释彩虹（1304 年）、北极光（1621 年）、牛顿棱镜（1672 年）、温室效应（1824 年）、绿闪光（1882 年）

1871 年

1868 年，苏格兰诗人乔治·麦克唐纳（George MacDonald）写道，“当我仰望蓝天时，它显得那么深邃，那么宁静，那么充满神秘的柔情，以至于我可以躺上几个世纪，等待着从这庄严慈爱中窥见上帝脸庞的曙光。”多年来，科学家和普通人都曾疑惑过是什么让天空变得湛蓝，让落日变得火红。最后，在 1871 年，瑞利爵士发表了一篇论文，提供了答案。事实上，来自太阳的“白光”是由一系列隐藏的颜色组成的，这些颜色你可以通过简单的玻璃棱镜来揭示。瑞利散射是指大气中气体分子和微观密度波动对阳光的散射。特别地，阳光散射的角度与光的波长的四次方成反比。这意味着蓝光比其他颜色的光（如红色的光）的散射要大得多，因为蓝光的波长比红光的波长短。蓝光在绝大部分天空中强烈地散射，因此地球上的人看到的是蓝色的天空。有趣的是，天空看起来并不是紫色的（尽管这种颜色比蓝光波长短），部分原因是在阳光的光谱中蓝光比紫光更多，而且相较于紫光，我们的眼睛对蓝光也更为敏感。

当太阳接近地平线的时候，比如在日落的时候，阳光照射到观察者所穿过的空气的量，要比太阳当空照的时候要多。因此，很多蓝光还没到达观测者就散射掉了，留下具有更长波长的红色来主导日落的景象。

需要注意的是，瑞利散射适用于空气中半径小于辐射波长十分之一的粒子，比如气体分子。当空气中存在大量较大的粒子时，则要用到其他物理定律来解释。■

克鲁克斯辐射计

威廉 · 克鲁克斯（William Crookes，1832—1919）

（左图）威廉 · 克鲁克斯爵士的肖像照，翻拍自1922 年 J. 亚瑟 · 汤姆逊（J. Arthur Thomson）所著的《科学纲要》（*The Outline of Science*）。

（右图）克鲁克斯辐射计，也叫“光风车”，由一个部分真空的玻璃灯泡组成。在其内部是四个安装在主轴上的桨叶。当光线照射在辐射计上时，桨叶就会旋转起来。

永动机（1150 年）、吸水鸟（1945 年）

小时候，我有三个“光风车”排列在窗台上，它们的风桨都在旋转着，就像施了魔法一样。几十年来，对这一运动的解释引发了许多争论，就连杰出的物理学家詹姆斯 · 麦克斯韦起初也对光风车的运作模式感到困惑。1873 年，英国物理学家威廉 · 克鲁克斯发明了克鲁克斯辐射计，也叫“光风车”。它是一个部分真空的玻璃灯泡，其中有四个安装在主轴上的桨叶。每个桨叶的都有一面是黑色，而另一面是光亮的或白色的。当它暴露在光线下时，桨叶的黑色面吸收光子从而变得比浅色面更热，致使桨叶转动，这样黑色部分就会远离光源，如下文所述。光越明亮，桨叶旋转速度越快。如果灯泡内部的真空太过极端，桨叶就不会转动，这表明灯泡内部气体分子的运动是导致这种运动的原因。此外，如果灯泡根本没有被抽出空气，那么过大的空气阻力也会阻止桨叶旋转。

一开始，克鲁克斯认为拨转桨叶的力量来自光对叶片的实际压力，并且麦克斯韦起初也同意这一假设。然而，随后他逐渐看清这个理论是不完备的，因为桨叶在强真空中是不会转动的。并且，光的压力更趋向于去驱使桨叶的闪亮、易反射的面远离光线。事实上，光风车的旋转可以归因于由桨叶两边的温差而造成的气体分子的运动。精确的原理涉及一种被称为热发散的过程，它涉及气体分子从叶片较冷的一面到较热的一面的运动，这个过程产生了压力差。■

玻尔兹曼熵方程

路德维希·爱德华·玻尔兹曼（Ludwig Eduard Boltzmann，1844—1906）

（左图）假设墨汁和水分子的所有可能的排列都是等概率的。因为绝大多数墨汁分子的排列并不对应于墨汁分子聚集成滴的情形，所以当一滴墨汁被加入水中时，大多数时候我们不会观察到“一滴墨汁”。

（右图）路德维希·爱德华·玻尔兹曼肖像照。

布朗运动（1827 年）、热力学第二定律（1850 年）、分子运动论（1859 年）

一句古老的谚语说：“一滴墨汁可能引起百万次思考。”奥地利物理学家路德维希·玻尔兹曼沉醉于统计热力学，这门科学主要关注一个系统中大量粒子（例如水中的墨汁微粒）的数学性质。1875 年，他将熵 S（可粗略理解为系统的无序程度）和系统可能的状态数量 W 之间的数学关系公式化为简洁的表达式：$S = k \cdot \log W$，其中 k 是玻尔兹曼常数。

考虑一滴墨汁滴在水中的过程。根据分子运动论，分子们处于不断的随机运动中，并且一直在对它们自身进行重新排列。我们假设所有可能的排列都是等概率的。因为绝大多数墨汁分子的排列并不对应于墨汁分子聚集成滴的情形，所以大多数时候我们不会观察到“一滴墨汁”。混合是自发地发生的，简单地因为存在的混合排列的数量比不混合排列的要多很多。自发过程的发生是因为它产生了最可能的末态。利用公式 $S = k \cdot \log W$，我们可以计算熵，并且可以理解为什么存在的状态越多，熵值越大。一个高概率的状态（例如水墨混合状态）具有很大的熵值，并且自发过程产生的末态具有最大的熵值，这是表述热力学第二定律的另一种方式。用热力学的术语来说，我们可以说存在多种途径 W（微观状态的数量）来创建一个特定的宏观状态——在我们的例子中，便是墨汁在一杯水中的混合状态。

尽管玻尔兹曼提出的通过将系统之中的分子可视化来推导热力学的观点在今天看来是显而易见的，但与他同时代的许多物理学家甚至对原子的概念都持批判意见。因为他不断地与其他物理学家发生冲突，再加上患有抑郁症，这位物理学家在 1906 年与妻女度假途中自杀。坐落于维也纳的他的墓碑上镌刻着他那著名的熵方程。■

白炽灯泡

约瑟夫·威尔逊·斯旺（Joseph Wilson Swan，1828—1914）
托马斯·阿尔瓦·爱迪生（Thomas Alva Edison，1847—1931）

使用环形碳灯丝的爱迪生灯泡。

焦耳定律和焦耳加热（1840 年）、斯托克斯荧光（1852 年）、欧姆定律（1827 年）、黑光（1903 年）、真空管（1906 年）

1878 年

以电灯泡发明而著名的美国发明家托马斯·爱迪生曾写道：“要发明，你需要丰富的想象力和一堆垃圾。”爱迪生并不是唯一一个发明白炽灯的人——白炽灯是一种利用热驱动产生光辐射的光源。其他同样著名的发明家还有英国的约瑟夫·斯旺。然而爱迪生之所以最为人们所铭记，是因为他致力于推广长效的灯丝、真空度更高的灯泡，并建设了配电系统，让灯泡可实际用于建筑物、街道和社区中。

在白炽灯中，电流通过灯丝，将灯丝加热从而产生光。玻璃外罩可以防止空气中的氧气去氧化和破坏炽热的灯丝。最大的挑战之一是找到最有效的灯丝材料。爱迪生的碳化竹丝能够发光 1200 多个小时。如今，人们通常使用钨丝作为灯丝，并在灯泡内充满惰性气体，如氩气，以减少灯丝材料的蒸发。盘绕的钨丝线圈提高了热效率，标准的参数为 60 瓦、120 伏的灯泡的灯丝实际长度为 580 毫米。

如果灯泡在低电压下工作，它可以惊人地持久。例如，美国加利福尼亚消防站的“世纪之光”从 1901 年以来一直在持续地发光。一般来说，白炽灯的效率很低，因为它所消耗的 90% 的能量都被转化为热能，而非可见光。虽然今天有更多效率更高的灯泡（例如节能型荧光灯）逐渐取代白炽灯，但简单的白炽灯泡曾经取代了会产生烟灰以及更加危险的油灯和蜡烛，永远地改变了世界。■

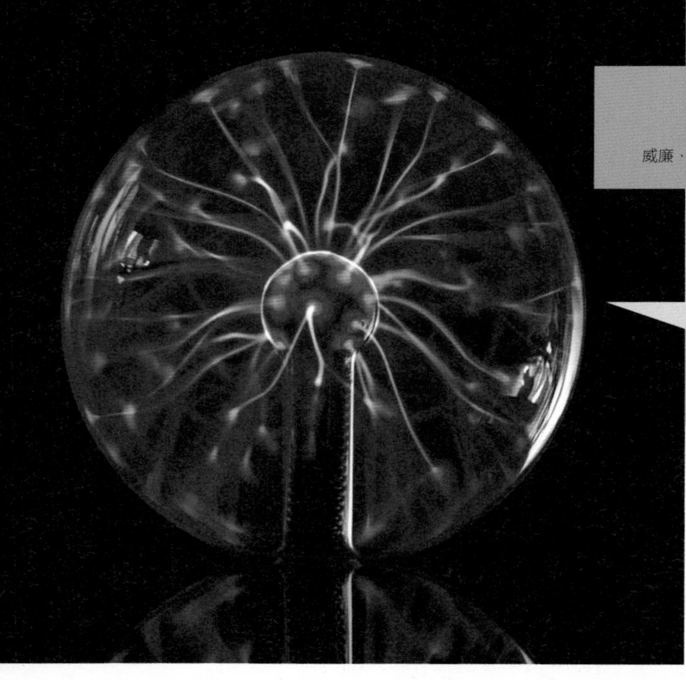

等离子体

威廉·克鲁克斯（William Crookes，1832—1919）

等离子体灯，呈现例如丝状的复杂现象。漂亮的颜色是由激发态的电子回落到低能态的过程中产生的。

艾尔摩之火（78 年）、霓虹灯（1923 年）、雅各布阶梯（1931 年）、声致发光（1934 年）、托卡马克（1956 年）、HAARP（2007 年）

等离子体是一团已电离的气体，这意味着这种气体是包含了能自由移动的电子和离子（失去电子的原子）的集合。等离子体的产生需要能量，这个能量可由多种形式提供，包括热、辐射和电。例如，当一团气体被充分加热时，原子间相互碰撞，电子被撞飞，就会形成等离子体。与气体一样，等离子体除了被约束在容器中时没有特定的形状。但与普通气体不同的是，磁场可能导致等离子体形成丰富多彩的奇特结构，如丝、胞、层和其他令人吃惊的复杂形态。等离子体可以展现出多种多样的在普通气体中不存在的波。

英国物理学家威廉·克鲁克斯于 1879 年首次鉴别了等离子体，当时他正在试验一种名为克鲁克斯放电管的部分真空放电管。有趣的是，等离子体是最常见的物质状态——远比固体、液体和气体常见。闪亮的星星们便是由这种“物质的第四种状态”组成的。在地球上，等离子体制造者的常见例子包括日光灯、等离子电视、霓虹灯和闪电。电离层——地球的高层大气——是由太阳辐射制造的等离子体，它具有实际的重要性，因为它影响着世界各地的无线电通信。

等离子体研究使用了大范围的等离子气体、温度和密度，涉及的领域从天体物理学到核聚变能源。等离子体中的带电粒子之间非常接近，以至于每个粒子都会影响到附近的许多带电粒子。在等离子电视中，氙原子和氖原子受激时会释放光子。其中部分光子是紫外线光子（我们看不见），它们与荧光材料相互作用，从而使它们发出可见光。显示屏中的每个像素都由较小的子像素组成，这些子像素具有不同的绿色、红色和蓝色的荧光。■

霍尔效应

埃德温·赫伯特·霍尔（Edwin Herbert Hall，1855—1938）
克劳斯·冯·克利钦（Klaus von Klitzing，1943— ）

高档彩弹枪利用霍尔效应传感器提供了一个非常短的触发距离，从而实现很高的发射速率。触发距离是指扳机在启动到击发时移动的距离。

法拉第电磁感应定律（1831 年）、压电效应（1880 年）、居里磁学定律（1895 年）

1879 年

1879 年，美国物理学家埃德温·霍尔将一个矩形黄金薄片放置在一个垂直于薄片的强磁场中。假设 x 和 x' 是矩形的两条平行边，y 和 y' 是另外两条平行边。然后霍尔将电池两端连接到 x 和 x' 侧，使薄片的 x 方向上产生电流。他发现这样会在 y 和 y' 之间产生了一个微小的电压差，这个电压差与外加磁场的强度 B_z 和电流的乘积成正比。多年以来，霍尔效应产生的电压因为很微弱而未得到实际应用。然而，在 20 世纪下半叶，霍尔效应被应用到无数的研究和开发领域。注意，霍尔发现他的微弱电压的时间比电子真正被发现的时间还要早 18 年。霍尔系数 R_H 是感应电场 E_y 与电流密度 j_x 和 B_z 的乘积之比：$R_H = E_y/(j_x B_z)$。在 y 方向上产生的电压与电流的比值被称为霍尔电阻。霍尔系数和霍尔电阻都是被研究材料的特性。霍尔效应对于测量磁场或载流子密度是非常有用的。在这里，我们使用“载流子”这个术语，而不是我们更熟悉的“电子”这个术语，是因为电子以外的带电粒子也可以传递电流（例如，带正电荷的载流子被称为“空穴”）。

如今，霍尔效应被广泛应用于流体流量传感器、压力传感器、汽车点火定时系统等各种磁场传感器之中。1980 年，德国物理学家克劳斯·冯·克利钦发现了量子霍尔效应，即在高磁场强度和低温的条件下，霍尔电阻具有不连续性。■

压电效应

保罗－雅克·居里（Paul-Jacques Curie，1856—1941）
皮埃尔·居里（Pierre Curie，1859—1906）

电子香烟打火机采用压电晶体。按下一个按钮，致使小锤击打在水晶上，这个过程会产生穿过火花隙的电流，从而点燃气体。

摩擦发光（1620年）、霍尔效应（1879年）

1880年

法国物理学家皮埃尔·居里与玛丽（即居里夫人）结婚前一年曾在给她的信中写道，“每一个（科学）发现，无论多么微小，都是永久的收获”，以此来鼓励她加入他一起追逐“我们的科学梦想”。十几岁的时候，皮埃尔·居里就爱上了数学——尤其是空间几何——这对他后来在晶体学方面的研究工作很有价值。1880年，皮埃尔和他的兄弟保罗－雅克展示了当某些晶体被压缩时就会产生电流的现象，这种现象在今天被称为压电效应（Piezoelectric Effect）。他们的展示涉及晶体，如电气石、石英和黄晶。1881年，这对兄弟展示了相反的效果：电场可以导致一些晶体变形。虽然这种变形很小，但后来发现它在声音的产生和探测以及光学元件的聚焦方面具有应用前景。压电效应已被使用于设计留声机拾声器、麦克风和超声波潜艇探测器。今天，电子香烟打火机使用压电晶体来产生电压，使打火机点燃气体。美国军方已经探究了在士兵靴子中使用压电材料从而在战场上发电的可能性。在压电麦克风中，声波冲击压电材料并产生电压变化。

科学记者维尔·麦卡锡（Wil McCarthy）对压电效应的分子机理这样解释道：“当压力施加到材料上时，通过使中性分子或粒子变形，会在内部制造出少量偶极子，以至于它们在一侧带正电，而在另一侧带负电，这样便增加了材料两端的电压。”在老式的留声机中，唱针在唱片上起伏的凹槽中滑动，这样能使由酒石酸钾钠晶体制成的唱针尖端变形，并产生可以被转换成声音的电压。

有趣的是，人的骨骼同样具有压电效应，并且压电电压可能在骨骼形成、营养和机械负载对骨骼的影响中发挥作用。■

战争大号

（上图）一个巨大的双喇叭系统，位于美国华盛顿特区的博林场（摄于 1921 年）。（下图）这是日本裕仁天皇视察一组声学定位器的照片（镜像），声学定位器也被称为战争大号，在雷达发明之前被用来定位飞机的位置。

音叉（1711 年）、听诊器（1816 年）

战争大号是一个非正式的名称，指的是各种各样的巨大的声学定位器——其中许多具有近乎可笑的外观——它们在战争史上扮演着重要的角色。从第一次世界大战到第二次世界大战初期，这些设备主要被用来定位飞机和大炮。20 世纪 30 年代，雷达（使用电磁波的探测系统）被引进后，令人惊奇的战争大号基本被宣告淘汰了，但它们有时会被用来提供错误情报（比如误导德国人，让他们误以为雷达没有被使用），或者被用来部署雷达干扰手段。甚至最晚延续到 1941 年，美国人还用声学定位器探测到了日本人对菲律宾科雷吉多尔岛的首次攻击。

多年以来，声学定位器已经演变出多种形式，从类似于绑在肩膀上的喇叭状的个人设备（比如 19 世纪 80 年代的声向测定仪），到安装在马车上并由多人操作的巨大多喇叭突起。德国版声学定位器——环形喇叭声向探测器——在第二次世界大战初期被用来在夜间协助探照灯瞄准飞机。

1918 年 12 月的《大众科学》杂志叙述了如何在一天之内通过声波定位探测到 63 门德国大炮。隐藏在岩石下的麦克风通过电线连接到一个中心站。中心站点记录下了所接收到的每一个声音的精确时刻。当被用来定位枪炮时，该站点记录了飞过头顶的炮弹声、炮击声和炮弹爆炸的声音。各修正项被应用来修正由大气条件造成的声波速度的变化。最终，将从接收站记录到的相同声音之间的时间差与已知的站点间的距离进行比较。英国和法国军事观察员随后指示轰炸机摧毁德国大炮，其中一些大炮被伪装起来，如果没有声学定位器几乎无法发现它们。■

灵敏电流计

120

汉斯·克里斯蒂安·奥斯特（Hans Christian Oersted，1777—1851）
约翰·卡尔·弗里德里希·高斯（Johann Carl Friedrich Gauss，1777—1855）
雅克－阿尔塞纳·达松瓦尔（Jacques-Arsène d' Arsonval，1851—1940）

（左图）老式安培计包括接线柱和直流电刻度表盘（现存于纽约州立大学，是该校原始物理实验室设备）。达松瓦尔电流计是一种动圈式安培计。
（右图）汉斯·克里斯蒂安·奥斯特的肖像画。

1882年

安培电磁定律（1825年）、法拉第电磁感应定律（1831年）

灵敏电流计是一种使用随电流变化而偏转的指针或指示器来测量电流的装置。19世纪中期，苏格兰科学家乔治·威尔逊（George Wilson）对灵敏电流计上的舞动的指针充满敬畏，他写道："与之类似，指南针是哥伦布发现新大陆的向导，而电流计则是电报的前兆和先锋。指南针默默地指引着探险者们穿越荒芜的水域，到达这个世界上新的家园；但当这些家园住满了人群，并且房子之间渴望彼此深情问候时，是电报机打破了寂静。灵敏电流计线圈里的那根颤动的磁针，就是电报机的舌头，工程师们谈论它时觉得它似乎会讲话一样。"

早期的灵敏电流计是汉斯·克里斯蒂安·奥斯特在1820年的发明演变而来的。奥斯特发现电流通过导线时，会在周围形成一个磁场，使磁针发生偏转。1832年，卡尔·弗里德里希·高斯发明了一种利用信号将磁针偏转的电报。这种老式的电流计使用动磁铁指针，缺点是容易受到附近磁铁或铁质材料的影响，并且它的偏转与电流大小不是成线性正比的。1882年，雅克－阿尔森·达松瓦尔发明了一种使用固定永磁体的电流计。安装在磁铁两极之间的是线圈，它会产生磁场，并在电流通过线圈时产生偏转。线圈和指针连接在一起，偏转的角度与电流大小成正比。当没有电流存在时，线圈和指针会依靠一个小扭力的弹簧恢复至零点。

在今天，电流计的指针通常被数字显示器代替。尽管如此，灵敏电流计式的机制仍具有多种用途，包括从模拟条形图记录器中的定位笔到硬盘驱动器中的定位磁头。■

绿闪光

儒勒·加布里埃尔·凡尔纳（Jules Gabriel Verne，1828—1905）
丹尼尔·约瑟夫·凯利·奥康奈尔（Daniel Joseph Kelly O' Connell，1896—1982）

2006 年在旧金山拍到的绿色闪光。

北极光（1621 年）、斯涅尔折射定律（1621 年）、黑滴效应（1761 年）、瑞利散射（1871 年）、HAARP（2007 年）

日出或日落时，太阳的上方有时会出现一抹神秘的绿闪光（green flash），人们对这种绿闪光的兴趣是由儒勒·凡尔纳的浪漫小说《绿光》（*The Green Ray*，1882）激起的。该小说描述了对怪异的绿色闪光的探索："一种任何艺术家都无法在其调色板上获得的绿色，一种既不是植物的各种色彩，也不是最清澈的海水的颜色所能够再现的绿色！如果天堂里有一种绿色，那一定是这种颜色，这无疑是真正的希望之绿……一个足够幸运而目睹过这一切的人，就能洞察自己的内心，以及读懂别人的思想。"

绿色闪光是多种光学现象的集成，通常更容易在一望无际的海洋天际线上看到它。以落日为例，地球大气层各层的密度不等，就如同一个棱镜，使得不同颜色的光以不同的角度弯曲。高频光如绿色和蓝光，比低频光如红色和橙色，要弯曲更多。当太阳下降到地平线以下时，地球遮挡了太阳的低频红色图像，但可以短暂地看到其高频绿色部分。由于空气密度的差异，蜃景效应可以使遥远的物体形成畸变图像（包括放大的图像），该效应会增强绿色闪光。例如，冷空气比热空气密度大，因此其折射率比热空气大。注意，在绿闪光发生时通常看不到蓝光，是因为蓝色的光被散射到视野之外了［参见条目"瑞利散射（1871 年）"］。

多年来，科学家们通常认为绿闪光是由于长时间凝视夕阳而引起的视觉幻象。直到 1954 年，梵蒂冈牧师丹尼尔·奥康奈尔在地中海日落时分拍摄了一组绿色闪光的彩色照片，从而"证明"了这一不寻常现象的存在。■

迈克尔逊-莫雷实验

阿尔伯特·亚伯拉罕·迈克尔逊（Albert Abraham Michelson，1852—1931）
爱德华·威廉斯·莫雷（Edward Williams Morley，1838—1923）

迈克尔逊-莫雷实验证明地球并没有通过以太风。在19世纪晚期，光以太（此图艺术地描绘了承光介质）被认为是光传播的媒介。

电磁波谱（1864年）、洛伦兹变换（1904年）、狭义相对论（1905年）

1887年

物理学家詹姆斯·特雷菲尔（James Trefil）写道："很难想象虚无一物。人类的大脑似乎想要用某种物质来填补空间，在历史上的大部分时期，这种物质被称为以太（aether）。这种想法认为天体之间的真空被一种类似果冻般的物质填充。"

1887年，物理学家阿尔伯特·迈克尔逊和爱德华·莫雷进行了开拓性的实验，来探测人们认为遍布太空的光以太。以太的想法并非疯狂至极——毕竟，水波通过水传播，声音通过空气传播。即使是在明显的真空之中，光不也需要通过一种介质来传播吗？为了探测以太，研究人员将一束光分成两束，并使两束光线相互垂直传播。两束光被反射回来后，重新合并为一束以产生有条纹的干涉图样，这种干涉图样依赖于光在两个方向上运动的时间。如果地球穿过以太，当其中一束光（必须进入以太"风"）相对于另一束光变慢时，应该可以检测到干涉图样的变化。迈克尔逊向他的女儿解释了这个想法："两束光相互竞争，就好比两个游泳的人，一个奋力地逆流而上再回来，另一个游完同样的距离，但只是横向地来回。如果河水在流动，第二个游泳者永远是赢家。"

为了进行尽可能精细的测量，他们让仪器漂浮在水银池上来将振动最小化，并且仪器可以相对于地球的运动方向自由旋转。然而干涉图样并没有发现明显的变化，这表明地球并没有通过"以太风"——这使得该实验成为物理学中最著名的"失败"实验。这一发现有助于说服其他物理学家接受爱因斯坦的狭义相对论（Special Theory of Relativity）。■

千克的诞生

路易 · 勒费夫尔 – 纪诺（Louis Lefèvre-Gineau，1751—1829）

工业领域经常使用参考质量作为标准。当参考质量被刮擦或遭受其他的损坏时，精确度就会发生变化。此图中，砝码上的 dkg 代表的是公钱，1 公钱 =10 克。

落体加速度（1638 年）、米的诞生（1889 年）

自 1889 年埃菲尔铁塔开放以来，一块如同盐罐大小的铂铱合金圆柱体被用来定义一千克的标准重量，它被小心翼翼地隔离在位于巴黎附近的国际计量局的地下室的一个被精确控制了温湿度的保险箱中的数层玻璃罩之内。打开保险箱需要三把钥匙。好些国家都以这个圆柱体的官方复制品作为千克的国家标准。物理学家理查德 · 施泰纳（Richard Steiner）曾经半开玩笑地说："如果有人对着这个千克标准打了个喷嚏，那么世界上所有的重量都会立刻出错。"

时至今日，千克是唯一一个仍由人工制品定义的基本计量单位。例如，现在米的定义是等于光在真空中以 1/299 792 458 秒的时间间隔所传播的距离，而不是以一把一米长的实体尺子来定义。千克是质量的单位，是物体中物质总量的基本量度。根据牛顿运动定律 $F = ma$（其中 F 是作用力，m 是质量，a 是加速度），一个物体质量越大，其在给定的力的作用下加速度越小。

研究人员非常担心巴黎的圆柱体被刮伤或被污染，这个圆柱体仅仅在 1889 年、1946 年和 1989 年被移动过。科学家们发现，位于世界各地的千克复制品的质量都神秘地偏离了巴黎圆柱体。也许是复制品吸收了空气分子变重了，或者是巴黎圆柱体变轻了。这些偏差驱使物理学家们寻求使用基本不变常数去重新定义千克，而不是依赖于特定的金属块。1799 年，法国化学家路易 · 勒费夫尔 – 纪诺就曾使用过 1000 立方厘米的水的质量来定义千克，但是当时对质量和体积的测量并不精确。■

1889 年

米的诞生

几个世纪以来，工程师们一直致力于提高长度测量标准的精确度。例如，卡钳可以用来测量和比较物体上两点之间的距离。

恒星视差（1838 年）、千克的诞生（1889 年）

1889 年

1889 年，长度的基本单位米，是由一根铂铱合金金属长条在 0 °C时两端刻痕的距离来定义的。物理学家和历史学家彼得 · 盖里森（Peter Galison）写道：“当这个抛光的标准米原器被戴着手套的手放进巴黎的地下室时，毫不夸张地讲，法国人手握质量和长度的通用计量制度的钥匙。外交与科学、民族主义与国际主义、特殊性与普遍性都汇聚在这个神圣的地下室中。”

标准化的长度可能是人类为了建造居所或以物易物所发明的最早的“工具”之一。“米”这个词来源于希腊语“métron”，意为“度量”，以及法语“mètre”。1791 年，法国科学院建议将米的长度定义为从赤道经过巴黎到北极的距离的千万分之一。事实上，为了确定这个距离，法国人进行了多年的探险考察。

米的历史既悠久又迷人。1799 年，法国人发明了一种长度合适的铂条来定义米。1889 年，一个更精确的铂铱合金长条成为米的国际标准。在 1960 年，米被定义为氪-86 原子的 2p10 和 5d5 量子能级之间的跃迁光在真空辐射的波长的 1 650 763.73 倍，这个倍数是一个令人印象深刻的数字！米的定义不再与地球上的测量有任何直接的依赖关系。最终在 1983 年，全世界一致认为米等于光在真空中在 1/299 792 458 秒的时间内所传播的距离。

有趣的是，最早的米原器比现在的定义短 1/5 毫米，因为法国人当时没有考虑到地球并非一个精确的球形，靠近极点的地方较为扁平。然而尽管存在这个误差，实际的长度也并没有改变；相反地，改变米的定义是为了尽可能地增加度量时的精确度。■

厄特沃什重力梯度测量

洛兰 · 冯 · 厄特沃什（Loránd von Eötvös，1848—1919）

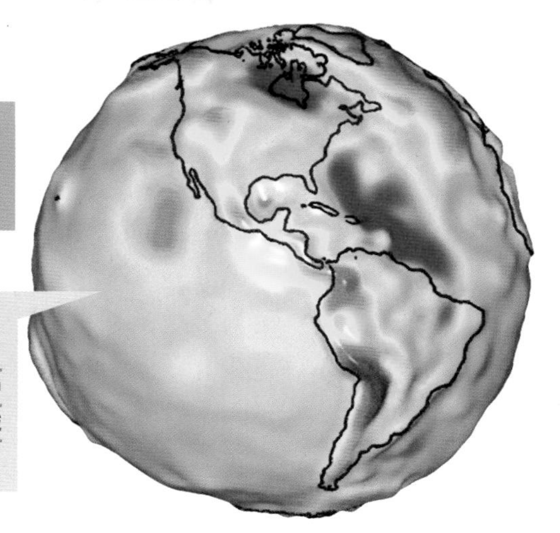

（左图）洛兰 · 厄特沃什的肖像照。
（右图）由 NASA“重力复原和气候实验”卫星数据绘制的重力可视化图像，从中可以看到美洲的重力场变化。红色区域表示重力更强。

牛顿运动定律和万有引力定律（1687 年）、卡文迪许称量地球（1798 年）、广义相对论（1915 年）

匈牙利物理学家和世界知名的登山者洛兰 · 厄特沃什并非第一个使用扭力天平（利用扭力来测量非常微小的作用力的仪器）来研究质量之间的万有引力的人，但厄特沃什改进了他的天平以获得更高的灵敏度。事实上，厄特沃什天平成为测量地球表面重力场和预测地表以下某些特定结构存在性的最佳工具之一。尽管厄特沃什专注于基础理论和研究，但是他的仪器后来被证实对于石油和天然气勘探非常重要。

这个装置实际上是第一个对重力梯度测量有用的仪器——也就是说，用于测量非常局部的重力特性。例如，厄特沃什的早期测量包括绘制在他办公室的，以及不久后在整栋建筑的不同位置的重力势的变化。房间里的局部质量分布影响着他获得的数值大小。厄特沃什天平也可以用来研究由于大质量物体或流体的缓慢运动而引起的重力变化。根据物理学家彼得 · 基拉利（Péter Király）的说法：“据说可以用它从 100 米外的地窖中以厘米精度检测到多瑙河水位的变化，但这样的测量没有得到很好的记录。”

厄特沃什的测量数据还证明了引力质量（牛顿万有引力定律 $F = Gm_1m_2 / r^2$ 中的质量 m）和惯性质量（牛顿第二定律中 $F = ma$ 的 m）是一致的，至少在 $5/10^9$ 的精度下是一致的。换句话说，厄特沃什证明了惯性质量（物体受外力加速度时阻抗的量度）与引力质量（决定物体重量的因素）在很大的精度下是相同的。这些信息在后来爱因斯坦建立了广义相对论之时被证明很有用。爱因斯坦在 1916 年发表的论文《广义相对论的基础》（*The Foundation of the General Theory of Relativity*）中引用了厄特沃什的研究成果。■

1890 年

特斯拉线圈

尼古拉·特斯拉（Nikola Tesla，1856—1943）

特斯拉线圈的高压电弧放电到一段铜线，产生的电压大约是 100 000 伏特。

冯·居里克静电起电机（1660 年）、莱顿瓶（1744 年）、富兰克林的风筝（1752 年）、利希滕贝格图形（1777 年）、雅各布阶梯（1931 年）

特斯拉线圈在促进历代学生对科学奇迹和电气现象产生兴趣方面发挥了重要作用。更加狂热的是，它有时会被疯狂的科学家用在恐怖电影中，来创造令人印象深刻的闪电效果，而超自然现象研究人员甚至颇有创意地提出，“在使用特斯拉线圈的时候，超自然活动会加剧出现！”

大约在 1891 年，尼古拉·特斯拉发明了特斯拉线圈，它可以用来产生高电压，低电流，高频的交流电流。特斯拉利用特斯拉线圈进行了一些实验，包括在没有电线的情况下传输电能，以扩展我们对电气现象的理解范围。美国公共广播公司写道：“电路中的典型组件都是已知的，但它的设计和操作在一起实现了独特的结果—— 不只是特斯拉对结构内关键要素的精湛改进，其中最特别的是一个特殊的变压器，或者说线圈，在电路性能中起了核心作用。”

一般来说，变压器通过线圈将电能从一个电路传输到另一个电路。初级线圈绕组中变化的电流在变压器的铁芯中产生变化的磁通量，然后产生穿过次级线圈的变化磁场，从而在次级线圈中感应出电压。在特斯拉线圈中，高压电容和火花间隙被用来周期性地激发初级线圈的突发电流。次级线圈通过谐振电感耦合被激发。次级线圈的匝数与初级线圈的匝数比越大，电压的增加倍数就越大。用这种方式可以产生数百万伏特的电压。

通常，特斯拉线圈顶端有一个大的金属球（或其他形状）从上面混乱地发射电流。特斯拉还曾利用特斯拉线圈建造了一个强大的无线电发射机，他还用这个设备来研究磷光现象（物体吸收的能量以光的形式释放出来的过程）和 X 射线。■

保温瓶

詹姆斯·杜瓦（James Dewar，1842—1923）
赖茵霍尔德·布格尔（Reinhold Burger，1866—1954）

除了保持饮料的热或冷，保温瓶还被用来运输疫苗、血浆、珍稀热带鱼等。在实验室里，真空瓶被用来储存超冷液体，如液氮或液氧。

傅里叶热传导定律（1822 年）、氦的发现（1868 年）

保温瓶（也叫杜瓦瓶或真空瓶）由苏格兰物理学家詹姆斯·杜瓦于 1892 年发明，它是一种双壁容器，两壁之间有真空空间，使保温瓶能够在相当长的一段时间内保持瓶内物品的温度高于或低于环境温度。在德国玻璃制造商莱因霍尔德·布格尔将其商业化后，作家乔尔·莱维（Joel Levy）写道："这款保温瓶迅速获得成功，成为全球畅销产品，这部分要归功于当时顶尖探险家们对它的免费宣传。保温真空瓶被欧内斯特·沙克尔顿（Ernest Shackleton）带到南极，被威廉·帕里（William Parry）带到北极，被罗斯福上校（Roosevelt）和理查德·哈丁·戴维斯（Richard Harding Davis）带到刚果，被埃德蒙·希拉里爵士（Edmund Hillary）带到珠穆朗玛峰，被莱特兄弟（Wright）和冯·齐柏林伯爵（von Zeppelin）带到天空。"

物体与环境发生热量交换主要有三种途径：传导（如热量从铁条高温一端到低温一端），辐射（如火燃尽后仍可以从壁炉墙边感觉到热度），对流（例如加热锅里的汤时从下边开始变热）。保温瓶通过同时减少这三种传热途径而发挥作用，其内外壁之间狭窄的中空区域，将空气抽出形成的真空减少了传导和对流的热量损失，而玻璃上的反射涂层则减少了红外辐射的损失。

保温瓶除了保持饮料的冷热外还有其他重要的用途；人们还可以利用它的隔热性来运输疫苗、血浆、胰岛素、稀有热带鱼等。在第二次世界大战期间，英国军方生产了大约 1 万个保温瓶，供轰炸机机组人员在夜间袭击欧洲时使用。现在，在世界各地的实验室里，保温瓶被用来储存极冷的液体，如储存液态氮或液态氧。

2009 年，斯坦福大学的研究人员展示了，在保温瓶的夹层中放置一种光学晶体（以周期性结构阻挡窄频范围的光而闻名），与抽成真空相比能更好地抑制热辐射。■

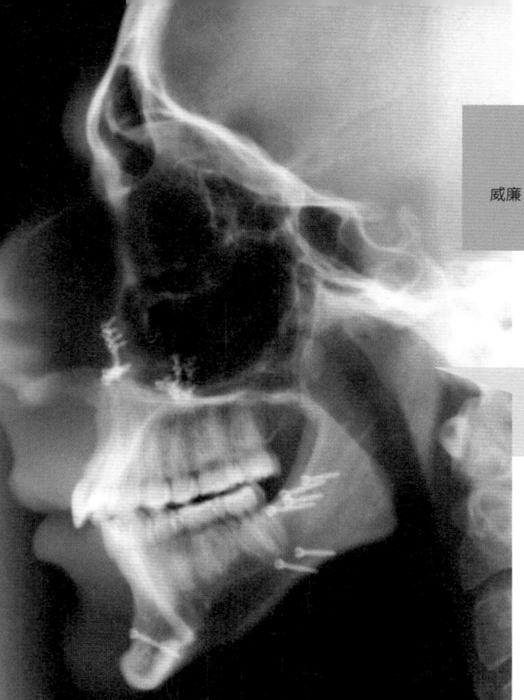

X 射线

威廉·康拉德·伦琴（Wilhelm Conrad Röntgen，1845—1923）
马克斯·冯·劳厄（Max von Laue，1879—1960）

头部侧面的 X 光片，显示用于修复颌骨的螺钉。

望远镜（1608 年）、摩擦发光（1620 年）、放射性（1896 年）、电磁波谱（1864 年）、轫致辐射（1909 年）、布拉格晶体衍射定律（1912 年）、康普顿效应（1923 年）

1895 年

作家肯德尔·黑文写道：“威廉·伦琴的妻子在看到丈夫给她拍的手部 X 光照片后，吓得尖叫起来，认为这些射线是死亡的凶兆。不到一个月，威廉·伦琴的 X 光片就成了全世界的话题。怀疑论者称之为毁灭人类的死亡射线。热切的梦想家称它们为神奇的射线，能使盲人重见光明，并能将图表直接发送入学生的大脑”。然而，对医生来说，X 光片标志着治疗病人和伤员的一个转折点。

1895 年 11 月 8 日，德国物理学家威廉·伦琴正在用阴极射线管做实验，当他打开阴极射线管时，发现一米外的一块废弃的荧光屏亮了起来，尽管阴极射线管上覆盖着一块厚纸板。他意识到有一种看不见的光线从射线管里出来，很快地，他发现这种光线可以穿透各种材料，包括木头、玻璃和橡胶。当他把手放在这个看不见的射线的路径上时，他看到了他的骨头的昏暗图像。他称这些射线为 X 射线，因为当时它们还不为人所知，显得很神秘。为了更好地理解这些现象，在与其他专业人士讨论之前，他继续秘密进行着实验。因为对 X 射线的系统研究，伦琴获得了历史上第一次颁发的诺贝尔奖。

医生很快利用 X 射线进行诊断，但 X 射线的确切性质并没有完全阐明，直到 1912 年左右，马克斯·冯·劳厄使用 X 射线来创建一个晶体的衍射图样，这验证了 X 射线是电磁波，像可见光一样，但有更高的能量和更短的波长，其波长相当于分子中原子之间的距离。今天，X 射线被用于无数领域，从 X 射线晶体学（揭示分子结构）到 X 射线天文学（例如，在卫星上使用 X 射线探测器研究来自外太空的 X 射线源）。■

居里磁学定律

皮埃尔 · 居里（Pierre Curie，1859—1906）

（上图）铂是室温顺磁性材料的一个例子。这个铂金块来自俄罗斯雅库特的康德尔矿。
（下图）居里夫妇（皮埃尔 · 居里和妻子玛丽 · 居里）的照片，他们共享了诺贝尔奖。

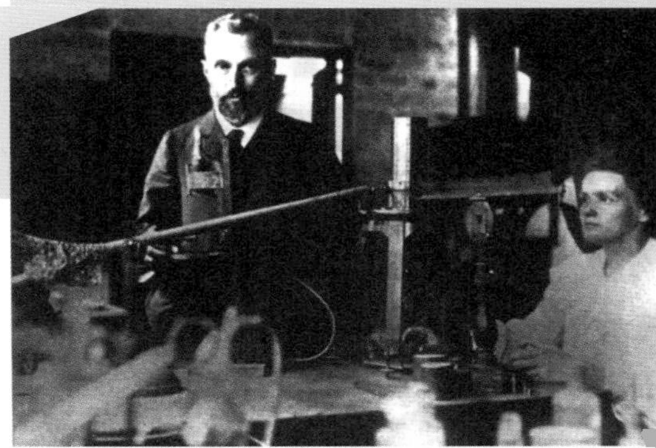

论磁（1600 年）、霍尔效应（1879 年）、压电效应（1880 年）

1895 年

法国物理化学家皮埃尔 · 居里曾认为自己智力低下，从未上过小学。具有讽刺意味的是，后来他和他的妻子玛丽因为在放射性方面的工作共同获得了诺贝尔奖。1895 年，他阐明了某些材料的磁化与外加磁场和温度 T 之间的有趣关系：$M = C\times(B_{ext}/T)$。这里，M 是产生的磁化强度，B_{ext} 是（外部）施加的磁通量密度。C 是居里点，一个与物质有关的常数。根据居里定律，如果增加外加磁场，就可能会增加该磁场中材料的磁化强度。在保持磁场不变的情况下，温度升高，磁化强度减小。

居里定律适用于顺磁性材料，如铝和铜，其微小的原子磁偶极有与外部磁场方向平行的趋势。这些材料可以变成非常弱的磁铁。尤其是，当受到磁场作用时，顺磁性材料会突然像标准磁铁一样相互吸引和排斥。当没有外加磁场时，顺磁性材料中粒子的磁矩是随机朝向的，顺磁性材料不再表现为磁体。当放置在磁场中时，磁矩通常与磁场平行，但是由于热运动，磁矩随机定向的趋势可能会抵消这种排列。

温度高于居里温度 T_c 时，在铁磁材料中也可以观察到顺磁性，比如铁和镍。居里温度是指材料失去其铁磁性的温度。铁磁性材料是指你在家里随处可见的永久磁铁。贴在冰箱门上的冰箱贴，或者你小时候玩的马蹄形磁铁都是铁磁性材料。■

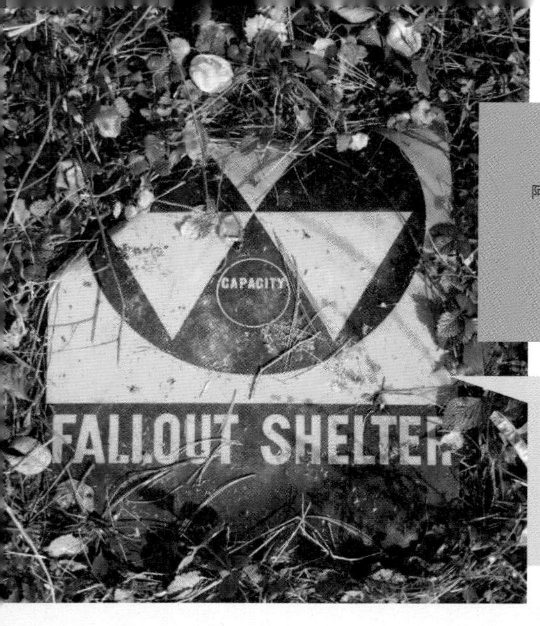

放射性

阿贝尔·尼埃普斯·德圣维克托（Abel Niépce de Saint-Victor，1805—1870）
安托万 亨利·贝克勒尔（Antoine Henri Becquerel，1852—1908）
皮埃尔·居里（Pierre Curie，1859—1906）
玛丽·斯克沃多夫斯卡·居里（Marie Skodowska Curie，1867—1934）
欧内斯特·卢瑟福（Ernest Rutherford，1871—1937）
弗雷德里克·索迪（Frederick Soddy，1877—1956）

20 世纪 50 年代末，美国各地的放射性庇护所数量有所增加。这些空间是为了保护人们免受核爆炸产生的放射性碎片的伤害而设计的。原则上，人们可以一直待在避难所里，直到外面放射性物质衰减到更安全的水平。

史前核反应堆（20 亿 年前）、X 射线（1895 年）、格雷姆泻流定律（1829 年）、$E = mc^2$（1905 年）、盖革计数器（1908 年）、量子隧穿（1928 年）、回旋加速器（1929 年）、中子（1932 年）、来自原子核的能量（1942 年）、小男孩原子弹（1945 年）、放射性碳测年（1949 年）、CP 破坏（1964 年）

1896 年

为了理解放射性原子核（原子的中心）的行为，可以想象一下爆米花在炉子里爆开的样子。玉米粒在几分钟内随机爆开，而有些玉米粒似乎根本不会爆开。同样，大多数我们熟知的原子核是稳定的，完全与几个世纪前一样。然而，有一些类型的原子核是不稳定的，并随着原子核的解体而涌出许多碎片。放射性就是这种粒子的放射现象。

放射性的发现与法国科学家亨利·贝克勒尔 1896 年在铀盐中观察到的磷光有关。在贝克勒尔发现放射性大约一年前，德国物理学家威廉·伦琴（Wilhelm Röntgen）在实验放电管时发现了 X 射线。贝克勒尔很好奇，想知道发光的化合物（受到阳光或其他激发波的刺激后发出可见光的化合物）是否也能产生 X 射线。贝克勒尔把硫酸铀钾放在一张用黑色纸包着的照相底片上。他想知道这种化合物在光的刺激下是否会发出磷光并产生 X 射线。

出乎贝克勒尔的意料，即使包裹着放在抽屉里，铀化合物也会使照相底片变暗。铀似乎在发射某种穿透性的“射线”。1898 年，物理学家玛丽·居里和皮埃尔·居里夫妇发现了两种新的放射性元素：钋和镭。不幸的是，放射性的危险并没有被立即认识到，一些医生甚至开始提供镭灌肠治疗和其他危险的医治方法。后来，欧内斯特·卢瑟福和弗雷德里克·索迪发现这些元素实际上在放射过程中转变成了其他元素。

科学家们能够识别出三种常见的放射性形式：α 粒子（纯氦核）、β 射线（高能电子）和 γ 射线（高能电磁射线）。作者斯蒂芬·巴特斯比（Stephen Battersby）指出，今天，放射性已被用于医学成像、肿瘤治疗、鉴定文物年代和保存食物等。■

电子

约瑟夫 · 约翰 · 汤姆逊（Joseph John Thomson，1856—1940）

闪电放电涉及电子的流动。一道闪电的前缘能以每小时 13 万英里（6 万米 / 秒）的速度移动，并能达到接近 30 000 °C的温度。

原子论（1808 年）、密立根油滴实验（1913 年）、光电效应（1905 年）、德布罗意关系（1924 年）、玻尔原子模型（1913 年）、施特恩-格拉赫实验（1922 年）、泡利不相容原理（1925 年）、薛定谔波动方程（1926 年）、狄拉克方程（1928 年）、光的波动性（1801 年）、量子电动力学（1948 年）

1897 年

作家约瑟法 · 谢尔曼（Josepha Sherman）写道："物理学家约瑟夫 · 约翰 · 汤姆逊喜欢笑，但他也很笨拙。试管常在他手中破裂，使实验无法进行。"然而，我们应该庆幸汤姆逊坚持并揭示了本杰明 · 富兰克林（Benjamin Franklin）和其他物理学家的猜想——电效应是由极微小的电荷单位产生的。1897 年，约瑟夫 · 约翰 · 汤姆逊发现电子是一种质量远小于原子的独特粒子。他的实验使用了阴极射线管：一种能量束在正极和负极之间传输的真空管。虽然当时没有人知道阴极射线到底是什么，但汤姆逊能够利用磁场使阴极射线弯曲。通过观察阴极射线如何在电场和磁场中移动，他确定这些粒子是相同的，并且与发射它们的金属无关。而且，这些粒子的电荷与质量之比都是相同的。其他人也做过类似的观察，但汤姆逊是第一批提出这些"微粒"是所有形式的电的载体和物质的基本组成部分的人之一。

这本书的许多章节都讨论了电子的各种特性。今天，我们知道电子是一个带负电荷的亚原子粒子，它的质量是质子质量的 1/ 1836。运动中的电子产生磁场。在正质子和负电子之间有一种吸引力，称为库仑力，它使电子与原子结合。当在原子间共享两个或两个以上的电子时，就会形成原子间的化学键。

根据美国物理研究所的说法，"以电子为基础的现代思想和技术，推动了电视、电脑和其他许多东西的发明，尽管经历了许多艰难的发展过程。汤姆逊谨慎的实验和大胆的假设之后，其他许多人进行了重要的实验和理论工作，他们为我们打开了新的视角——从原子内部观察世界"。■

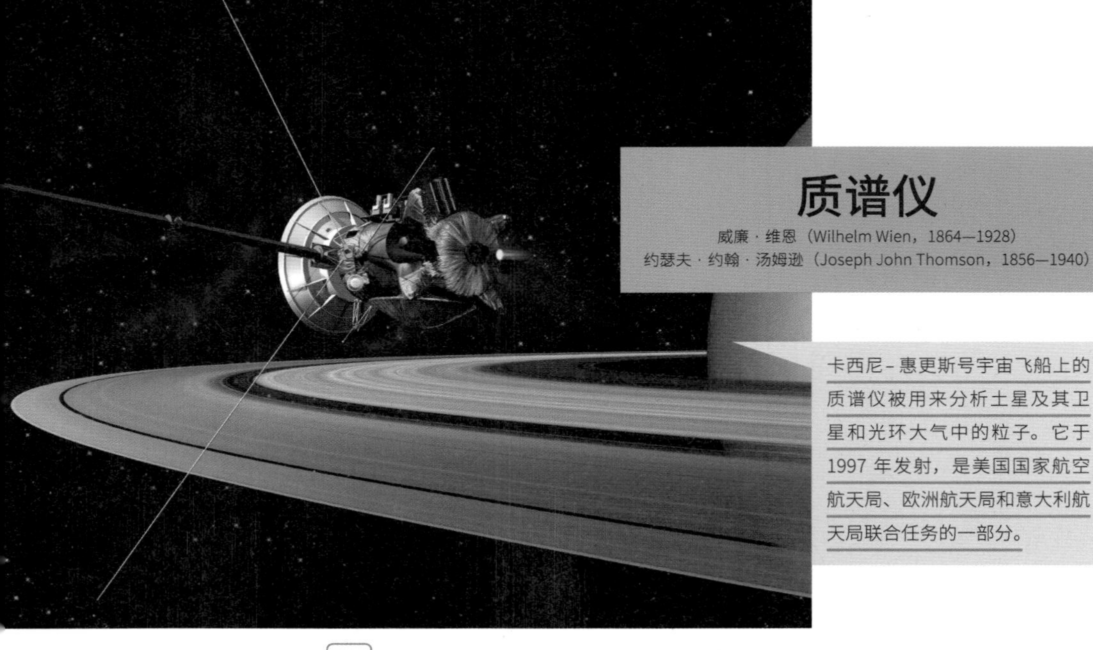

质谱仪

威廉·维恩（Wilhelm Wien，1864—1928）
约瑟夫·约翰·汤姆逊（Joseph John Thomson，1856—1940）

卡西尼–惠更斯号宇宙飞船上的质谱仪被用来分析土星及其卫星和光环大气中的粒子。它于1997 年发射，是美国国家航空航天局、欧洲航天局和意大利航天局联合任务的一部分。

夫琅和费谱线（1814 年）、电子（1897 年）、回旋加速器（1929 年）、放射性碳测年（1949 年）

作者西蒙·戴维斯（Simon Davies）写道："20 世纪，对科学知识进步贡献最大的设备之一无疑是质谱仪。"质谱仪用于测量样品中原子和分子的质量和相对丰度。其基本原理包括从化合物中生成离子，然后根据离子的质量电荷比（m/z）将其分离，最后根据离子的 m/z 和样品中的丰度对其进行检测。样品可以用许多方法电离，包括用高能电子轰击它。产生的离子可以是带电的原子、分子或分子碎片。例如，样品可能会受到电子束的轰击，电子束撞击分子并将电子击出分子，有时，分子键断裂，产生带电碎片。这些失去电子的分子或碎片形成带正电荷的离子。在质谱仪中，带电粒子通过电场时的速度可能会改变，其运动方向也会被磁场改变。离子偏转量受质量电荷比的影响（例如，磁力使较轻的离子偏转的程度大于较重的离子）。探测器则记录每种离子类型的相对丰度。

当鉴别样品中检测到的碎片时，所得的质谱常与已知化学物质的谱进行比较。质谱仪可用于许多应用，包括测定样品中的不同同位素（即具有不同数量中子的元素）、蛋白质表征（例如使用一种称为电喷雾电离的电离方法）和探索外层空间。例如，质谱仪设备被用在太空探测器上，用来研究其他行星和卫星的大气层。

物理学家威廉·维恩在 1898 年建立了质谱分析的基础，当时他发现带电粒子束受电场和磁场影响时，根据它们的质量电荷比不同，而发生不同程度的偏转。约瑟夫·约翰·汤姆逊等人多年来不断改进光谱分析仪器。■

黑体辐射定律

马克斯·卡尔·恩斯特·路德维希·普朗克（Max Karl Ernst Ludwig Planck，1858—1947）
古斯塔夫·罗伯特·基尔霍夫（Gustav Robert Kirchhoff，1824—1887）

（左图）马克斯·普朗克 1878 年的肖像照。
（右图）熔岩发出的光近似黑体辐射，而熔岩的温度可以由其颜色来估算。

大爆炸（137 亿年前）、光电效应（1905 年）

1900 年

量子物理学家丹尼尔·格林伯格（Daniel Greenberger）如是写道：“量子力学有着神奇的魔力。”量子理论源于对发射辐射的炽热物体的开创性研究，它认为物质和能量同时具有粒子性和波动性。举例来说，想象一下电加热器上的线圈，当它变得越来越热时，会先后发出棕色、红色的光。德国物理学家马克斯·普朗克于 1900 年提出的黑体辐射定律量化了黑体在特定波长处的辐射能量。黑体（blackbody）就是在任何给定的波长和温度下发射和吸收最大可能的辐射量的物体。

黑体发射的热辐射量随频率和温度的变化而变化，我们日常生活中遇到的许多物体，其发射的辐射光谱有很大一部分在红外或远红外波段，这部分光谱是我们肉眼看不见的。然而，随着物体温度的升高，其光谱的主要部分会发生转移，这样我们就可以看到物体发出的光了。

实验室中的黑体可以用一个巨大、中空的刚体来近似，比如空心的球体，它的某一侧被戳出一个孔。进入孔内的辐射被内壁反射，且每次反射都会因内壁的吸收而产生耗散殆尽。而辐射通过这个孔离开的概率可以忽略不计。因此，这个孔就起到了黑体的作用。普朗克用一批微小的电磁振荡器来模拟黑体的空腔壁。他假设振荡器的能量是离散的，且只能设定某些值。这些振荡器既发射能量到空腔内，又以离散的跃迁或一份份量子的形式吸收来自空腔的能量。普朗克从理论上推导出他的辐射定律且涉及离散振荡器能量的量子化方法，从而获得了 1918 年的诺贝尔奖。今天，我们知道大爆炸刚发生之后的宇宙是一个近乎完美的黑体。德国物理学家古斯塔夫·基尔霍夫在 1860 年引入了“黑体”这一术语。■

回旋环线

埃德温 · C. 普雷斯科特（Edwin C. Prescott，1841—1931）

134

过山车环道通常不是圆形的，而是一个倒置的泪滴形状。使用回旋曲线部分原因是出于安全考虑。

落体加速度（1638 年）、等时降落斜坡（1673 年）、牛顿运动定律和万有引力定律（1687 年）

1901 年

下次你在过山车轨道上看到一个垂直面上的环形轨道时，除了好奇为什么人们会允许自己被翻转和倾斜通过疯狂的曲线之外，请注意这个环形轨道不是圆形的，而是一个倒置的泪滴形状。从数学上讲，这个环叫作回旋曲线，它是等角螺线的一部分。出于安全考虑，过山车轨道采用了该曲线。

重力提供的势能通常是通过较慢的初始爬升过程引入的，当过山车骤降时，重力势能会转化为动能。在传统的圆环形过山车上，为了完成循环，过山车需要以比在泪滴曲线中更快的速度进入回旋。圆环形轨道更快的进入速度会使乘客在下半圈时受到更大的向心加速度和更危险的超重（作用在地球表面静止物体上的重力为 1 克）。

如果要在一个圆上叠加一条回旋曲线（参见上图），那么回旋曲线的顶部会低于圆的顶部。因为过山车在通过环的顶部时，它的动能会转化为势能，由于回旋环线的顶部高度较低，可以以较低的进入速度到达，并减轻超重的压迫感。此外，回旋曲线的顶部短弧线让过山车在倒挂和慢速行驶过程上花更少的时间。

1901 年，发明家埃德温 · 普雷斯科特在纽约科尼岛建造了泪滴形状的回旋轨道。普雷斯科特的力学知识基本上是自学的。他在 1898 年建造的“离心铁路”曾使用过一个圆环形轨道，但是当车厢以高速绕过环形轨道时突然产生的向心加速度给乘客的身体带来了太大的压力。普雷斯科特在 1901 年获得了泪滴状轨道的设计专利。■

黑光

罗伯特 · 威廉斯 · 伍德（Robert Williams Wood，1868—1955）

美国西南部的房主们用黑光灯来找可能已经侵入房屋的夜行蝎子。蝎子的身体在黑光下会发出明亮的荧光。

斯托克斯荧光（1852 年）、电磁波谱（1864 年）、白炽灯泡（1878 年）、霓虹灯（1923 年）、熔岩灯（1963 年）

如果你足够年长，还记得迷幻的 20 世纪 60 年代随处可见的黑光海报，那么你一定会赞同作家爱德华 · J. 里利（Edward J. Rielly）回忆录里的描述：“吸食迷幻药的人喜欢‘黑光灯’，它和荧光漆都可以在‘理发店’里买到。荧光衣服或海报在黑光灯下创造出一种视觉上类似于迷幻的效果。”就连餐馆有时也会安装黑光灯，以营造一种神秘的氛围。作家拉伦 · 斯托韦（Laren Stover）曾写道：“在吉卜赛或迷幻波希米亚风格的家中最常见的就是吉米 · 亨德里克斯（Jimi Hendrix）的黑光海报，以及角落里升腾变幻的熔岩灯。”

黑光灯（也称为伍德灯）发出的电磁辐射主要在近紫外线范围［见条目“斯托克斯荧光（1852 年）”］。为了制造出荧光黑光，技术人员经常使用伍德玻璃，一种含有氧化镍可以阻挡大部分可见光，但允许紫外线通过的紫色玻璃。灯泡内部的荧光粉有一个低于 400 纳米的发射峰。然而最初的黑光灯是由伍德玻璃制成的白炽灯泡，这些黑光灯的效率低且太热。今天，有的黑光灯在户外灭虫器中被用来吸引昆虫；然而，为了降低成本，这些灯未使用伍德玻璃，因此会产生一些可见光。

人眼看不到紫外线，但当光线照射到具有迷幻效果的海报上时，我们可以看到荧光和磷光的效果。黑光有无数的应用，从在犯罪调查中用来显示微量的血液和精液，到皮肤病治疗上用来检测各种皮肤状况和感染情况。

虽然黑光是由化学家威廉 · H. 拜勒（William H. Byler）发明的，但人们通常把黑光和美国物理学家罗伯特 · 伍德联系在一起，他是“紫外线摄影之父”，并在 1903 年发明了伍德玻璃。■

齐奥尔科夫斯基火箭方程

康斯坦丁·爱德华多维奇·齐奥尔科夫斯基（Konstantin Eduardovich Tsiolkovsky，1857—1935）

联盟号飞船和运载火箭在哈萨克斯坦拜科努尔发射台上。拜科努尔是世界上最大的航天中心。这次发射是1975年美国和苏联合作的太空任务的一部分。

希罗的喷气式发动机（50年）、大炮（1132年）、动量守恒（1644年）、牛顿运动定律和万有引力定律（1687年）、能量守恒（1843年）、硝化甘油炸药（1867年）、费米悖论（1950年）

1903年

作家道格拉斯·基特森（Douglas Kitson）写道："航天飞机的发射可能是人们对现代太空旅行最鲜明的印象，但从烟花到宇宙飞船的飞跃是巨大的，如果没有康斯坦丁·齐奥尔科夫斯基的创意，这是不可能的。"俄罗斯的中学教师齐奥尔科夫斯基曾读到过用鸟或枪作为推动力的虚构月球之旅故事，但通过求解火箭的运动方程，他证明了从物理学的角度来看，真正的太空旅行是可能的。火箭可以通过在反方向高速抛出自身的部分质量来获得加速度，齐奥尔科夫斯基火箭方程描述了火箭的速度变化量 Δv，最初的总质量 m_0（其中包含火箭推进剂），最后的总质量 m_1（所有的推进剂燃烧后），和推进剂持续有效的排气速度 v_e 的关系，火箭方程为：$\Delta v = v_e \cdot \ln(m_0/m_1)$。

齐奥尔科夫斯基于1898年推导并于1903年发表的火箭方程，还得出了另一个重要的结论：用单级火箭使用火箭燃料将人送往外层空间是不现实的，因为燃料的重量将超过整个火箭的重量（包括火箭上的人和设备）好几倍。然后他深入分析了多级火箭将如何使旅程变得可实现。多级火箭由多枚火箭连接在一起。当第一级火箭燃烧完所有的燃料后，它就会脱落，然后第二级火箭开始燃烧。

齐奥尔科夫斯基在1911年写道："人类不会永远留在地球上，但在追求光和空间的过程中，人类将首先小心地突破大气层的限制，然后征服太阳周围的所有空间。地球是人类的摇篮，但人不能永远待在摇篮里。"■

洛伦兹变换

亨德里克·安东·洛伦兹（Hendrik Antoon Lorentz，1853—1928）
瓦尔特·考夫曼（Walter Kaufmann，1871—1947）
阿尔伯特·爱因斯坦（Albert Einstein，1879—1955）

自由女神像按照洛伦兹变换进行收缩。各个蜡烛分别表示雕像在速度为零时（第一支蜡烛）、0.9 倍光速时（第二支蜡烛）、0.99 倍光速时（第三支蜡烛）和 0.999 倍光速时（第四支蜡烛）的高度。

迈克耳逊-莫雷实验（1887 年）、狭义相对论（1905 年）、快子（1967 年）

1904 年

想象两个空间参照坐标系，可以由两个鞋盒表示。实验中有一个坐标系是静止的。另一个沿着第一个的 x 轴以恒定速度 v 移动——可以通过滑动一个鞋盒中的另一只鞋盒来想象这个过程。我们将使用带有符号 ' 的变量来表示移动的坐标系。接下来，我们在每一个坐标系的原点放置一个时钟。当原点彼此重叠时，我们将两个时钟的时间都设为 0，也就是 $t=t'=0$。我们现在可以写出四个方程来描述加 ' 号的系统是如何运动的：$y'=y$；$z'=z$；$x'=(x-vt)/[1-(v/c)^2]^{1/2}$ 和 $t'=[t-(vx)/c^2]/[1-(v/c)^2]^{1/2}$，其中 c 是真空中的光速。

认真琢磨这些方程。注意，当你增加第三个方程中的速度时，x' 的值变小了。事实上，如果一个物体的速度是光速的 0.999 倍，它就会缩小 22 倍，并且相对于实验室观测者而言的速度也会减慢 22 倍。这意味着，如果我们以 0.999 倍光速发射，自由女神像（46 米高）在行进方向上看起来会缩小为 2 米。雕像里的人也会有同样的收缩幅度，而且他们年龄的增长将比实验室观测者要慢 22 倍。

这些公式被称为洛伦兹变换，以在 1904 年发明了这些公式的物理学家亨德里克·洛伦兹的名字命名。一个相似的方程表明，运动物体的质量取决于速度，$m=m_0/[1-(v/c)^2]^{1/2}$，其中 m_0 是速度 $v=0$ 时的质量。1901 年，物理学家沃尔特·考夫曼首次通过实验观察到电子质量随速度的变化。注意这个公式是如何阻止飞船的速度接近光速的，因为这样的话它的质量在实验室参照系中会接近无穷大。自 1887 年以来，一些科学家一直在讨论这些方程式背后的物理学原理。爱因斯坦重新解释了洛伦兹变换，因为它涉及空间和时间的基本性质。■

狭义相对论

阿尔伯特 · 爱因斯坦（Albert Einstein，1879—1955）

永远不可能在宇宙的中心设立一个时钟，来让每个人校准自己的手表。对于以接近光速远离地球的外星人而言，你的一辈子可能不过是他一眨眼的工夫。

迈克耳逊 - 莫雷实验（1887 年）、广义相对论（1915 年）、时间旅行（1949 年）、洛伦兹变换（1904 年）、$E=mc^2$（1905 年）、爱因斯坦的启发（1921 年）、狄拉克方程（1928 年）、快子（1967 年）

爱因斯坦的狭义相对论（Special Theory of Relativity，STR）是人类最伟大的智力成就之一。阿尔伯特 · 爱因斯坦在 26 岁时就采用了狭义相对论的一个关键基础——也就是说，真空中的光速与光源的运动无关，而且不管观察者如何运动，光速对他们来说都是一样的，这与声速完全不一样，声速会随着观察者的移动而改变，例如，相对声源移动的观察者来说声速会变快。光的这一特性使爱因斯坦推导出了同时性的相对性：在实验室的参照系中，一个坐在实验室坐标系的观察者所看到的同时发生的两个事件，对另一个相对其运动的参考系中的观察者而言是不同时的。

因为时间与运动的速度相关，所以永远不可能在宇宙的中心设立一个时钟，来让每个人校准自己的手表。对于以接近光速的速度远离地球的外星人而言，你的一辈子可能不过是他一眨眼的工夫，而一小时后他再回看，却发现你已经死了好几个世纪。（“相对论”这个词一定程度上源于这样一个事实：世界的表象取决于我们运动的相对状态——表象是“相对的”。）尽管人们对狭义相对论的奇怪结果已经理解了一个多世纪，但学生们仍然怀着敬畏和困惑的心情在学习它。然而，从微小的亚原子粒子直到星系，狭义相对论似乎都准确地描述了自然。

为了帮助理解狭义相对论的另一个论点，想象你自己在一架相对于地面匀速飞行的飞机上。这架飞机可以称为一个移动坐标系。相对论的原理使我们认识到，如果不往窗外看，你就不知道你走得多快，因为你看不见周围移动的景色，所以如你所知，你可能认为自己在一架处于相对地面静止的参照系的飞机上。■

$E = mc^2$

阿尔伯特·爱因斯坦（Albert Einstein，1879—1955）

1979 的苏联邮票，献给爱因斯坦和 $E = mc^2$。

放射性（1896 年）、狭义相对论（1905 年）、原子核（1911 年）、来自原子核的能量（1942 年）、能量守恒（1843 年）、恒星核合成（1946 年）、托卡马克（1956 年）

1905 年

作家大卫·博丹尼斯（David Bodanis）写道："一代代的人们在成长过程中都熟知方程 $E = mc^2$ 深深地改变了我们这个世界……它影响着一切，从原子弹到电视机的阴极射线管，再到史前画作的碳-14 年代测定。"当然，该方程的魅力，除了它的含义之外，还部分在于它的简洁性。物理学家格雷厄姆·法梅罗（Graham Farmelo）写道："伟大的方程与最优美的诗歌具有相同的非凡力量——诗歌是最简洁和充满感情的语言形式，正如伟大的科学方程是对于理解其所描述的物理现实方面的最简洁的形式一样。"

爱因斯坦在其发表于 1905 年的一篇短文中，基于狭义相对论的原理推导出了著名的方程式 $E = mc^2$，该方程有时也被称为质能方程。本质上，该方程表明一个物体的质量是其所含能量的"量度"。c 是真空中的光速，其值约为每秒 299 792 468 米。

根据 $E = mc^2$，放射性元素不断地将其质量转换为能量。该方程也被应用于原子弹的开发，它帮助人们更好地理解将原子核约束在一起的原子结合能，该能量可以决定核反应中所能释放的能量。

$E = mc^2$ 解释了为什么太阳会发光。在太阳中，4 个氢核（4 个质子）聚变成一个氦核，它的质量比组成它的 4 个氢核的总质量要小一些。核聚变反应将丢失的那部分质量转化为能量，让太阳照亮地球，从而形成生命。根据 $E = mc^2$，聚变过程中的丢失质量 m 转换成了能量 E。每秒钟，在太阳核心的聚变反应将大约 7 亿吨的氢合成为氦，从而释放出巨大的能量。■

光电效应

阿尔伯特 · 爱因斯坦（Albert Einstein，1879—1955）

这是用夜视设备拍摄的照片。在伊拉克拉马迪军营，美军伞兵使用红外激光和光学夜视仪进行训练。夜视镜利用光电效应产生的光电子发射来放大单光子的存在。

原子论（1808 年）、光的波动性（1801 年）、电子（1897 年）、狭义相对论（1905 年）、广义相对论（1915 年）、康普顿效应（1923 年）、量子电动力学（1948 年）、太阳能电池（1954 年）

1905 年

阿尔伯特 · 爱因斯坦提出了狭义相对论和广义相对论等伟大的理论，但让他获得诺贝尔奖的成就却是他对光电效应（photoelectric effect，PE）工作原理的解释，即特定频率的光照射在铜板时会致使它发射出电子。特别地，他认为光波包（现在称为光子）可以解释光电效应。例如，人们注意到高频光，如蓝光或紫外光，会导致电子发射，但低频的红光却不行。令人惊讶的是，即使是强烈的红光也不能导致电子发射。事实上，发射出的单个电子的能量随着照射光的频率（即颜色）的增加而增加。

光的频率如何成为光电效应的关键？爱因斯坦认为，光并非以其经典的波的形式发挥作用，光的能量是以波包（或称量子）的形式离散地出现的，一份能量等于光的频率乘以一个常数（后来被称为普朗克常数）。如果光子低于阈值频率，它就没有足够的能量撞出一个电子。如果用一个简单的比喻来说明低能量红色光量子，可以把它想象成豌豆，无论你向保龄球扔多少豌豆，保龄球都不会因此被敲落一块碎片！爱因斯坦对光子能量的解释似乎解释了许多观察结果，例如对于某种给定的金属，对入射光存在一个特定的最小频率，如果低于这个频率就不能激发出光电子。今天许多设备，如太阳能电池，依靠光能转换成电流来产生能量。

1969 年，美国物理学家提出，人们可以不用光子的概念来解释光电效应；因此，光电效应并没有提供光子存在的确凿证据。然而，20 世纪 70 年代对光子统计特性的研究为电磁场明显的量子本质提供了实验验证。■

141

高尔夫球窝

罗伯特·亚当斯·帕特森（Robert Adams Paterson，1829—1904）

如今，大多数高尔夫球都有 250 ～ 500 个窝，可以将高尔夫球的“阻力感”减少一半。

大炮（1132 年）、棒球弧线球（1870 年）、卡门涡街（1911 年）

1905 年

对于高尔夫球手来说最糟糕的噩梦可能是沙障，而最好的朋友则是高尔夫球上的那些可以让球在球道上飞得更远的窝。1848 年，牧师罗伯特·亚当斯·帕特森博士用萨波迪利亚树的脱水树脂发明了古塔胶球。打高尔夫球的人注意到，球上的小划痕或缺口可以增加高尔夫球的飞行距离，很快，球的制造者就使用锤子来增加缺口。到 1905 年，几乎所有的高尔夫球都被加上了窝。

今天我们知道，带窝球比光滑球飞得更远，是多种因素共同作用的结果。首先，窝延迟了球在飞行时与周围的空气边界层的分离。因为紧贴着的空气的附着时间更长，它产生了一个更窄的低压尾流（扰动空气）跟在球的后面，相对于光滑球能减少更多阻力。其次，当高尔夫球杆击打球时，它通常会产生一个下旋使球通过马格努斯效应（Magnus effect）产生升力，在该效应中，流过球的空气速度的增加会在旋转的球的顶部产生一个相对于底部的低压区。窝的存在会增强马格努斯效应。

如今，大多数高尔夫球都有 250 ～ 500 个窝，这些窝可以减少一半的阻力。研究表明，具有锐利边缘的多边形形状，如六边形的窝，比光滑的圆形窝更能减少阻力。各种正在进行的研究使用超级计算机模拟空气流动，以寻求完美球窝的形状和排列方式。

在 20 世纪 70 年代，波拉拉（Polara）牌高尔夫球有一个不对称的球窝排列，这有助于抵消导致左曲球和右曲球的侧向旋转。然而，美国高尔夫球协会禁止它参加锦标赛，协会认为它将“降低打高尔夫所需的技能”。该协会还增加了一项对称性规则，要求无论在球表面的哪个位置击球，其表现本质上都必须是一样的。波拉拉因此对协会提起诉讼，最终得到 140 万美元赔偿金，条件是将该球下市。■

热力学第三定律

瓦尔特·能斯特（Walther Nernst，1864—1941）

来自布莫让星云（Boomerang Nebula）中一个老化的中心恒星的气体迅速膨胀，使星云气体中的分子冷却到绝对零度以上 1 度，这让它成为在遥远的宇宙中观测到的最冷的区域。

海森堡不确定性原理（1927 年）、热力学第二定律（1850 年）、能量守恒（1843 年）、卡西米尔效应（1948 年）

幽默作家马克·吐温（Mark Twain）曾经讲过这样一个疯狂的故事：天气冷得连水手的影子都冻在甲板上了！环境究竟可以变得多冷？

从经典物理学的角度来看，热力学第三定律表明，当一个系统接近绝对零度（−459.67 °F，或 −273.15 °C）时，所有过程都会停止，这个系统的熵也会接近最小值。这一定律是由德国化学家瓦尔特·能斯特在 1905 年提出的，其表述如下：当系统的温度接近绝对零度时，系统的熵或无序度 S 就会接近一个常数 S_0。经典的说法是，如果温度可以降到绝对零度，纯粹完美的晶体物质的熵就是零。

用经典的分析方法，在绝对零度下所有的运动都将停止。然而，量子力学的零点运动使系统在其可能的最低能量状态（即基态）下有可能在空间的扩展区域被发现。因此，即使是在绝对零度，两个结合在一起的原子也不会保持特定的距离不动，而是可以被认为是彼此间正在经历快速的振动。我们不说原子是静止的，而是说它处于一种不能再除去任何能量的状态；剩余的能量称为零点能量。

物理学家用“零点运动”这个术语来描述固体中的原子——即使是超冷的固体——也不会保持在精确的几何格子点上；相反，它们的位置和力矩都存在概率分布。令人惊讶的是，科学家们已经能够通过冷却一块铑金属来达到 100 皮开（高于绝对零度 0.000 000 000 1 度）的温度。

用任何有限的过程使物体冷却到绝对零度都是不可能的。物理学家詹姆斯·特雷菲尔（James Trefil）所说：“热力学第三定律告诉我们，无论我们多么聪明，我们都无法越过将我们与绝对零度隔开的最后一道屏障。”■

真空管

李·德·福瑞斯特（Lee De Forest，1873—1961）

美国无线电公司的 808 功率真空管。20 世纪 20 年代，真空管的发明推动了电子工业的发展，使广播电台得以进入公众的视野。

白炽灯泡（1878 年）、晶体管（1947 年）

2000 年 12 月 8 日，美国工程师杰克·基尔比（Jack Kilby）在他的诺贝尔奖演讲中指出："真空管的发明推动了电子工业的发展……这些在真空中控制电子流动的设备最初用于放大音频和其他设备的信号。这使得广播电台在 20 世纪 20 年代得以进入大众视野。真空管被逐渐扩展应用到其他设备中，1939 年，真空管第一次被用作计算机的开关电路。"

1883 年，发明家托马斯·爱迪生（Thomas Edison）注意到，在一个白炽灯泡实验中，电流可以从热灯丝"跳"到另一块金属板上，这是真空管的原始版本。后来美国发明家李·德·福瑞斯特在 1906 年发明了电子三极管，它不仅可以使电流向一个方向流动，而且可以用作音频和无线电等信号的放大器。他在电子管里放置了一个金属栅极，使用一个小电流来改变栅极上的电压，控制通过电子管的另一个更大的电流的变化。贝尔实验室在其"从东海岸到西海岸"的电话系统中就利用了这一功能，很快，这种电子管就被用于其他设备，如无线电等。真空管还可以将交流电流转换成直流电流，并为雷达系统产生振荡射频的射频功率。德·福瑞斯特的电子管没有被抽空，但强真空的引入被证明有助于制造出一种更有用的放大装置。

晶体管是在 1947 年被发明的，在接下来的十年里，大多数具有张大功能应用的电子管都被更低成本和更可靠的晶体管所取代。早期的计算机使用真空管。例如，电子数字积分计算机（ENIAC），第一台可以用来解决大量计算问题的电子可编程数字计算机，于 1946 年问世，含有超过 17 000 个真空管。由于真空管故障更容易发生在预热期间，所以机器很少关闭，这样可以将真空管损坏率减少到每两天一个。■

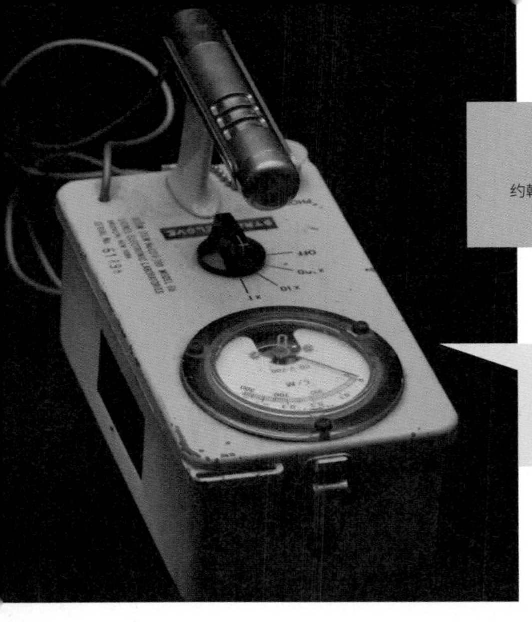

盖革计数器

约翰内斯·威廉·盖革（Johannes Wilhelm Geiger，1882—1945）
瓦尔特·米勒（Walther Müller，1905—1979）

盖革计数器可以发出示意有辐射的滴答声，还包含一个可以显示辐射强度的刻度盘。地质学家有时利用盖革计数器来确定放射性矿物的位置。

放射性（1896 年）、威尔逊云室（1911 年）、原子核（1911 年）、薛定谔的猫（1935 年）

1908 年

在 20 世纪 50 年代的冷战期间，美国承包商提供了安放在后院的屏蔽放射性的豪华掩蔽室，里面配有双层床、一部电话和一个用于检测辐射的盖革计数器。那个时代的科幻电影的特点是辐射创造的巨大怪物，以及滴答作响的盖革计数器。

自 20 世纪初以来，科学家们一直在寻找探测放射性的技术，这种放射性指的是由不稳定的原子核释放出的粒子。其中最重要的检测设备之一便是盖革计数器，它最初是由约翰内斯·盖革于 1908 年发明的，随后在 1928 年由盖革和瓦尔特·米勒改进。盖革计数器由一个密封金属圆筒和内部的中心导线组成，圆筒的一端装有云母或玻璃窗，中心导线和金属筒连接到外面的高压电源上。当辐射穿过窗口时，它会在圆筒内的气体中产生离子对（带电粒子）。离子对的正离子被吸引到带负电荷的圆柱体（阴极）上。带负电荷的电子被吸引到中心导线（即阳极）上，并在阳极和阴极上产生轻微可测的电压降。大多数探测器将这些电流脉冲转换成可听见的滴答声。然而，遗憾的是，盖革计数器不能提供检测到的辐射的类型和粒子的能量信息。

多年来，辐射探测器得到了改进，包括电离计数器和比例计数器，可以用来识别照射到设备的辐射种类。在圆柱中存在三氟化硼气体的情况下，盖革-米勒计数器可以得到改进，使它对非电离辐射（如中子）的探测更加敏感。中子和硼原子核的反应产生了 α 粒子（带正电的氦原子核），因此中子可以像其他带正电的粒子一样被探测到。

盖革计数器便宜、便携且坚固。它们经常被用于地球物理、核物理、医学治疗和那些可能发生辐射泄漏的环境中。■

韧致辐射

威廉·康拉德·伦琴（Wilhelm Conrad Röntgen，1845—1923）
尼古拉·特斯拉（Nikola Tesla，1856—1943）
阿诺尔德·索末菲（Wilhelm Sommerfeld，1868—1951）

大型太阳耀斑产生 X 射线和 γ 射线连续辐射的部分原因是韧致辐射效应。此图展示的是 NASA 2002 年发射的“RHESSI”号宇宙飞船，它正在观测太阳的 X 射线和 γ 射线。

夫琅和费谱线（1814 年）、X 射线（1895 年）、宇宙射线（1910 年）、原子核（1911 年）、康普顿效应（1923 年）、切伦科夫辐射（1934 年）

韧致辐射（bremsstrahlung），又称“制动辐射”，是指带电粒子（如电子）在原子核的强电场作用下突然减慢速度时所产生的 X 射线或其他电磁辐射。韧致辐射现象在物理学的很多领域都有，从材料科学到天体物理学。

考虑 X 射线管中高能电子（high-energy electrons，HEEs）轰击金属靶发射 X 射线的例子。当高能电子与目标碰撞时，靶标中的电子会从原子的内部被撞出。其他电子可能会进入这些空位，然后 X 射线光子以目标原子内不同能级之间能量差异的特有波长发射出来。这种辐射被称为特征 X 射线。

金属靶所能发射的另一种 X 射线是当电子在与靶碰撞时突然减速时所产生的韧致辐射。事实上，任何加速或减速的电荷都会释放韧致辐射。由于减速速率可能非常大，所发射的辐射可能在 X 射线谱中具有较短波长。与典型的 X 射线不同，韧致辐射具有连续的波长范围，因为减速可以以多种方式发生——从与原子核正面碰撞到被带正电的原子核多次偏转。虽然物理学家威廉·伦琴在 1895 年发现了 X 射线，尼古拉·特斯拉甚至更早就开始观察 X 射线，但对特征线谱和叠加的连续韧致辐射谱的单独研究直到多年以后才开始进行。物理学家阿诺尔德·索末菲在 1909 年创造了韧致辐射这个术语。

韧致辐射在宇宙中无处不在。宇宙射线在地球大气层中，与原子核碰撞、减速并产生韧致辐射后，损失了一些能量。太阳 X 射线是由于太阳中的快速电子穿过太阳大气层时减速产生的。此外，当 β 衰变（一种放射出电子或正电子，也被称为 β 粒子的放射性衰变）发生时，β 粒子可能会受到自身的一个原子核偏转而产生的内部韧致辐射。■

宇宙射线

特奥多尔 · 武尔夫（Theodor Wulf，1868—1946）
维克多 · 弗朗西斯 · 赫斯（Victor Francis Hess，1893—1964）

宇宙射线可能会损害电子集成电路的元件。举例来说，20世纪90年代有研究表明，每个月大约有一例宇宙射线引起的 256 兆 RAM（计算机内存）错误。

韧致辐射（1909 年）、集成电路（1958 年）、伽马射线暴（1967 年）、快子（1967 年）

1910 年

皮埃尔 · 俄歇宇宙射线观测站（Pierre Auger Cosmic Ray Observatory）的科学家们这样写道："宇宙射线研究的历史是一部科学的冒险史。一个世纪以来，宇宙射线的研究者们或攀越重重山岭，或前往天涯海角，只为理解这些自太空飞驰而来的粒子。"

这些轰击地球的高能宇宙射线粒子中有近 90% 是质子，其余的则是氦核（α 粒子）、电子和少量更重的原子核。粒子能量的多样性表明宇宙射线有多种来源，从太阳耀斑到太阳系外流向地球的银河系宇宙射线。当宇宙射线粒子进入地球的大气层时，它们与氧分子和氮分子发生碰撞，产生了由大量较轻的粒子组成的粒子雨，或者称为"簇射"。

宇宙射线是在 1910 年由德国物理学家兼耶稣会牧师特奥多尔 · 武尔夫发现的，他使用静电计（一种探测高能带电粒子的仪器）监测埃菲尔铁塔塔底和塔顶的辐射。如果辐射源在地面，则他离地面越远，探测到的辐射就应该越少。令他吃惊的是，塔顶的辐射水平高于预期。1912 年，奥地利裔美国物理学家维克多 · 赫斯将探测器装上气球，飞到 5300 米的高空，发现辐射水平增加到地面的四倍。

宇宙射线曾被创造性地称为"来自外太空的杀手射线"，因为它们可能导致每年超过 10 万人死于癌症。它们还有足以破坏电子集成电路的能量，并且可以造成计算机内存中的数据错误。超高能量的宇宙射线事例非常奇怪，因为它们的到达方向并不总是表明它们有一个特定的来源；不过，超新星和大质量恒星的恒星风有可能加速宇宙射线粒子。■

超导电性

海克·卡末林·昂内斯（Heike Kamerlingh Onnes，1853—1926）
约翰·巴丁（John Bardeen，1908—1991）
卡尔·亚历山大·米勒（Karl Alexander Müller，1927— ）
利昂·N. 库珀（Leon N. Cooper，1930— ）
约翰·罗伯特·施里弗（John Robert Schrieffer，1931—2019）
约翰内斯·格奥尔格·贝德诺尔茨（Johannes Georg Bednorz，1950— ）

2008 年，美国能源部布鲁克海文国家实验室（Brookhaven National Laboratory）的物理学家们在两种铜酸盐材料的双层薄膜中发现了界面高温超导电性，这种材料具有制造高效电子设备的潜力。在这张艺术再现图中，这些薄膜被一层一层地制造出来。

氦的发现（1868 年）、热力学第三定律（1905 年）、超流体（1937 年）、核磁共振（1938 年）

1911 年

科学记者乔安妮·贝克（Joanne Baker）写道："在极低的温度下，一些金属以及合金可以无电阻地导电。这些超导体中的电流可以流动数十亿年而不损失任何能量。当电子成对耦合在一起运动时，避免了可能产生电阻的碰撞，它们接近了永恒运动的状态。"

事实上，有很多金属在冷却到临界温度以下时电阻率为零。这种被称为超导电性（又称为超导性）的现象，是荷兰物理学家海克·昂内斯于 1911 年发现的，当他将水银样品冷却到 4.2 K（-269°C）时，他观察到其电阻骤降为零。理论上，这意味着电流可以在没有外部电源的情况下，永远地绕着超导导线的回路流动。1957 年，美国物理学家约翰·巴丁、利昂·库珀和罗伯特·施里弗确定了电子是如何成对的，以及如何能够忽略了它们周围的金属：可以将金属晶格中的带正电的原子核的排列想象为窗子的金属格子。再想象一个带负电荷的电子在原子之间快速移动，通过拉拽它们产生一种扭曲。这种扭曲吸引第二个电子跟随第一个电子；它们成对一起旅行，总的来说遇到的阻力更小。

1986 年，格奥尔格·贝德诺尔茨和亚历山大·米勒发现了一种在大约 35 K（-238°C）工作的超导材料，1987 年又发现了另一种可以在 90 K（-183°C）工作的超导材料。如果能发现在室温下工作的超导体，则可以打造出高性能的电力传输系统从而节省大量的能源。超导体也会排斥所有的外加磁场，这使得工程师们可以制造出磁悬浮列车。超导体还可以用于在医院的核磁共振成像扫描仪中的强力电磁铁。■

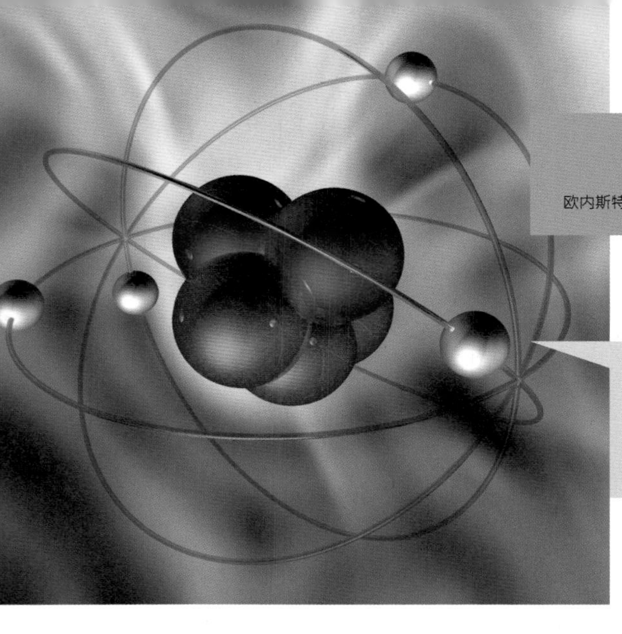

原子核

欧内斯特·卢瑟福（Ernest Rutherford，1871—1937）

对原子中心核的经典模型的艺术再现。在这个图中只能看到一些核子（质子和中子）和电子。在实际的原子中，原子核的直径比整个原子的直径要小得多。现代对周围电子的描述通常把它们描绘成代表概率密度的电子云。

原子论（1808 年）、电子（1897 年）、$E = mc^2$（1905 年）、玻尔原子模型（1913 年）、回旋加速器（1929 年）、中子（1932 年）、核磁共振（1938 年）、来自原子核的能量（1942 年）、恒星核合成（1946 年）

1911 年

今天，我们知道原子核由质子和中子组成，是原子中心非常密集的区域。然而，在 20 世纪初期，科学家们并不知道原子核的存在，他们认为原子是一个带正电的物质构成的弥漫的网状物，其中带负电的电子就像蛋糕里的樱桃一样嵌入其中。欧内斯特·卢瑟福和他的同事们在向一层薄薄的金箔发射一束 α 粒子后发现了原子核，彻底推翻了这个模型。绝大部分的 α 粒子（我们今天称之为氦核）都穿过了箔层，但也有一些直接反弹回来。卢瑟福后来说，这是“我经历过的最不可思议的事情……这几乎就像你朝一张纸巾发射了一个 15 英寸的炮弹，然后它又反弹回来击中你一样不可思议”。

原子的樱桃蛋糕模型是某种物质均匀分布在金箔上的一种比喻，但它无法解释这种反弹行为。科学家们可能会观察到 α 粒子的减速，就像子弹穿过水中一样。他们没有想到原子会有一个像桃子核那样的“硬核”。1911 年，卢瑟福宣布了一个我们今天所熟悉的模型：一个原子由带正电的原子核和环绕在周围的电子组成。考虑到 α 粒子与原子核碰撞的频率，卢瑟福可以用原子的大小来估计原子核的大小。作家约翰·格里宾（John Gribbin）写道，“原子核的直径是整个原子的十万分之一，如果原子有伦敦圣保罗大教堂的穹顶那么大，原子核则只相当于一个针头的大小……因为地球上的一切都是由原子构成的，那就意味着你自己的身体，以及你所坐的椅子等，都是由比‘实体物质’多几百亿倍的空间构成的”。■

卡门涡街

亨利·贝纳尔（Henri Bénard，1874—1939）
西奥多·冯·卡门（Theodore von Kármán，1881—1963）

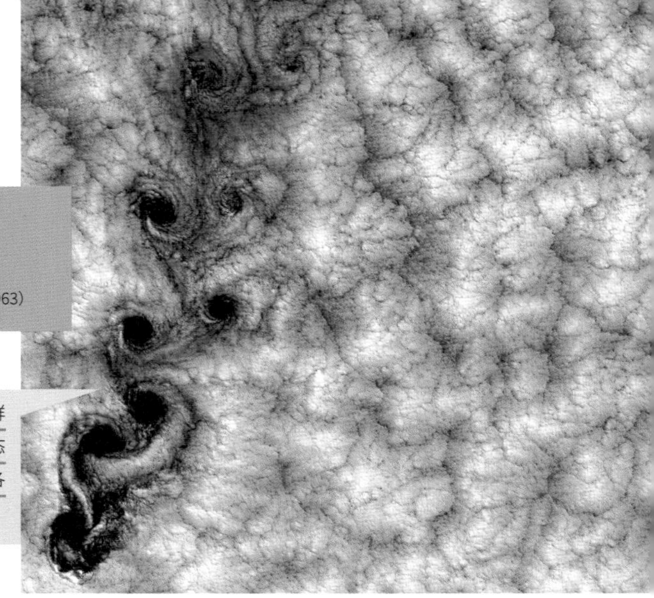

这是陆地卫星7号拍摄的位于胡安·费尔南德斯群岛附近智利海岸的云层中的卡门涡街。对这些形态的研究有助于理解从飞机机翼行为到地球天气等各种现象中所涉及的气流。

伯努利流体动力学定律（1738年）、棒球弧线球（1870年）、高尔夫球窝（1905年）、风速最快的龙卷风（1999年）

1911年

物理学中最美丽的视觉现象可能也是最危险的。卡门涡街是由于流体在“阻流体”上流过时不稳定分离而形成的一组重复的旋涡，阻流体是诸如圆柱形、大迎角翼型或一些再入飞行器的形状的钝体。作家张纯如（Iris Chang）描述了匈牙利物理学家西奥多·冯·卡门研究得到的现象：“他在1911年通过数学分析发现存在一种气动阻力的来源，当气流从机翼或螺旋桨面的两侧脱离时会形成平行的旋涡流，并产生气动阻力。这种如今被称为卡门涡街的现象，几十年来一直被用来解释潜艇、无线电发射塔、输电线的振动……”

有许多方法可以减少来自柱状物体的不必要的振动，例如工业烟囱、汽车天线和潜艇潜望镜。其中一种方法采用螺钉状的突起来减少旋涡的交替脱落。旋涡可以导致高塔倒塌，同时它们也是汽车和飞机显著而不受欢迎的风阻来源。

这些旋涡有时可以在支撑桥梁的立柱下的河流中观察到，或者当一辆汽车驶过街道时，在地面上的落叶的小幅圆周运动中观察到。其中最美丽的景象出现在云层穿过地球表面巨大的障碍物，比如高大的火山岛时。类似的旋涡可以帮助科学家研究其他行星的气候。

冯·卡门提及他的理论时称“这是我很荣幸能与之同名的理论”，根据作家伊什特万·哈吉泰（István Hargittai）的说法：“他认为这个发现比发现者更重要。大约20年后，法国科学家亨利·贝纳尔声称他更先发现了涡街效应，冯·卡门却并没有提出抗议。相反，他以特有的幽默建议在伦敦和巴黎的亨利·贝纳尔大道应该更名为卡门涡街。”■

威尔逊云室

查尔斯·汤姆逊·里斯·威尔逊（Charles Thomson Rees Wilson，1869—1959）
亚历山大·朗斯多夫（Alexander Langsdorf，1912—1996）
唐纳德·亚瑟·格拉泽（Donald Arthur Glaser，1926—2013）

1963 年，这座位于美国布鲁克海文国家实验室的气泡室是世界上同类型中最大的粒子探测器。在这个探测器上最著名的发现是 Ω–粒子。

盖革计数器（1908 年）、反物质（1932 年）、中子（1932 年）

1911 年

1927 年，物理学家查尔斯·威尔逊在他的诺贝尔奖晚宴上描述了他对多云的苏格兰山顶的喜爱："每天清晨，我看到太阳从云海中升起，群山的影子落在山腰的云层之上，周围环绕着绚丽的彩色圆圈。我所看到的美景使我爱上了云……"谁能想到，威尔逊对云雾的热情会被用来揭示反物质（正电子）—— 以及其他粒子 —— 的第一种形式并永远地改变粒子物理学的世界呢?

威尔逊在 1911 年完善了他的第一个云室（cloud chamber）。首先，云室内充满了水蒸气。接下来，通过一个隔膜的扩张运动降低压力，使里面的空气膨胀。这样也冷却了空气，创造出有利于凝结的条件。当一个粒子通过云室时，水蒸气凝结在产生的离子（带电粒子）上，粒子的踪迹便在蒸汽云中显现出来。例如，当一个 α 粒子（带正电的氦核）穿过云室时，它会将气体中的原子的电子剥离，暂时留下带电的原子。水蒸气易于在这些离子上积聚，留下一条纤细的雾带，令人联想起拉烟的飞机。如果在云室上施加一个均匀的磁场，带正电和负电的粒子就会向相反的方向偏转。偏转的曲率半径可以用来确定粒子的动量。

云室只是一个开始。1936 年，物理学家亚历山大·朗斯多夫开发了扩散云室，与传统的云室相比，扩散云室采用了更低的温度，并使其对更长期的辐射探测更为灵敏。1952 年，物理学家唐纳德·格拉泽发明了气泡室（bubble chamber）。与传统的云室相比，这种气泡室用粒子穿过液体时产生气泡，能够更好地揭示高能粒子的轨迹。更后来的火花室（spark chamber）则采用电线网格通过探测火花来监测带电粒子。■

151

造父变星测量宇宙

亨丽埃塔·斯旺·莱维特（Henrietta Swan Leavitt，1868—1921）

（左图）亨丽埃塔·莱维特的肖像。
（右图）哈勃空间望远镜拍摄的旋涡星系 NGC 1309。通过测量这个星系的造父变星的光输出，科学家可以精确地测定它到地球的距离，是 1 亿光年或 3000 万秒差距。

埃拉托色尼测量地球（公元前 240 年）、测量太阳系（1672 年）、恒星视差（1838 年）、哈勃望远镜（1990 年）

1912 年

诗人约翰·济慈（John Keats）在写下“明亮的星星，我祈求如你一般坚定不移”的诗句时并没有意识到，有些恒星会以几天到几周为周期忽明忽暗。造父变星的周期（从极暗到极亮再到极暗的一个循环的时间）与其光度成正比。利用一个简单的距离公式，就可以拿光度来估算星际和星系际距离。美国天文学家亨丽埃塔·莱维特发现了造父变星的周期与光度之间的关系，因此，她或许是第一个发现如何计算地球到河外星系距离的人。1902 年，莱维特成为哈佛大学天文台的固定员工，她把时间花在研究麦哲伦云变星的照相底片上。1904 年，她使用一种叫作叠置的费时流程，在麦哲伦云中发现了数百个变星。这些发现促使普林斯顿大学的查尔斯·扬（Charles Young）教授写道：“莱维特女士真是个变星迷，人们都要跟不上新发现的潮流了。”

莱维特最伟大的发现就是她确定了 25 颗造父变星实际周期。1912 年，她写下著名的周期–光度的关系：“对应着极大值和极小值的两列点中的每一列上都可以轻易地画一条直线将点连起来，因此表明，这些变星的亮度和周期之间有一种简洁的关系。”莱维特还意识到，“由于这些变星到地球的距离可能差不多是相同的，它们的周期显然与它们实际发出的光有关，这是由它们的质量、密度和表面亮度决定的。”不幸的是，在工作完成之前，她就因癌症英年早逝。1925 年，瑞典科学院的米塔格–莱费尔（Mittag-Leffler）教授在完全不知道她死讯的情况下，寄给她一封信，表示他决定提名她参选诺贝尔物理学奖。然而，由于诺贝尔奖从不在科学家过世后授予，莱维特与这项荣誉失之交臂。■

布拉格晶体衍射定律

威廉·亨利·布拉格（William Henry Bragg，1862—1942）
威廉·劳伦斯·布拉格（William Lawrence Bragg，1890—1971）

（上图）布拉格定律最终引发了对例如 DNA 等的大分子晶体结构的 X 射线散射的研究。（下图）硫酸铜照片。1912 年，物理学家马克斯·冯·劳厄用 X 射线记录了一颗硫酸铜晶体的衍射图样，发现了许多清晰的斑点。在 X 射线实验之前，晶体中原子晶格面之间的间距并未被精确地测量。

光的波动性（1801 年）、X 射线（1895 年）、全息图（1947 年）、看见单个原子（1955 年）、准晶体（1982 年）

X 射线晶体学家桃乐茜·克劳富特·霍奇金（Dorothy Crowfoot Hodgkin）的研究工作依赖于布拉格晶体衍射定律（Bragg' s Law of Crystal Diffraction），她曾写道：“我一生都被化学和晶体所占据。”1912 年，英国物理学家威廉·亨利·布拉格爵士和他的儿子威廉·劳伦斯·布拉格爵士发现了布拉格定律，该定律解释了在晶体表面产生电磁波衍射的实验结果。布拉格定律为研究晶体结构提供了有力的工具。例如，当 X 射线对准晶体表面时，它们会与晶体中的原子相互作用，导致原子重新辐射出可能与先前相干涉的电磁波。根据布拉格定律：$n\lambda=2d\sin(\theta)$，当 n 是整数时，干涉会加强。在这里，λ 是入射电磁波的波长（例如 X 射线）；d 是晶体中原子晶格的平面间的距离；而 θ 角是入射光与散射面的夹角。

例如，X 射线穿过晶体表层，然后在下一层反射，并在离开表面之前以相同的距离传播回来。移动的距离取决于层之间的距离以及 X 射线进入材料的角度。为了使反射波达到最大强度，必须使两种波保持同相以产生“相长干涉”。当 n 为整数时，两种波在反射后仍保持同样的相位。例如，当 $n = 1$ 时，存在“一阶”反射。对于 $n = 2$，存在“二阶”反射。如果只有两行参与衍射，那么随着 θ 值的变化，相长干涉将逐渐变为相消干涉。然而，如果出现多行干涉，则相长干涉的波峰会变得尖锐，而波峰之间则是相消干涉。

布拉格定律可用于计算晶体原子面间距和测量辐射波长。对晶体中的 X 射线波干涉的观察，通常被称为 X 射线衍射，为几个世纪以来所假定的晶体的周期性原子结构提供了直接的证据。■

玻尔原子模型

尼尔斯·亨里克·达维德·玻尔（Niels Henrik David Bohr，1885—1962）

这些位于马其顿奥赫里德的圆形剧场座椅，隐喻了玻尔的电子轨道。根据玻尔的观点，电子不可能在离原子核任意距离的轨道上运行；相反，电子被限制在与离散能级相关的特定电子壳层上。

电子（1897 年）、原子核（1911 年）、泡利不相容原理（1925 年）、薛定谔波动方程（1926 年）、海森堡不确定性原理（1927 年）

1913 年

物理学家阿米特·戈斯瓦米（Amit Goswami）写道："有人说，一提起希腊语就想起荷马的作品，同样一说到量子理论就会想到丹麦物理学家尼尔斯·玻尔 1913 年发表的研究成果。"玻尔知道带负电荷的电子很容易从原子中移走，而带正电荷的原子核占据了原子的中心部分。在玻尔原子模型中，原子核像中心太阳，电子像行星一样绕轨道运行。

这样一个简单的模型肯定会有问题。例如，一个围绕原子核旋转的电子可能会发射电磁辐射。当电子失去能量时，它会衰落并落入原子核中。为了避免原子坍塌以及解释氢原子各种发射光谱，玻尔假设电子不可能在与原子核任意距离的轨道上运行。相反，它们被限制在特定的允许轨道或壳层上。电子就像爬梯子或从梯子上下来一样，当电子得到能量提升时，它可以跳跃到更高的能级或壳层，或者它可以下降到更低的壳层。只有当原子吸收或发射出具有特定能量的光子时，电子才会发生这种壳层之间的跳跃。今天我们知道，这个模型有很多缺点，而且它不适用于较大的原子，还违反了海森堡测不准原理，因为这个模型使用了在确定半径轨道上具有确定质量和速度的电子。

物理学家詹姆斯·特雷菲尔（James Trefil）写道："今天，我们不再认为电子是围绕原子核旋转的微观行星，而是把它们看作在轨道上流动的概率波，受薛定谔方程支配，就像某种甜甜圈形状的潮汐池中的水一样…… 然而，现代量子力学原子的基本图景是在 1913 年绘制的，当时尼尔斯·玻尔的见解有重大意义。"后来矩阵力学——量子力学的第一个完整定义——取代了玻尔模型，它更好地描述了原子的能级跃迁。■

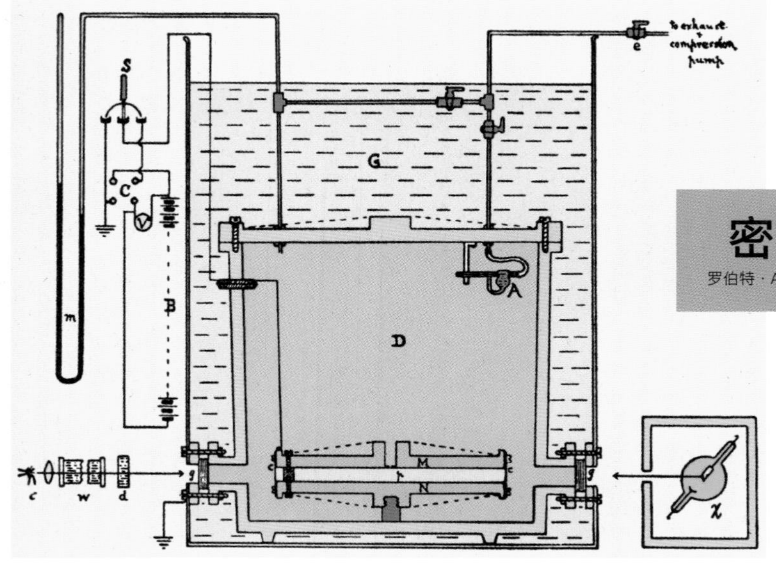

密立根油滴实验

罗伯特 · A. 密立根（Robert A. Millikan，1868—1953）

这是 1913 年密立根实验论文中的图。雾化器（A）将油滴引入容器 D，在平行板 M 和 N 之间施加电压，观察 M 和 N 之间的油滴。

库仑静电定律（1785 年）、电子（1897 年）

1913 年

美国物理学家罗伯特 · 密立根在 1923 年诺贝尔奖演讲中向全世界宣布，他已经探测到了单个电子。密立根提起自己的油滴实验时说：“看到过那个实验的人，确实看到了电子。”在 20 世纪初，为了测量单个电子的电荷，密立根将油滴的细雾喷进一个顶部和底部都有金属板并施加电压的容器中。由于一些油滴通过与喷嘴的摩擦获得电子，它们被吸引到正极板上。单个带电液滴的质量可以通过观察它下落的速度来计算。事实上，如果密立根调整金属极板之间的电压，带电的液滴就可以在极板之间保持静止。悬浮液滴所需的电压以及液滴质量的数据被用来确定液滴上的总电荷。通过多次进行这个实验，密立根确定油滴所带电荷值并不是连续的，而是表现为某个最小值的整数倍，这个最小值就是他宣布一个单独的电子电荷（约 1.592×10^{-19} 库仑）。密立根在测量中使用了错误的空气黏度值，他得出的数值略低于今天的实际值 1.602×10^{-19}。

作家保罗 · 提普勒（Paul Tipler）和拉尔夫 · 卢埃林（Ralph Llewellyn）写道：“密立根对电子电荷的测量是物理学中为数不多的真正重要的实验之一，它简单而直接，堪称物理实验的典范。请注意，虽然我们已经能够测量量子化电荷的值，但是上述实验并没有解释为什么它会有这个值，我们现在也不知道这个问题的答案。”■

广义相对论

阿尔伯特 · 爱因斯坦（Albert Einstein，1879—1955）

爱因斯坦认为引力是由时空中的质量引起的时空弯曲而导致的结果。质量扭曲了时间和空间。

牛顿运动定律和万有引力定律（1687 年）、黑洞（1783 年）、时间旅行（1949 年）、厄特沃什重力梯度测量（1890 年）、狭义相对论（1905 年）、蓝道尔-桑德拉姆膜（1999 年）

1915 年

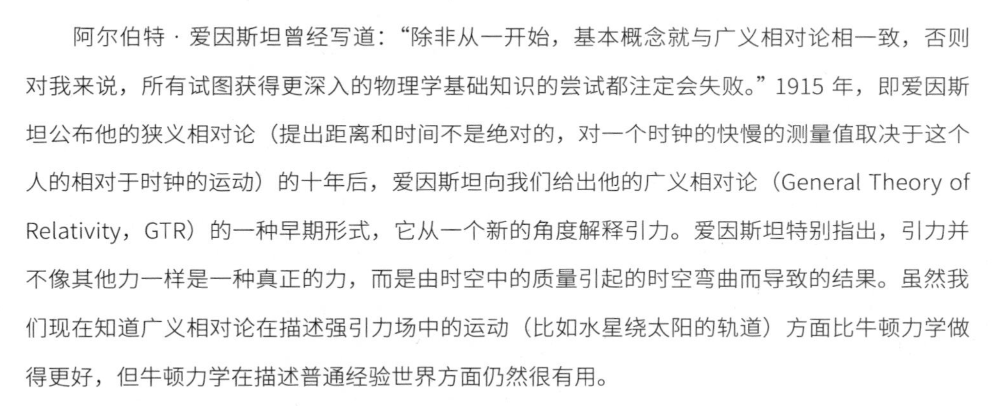

阿尔伯特 · 爱因斯坦曾经写道："除非从一开始，基本概念就与广义相对论相一致，否则对我来说，所有试图获得更深入的物理学基础知识的尝试都注定会失败。" 1915 年，即爱因斯坦公布他的狭义相对论（提出距离和时间不是绝对的，对一个时钟的快慢的测量值取决于这个人的相对于时钟的运动）的十年后，爱因斯坦向我们给出他的广义相对论（General Theory of Relativity，GTR）的一种早期形式，它从一个新的角度解释引力。爱因斯坦特别指出，引力并不像其他力一样是一种真正的力，而是由时空中的质量引起的时空弯曲而导致的结果。虽然我们现在知道广义相对论在描述强引力场中的运动（比如水星绕太阳的轨道）方面比牛顿力学做得更好，但牛顿力学在描述普通经验世界方面仍然很有用。

根据广义相对论，空间中任何存在质量的地方，都会扭曲空间。想象一个保龄球放在一张橡胶薄片上。这是一种方便的、了解恒星对宇宙结构影响的可视化方法。如果你把一颗弹珠放置于这个拉伸的橡胶薄片中形成的凹陷旁边，并给弹珠一个侧向推力，它会绕着保龄球旋转一段时间，就像一颗行星绕着太阳转一样。保龄球将橡胶薄片弯曲就好比一个星星将时空弯曲一样。

广义相对论可以用来理解引力如何令时间产生弯曲而变慢。在许多情况下，广义相对论似乎也允许时间旅行的发生。

爱因斯坦还提出引力效应以光速传播。因此，如果太阳突然脱离太阳系，地球在大约八分钟后才会离开绕日轨道，这是光从太阳到地球所需要的时间。如今，许多物理学家认为，引力必须被量子化，并以引力子的形式出现，就像光以光子的形式出现一样，光子是电磁波的微小量子包。■

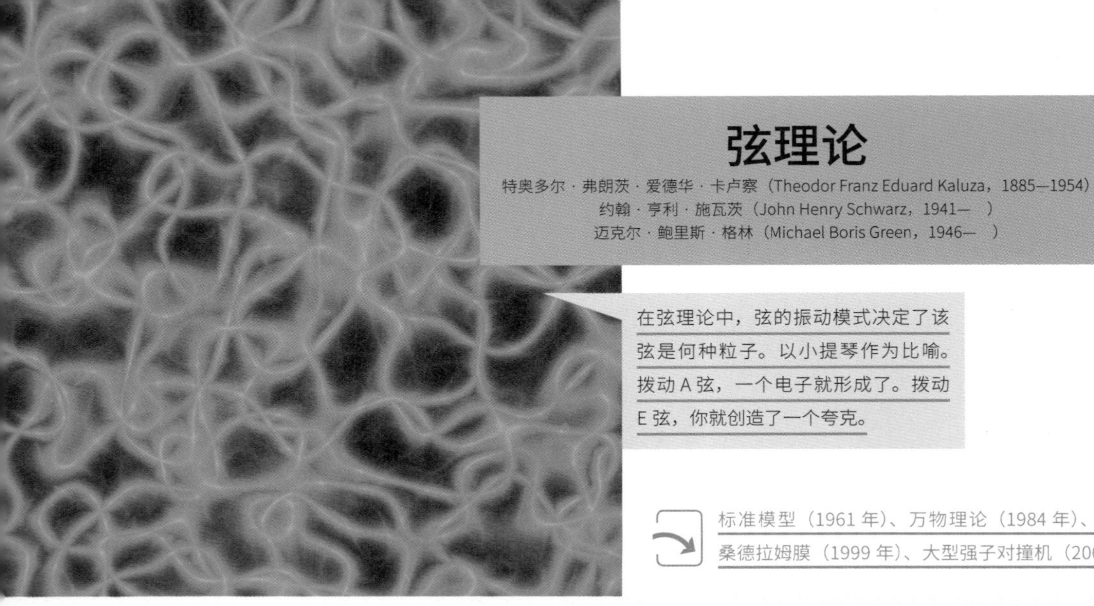

弦理论

特奥多尔·弗朗茨·爱德华·卡卢察（Theodor Franz Eduard Kaluza，1885—1954）
约翰·亨利·施瓦茨（John Henry Schwarz，1941— ）
迈克尔·鲍里斯·格林（Michael Boris Green，1946— ）

在弦理论中，弦的振动模式决定了该弦是何种粒子。以小提琴作为比喻。拨动 A 弦，一个电子就形成了。拨动 E 弦，你就创造了一个夸克。

标准模型（1961 年）、万物理论（1984 年）、蓝道尔-桑德拉姆膜（1999 年）、大型强子对撞机（2009 年）

数学家迈克尔·阿蒂亚（Michael Atiyah）写道：“弦理论中涉及的数学……在微妙和复杂程度上……大大超过了先前在物理理论中使用的数学。弦理论在数学领域产生了一系列惊人的结果，而这些领域似乎与物理学相去甚远。对许多人来说，这表明弦理论必须回到正确的轨道上来……”物理学家爱德华·威滕（Edward Witten）写道：“弦理论是 21 世纪的物理学，但它意外地诞生于 20 世纪。”

现代的各种“多维空间”理论表明，在人们普遍接受的空间和时间维度之外还存在更高的维度。例如，1919 年的卡鲁扎-克莱因理论（Kaluza-Klein Theory）试图利用更高的空间维度来解释电磁和引力。对这些概念的最新构想是超弦理论，它预测宇宙有十维或十一维——其中三维空间，一维时间，此外还有六或七个空间维度。在许多多维空间理论中，自然法则在使用额外的空间维度来表达时，会变得更简单、更优雅。

在弦理论中，一些最基本的粒子，比如夸克和电子，可以用极其微小的、本质上一维的被称为弦的实体来建模。尽管弦似乎是数学抽象概念，但请记住，原子曾经也被认为是“不真实的”数学抽象概念，最终却变成了可观察的。然而，弦是如此之小，以至于目前还没有直接观察它们的方法。

在某些弦理论中，弦形成的环在普通的三维空间中移动，但它们也在更高的空间维度中振动。打一个简单的比喻，想象一根振动的吉他弦，它的“音符”对应着不同的粒子，比如夸克和电子，或者尚在假设中的可能传递引力的引力子。

弦理论学家声称各种更高的空间维度是“紧致化”的——紧密卷曲的（在被称为卡拉比-丘空间的结构中），因此额外的维度本质上是不可见的。1984 年，迈克尔·格林和约翰·亨利·施瓦茨在弦理论方面取得了新的突破。■

爱因斯坦的启发

阿尔伯特·爱因斯坦（Albert Einstein，1879—1955）

1921 年，42 岁的阿尔伯特·爱因斯坦在维也纳参加讲座时的照片。

牛顿的启发（1687 年）、狭义相对论（1905 年）、光电效应（1905 年）、广义相对论（1915 年）、布朗运动（1827 年）、《星际迷航》中的斯蒂芬·霍金（1993 年）

诺贝尔奖得主爱因斯坦被认为是有史以来最伟大的物理学家之一，也是 20 世纪最重要的科学家。他提出了狭义相对论和广义相对论，彻底改变了我们对空间和时间的理解。他还对量子力学、统计力学和宇宙学做出过重大贡献。

《爱因斯坦在柏林》（*Einstein in Berlin*）一书的作者托马斯·利文森（Thomas Levenson）写道："物理学与日常经验的距离如此之远，以至于很难说，如果今天出现了类似于爱因斯坦的成就时，我们中的大多数人是否能够赏识它。1921 年，当爱因斯坦第一次来到纽约时，成千上万的人站在街道两旁等待他的车队。想象一下今天有哪位理论家能得到这样热烈的待遇，不可能的。自爱因斯坦以来，物理学家对现实的概念和大众想象之间的情感联系已经大大减弱。"

综合我请教过的许多学者的说法，未来不会再出现第二个爱因斯坦。利文森说："科学似乎不太可能创造出另一个被广泛认为是天才的爱因斯坦。（今天）正在探索的模型的复杂性几乎将所有的从业者都限制在问题的局部。"与今天的科学家不同，爱因斯坦几乎不需要合作。爱因斯坦关于狭义相对论的论文没有参考文献或先前的工作铺垫。

布兰·费伦（Bran Ferren），应用思维科技公司的联合主席和首席创意官，曾说："'爱因斯坦'这个概念可能比爱因斯坦本人更重要。"爱因斯坦不仅是现代世界最伟大的物理学家，他还是一个鼓舞人心的榜样，他的生活和工作点燃了无数其他伟大思想家的生命。他们对社会的贡献，以及将他们激励的思想家的贡献加起来，将大大超过爱因斯坦本人的贡献。

爱因斯坦创造了一种不可阻挡的"智力连锁反应"，其强劲的脉动、颤动的神经元和模因将永远活跃。■

1921 年

158

施特恩–格拉赫实验

奥托 · 施特恩（Otto Stern，1888—1969）
瓦尔特 · 格拉赫（Walter Gerlach，1889—1979）

纪念施特恩和格拉赫的牌匾被挂在德国法兰克福的大楼入口附近，他们的实验就是在这里进行的。

论磁（1600 年）、高斯和磁单极子（1835 年）、电子（1897 年）、泡利不相容原理（1925 年）、EPR 佯谬（1935 年）

1922 年

作家路易莎 · 吉尔德（Louisa Gilder）写道：“施特恩和格拉赫的发现，没人预料到。施特恩 – 格拉赫实验在 1922 年发表时引起了物理学界的轰动，这是一个如此极端的结果，以至于许多曾怀疑量子理论的人都改变了看法。”

想象一下，在一堵墙前悬挂着一块大磁铁，在磁铁的南北极之间小心地抛入一块旋转的红色小磁条。大磁铁的磁场使小磁铁偏转，当小磁铁与墙壁相撞时，会产生出随机而离散的凹痕。1922 年，奥托 · 施特恩和瓦尔特 · 格拉赫利用中性银原子进行了一项实验，中性银原子的外层轨道上有一个孤立电子。想象一下，这个电子正在旋转，并产生了一个小磁矩，好比我们的思想实验中红色条形磁铁一样。事实上，未配对电子的自旋使原子具有南北磁极，就像一个小小的指南针。银原子通过非均匀磁场到达探测器。如果假定磁矩可以具有所有指向，我们将会在探测器上看到一小片碰撞区域。终究，外部磁场会在这个微小“磁铁”的一端施加一种力，这种力可能略大于另一端，随着时间的推移，随机指向的电子会经历一系列的力随机地撞在探测器上。然而，施特恩和格拉赫只发现了两个碰撞区域（在银原子束原始方向的上方和下方），这表明电子的自旋被量化了，可以假设它们只有两个方向。

请注意，这里提到的粒子的“自旋”可能与经典的具有角动量的旋转球的概念没有多大关系；相反，粒子自旋是一种有点神秘的量子力学现象。对于电子以及质子和中子，自旋有两个可能的值。然而，对于较重的质子和中子，与之关联的磁矩要小得多，因为磁偶极子的强度与质量成反比。■

霓虹灯

乔治 · 克劳德（Georges Claude，1870—1960）

复古的 20 世纪 50 年代风格的美国洗车处霓虹灯。

摩擦发光（1620 年）、斯托克斯荧光（1852 年）、等离子体（1879 年）、黑光（1903 年）

1923 年

对于霓虹灯招牌的讨论，如果不追忆我所称的“怀旧物理学”，那就是不完整。法国化学家、工程师乔治 · 克劳德发明了霓虹灯管，并申请了户外广告牌的商业应用专利。1923 年，克劳德将霓虹灯引入美国。作家威廉 · 卡钦斯基（William Kaszynski）写道：“很快，在 20 世纪 20 年代和 30 年代，霓虹灯在美国的高速公路上激增……穿透了黑暗。霓虹灯对于那些汽油快用完或者焦急地想找个地方睡觉的旅行者来说简直是天赐之物。”

霓虹灯是一种玻璃管，它含有低压下的氖或其他气体。电源通过穿过管壁的电线连接到灯上。当电压电源打开时，电子从负极被吸引到正极，途中与氖原子碰撞。有时，电子会从氖原子上撞出一个电子，产生另一个自由电子和一个带正电的氖离子（Ne^+）。自由电子、Ne^+ 和中性氖原子的混合物形成一个导电等离子体，其中的自由电子被吸引到 Ne^+ 上。有时，Ne^+ 会捕获高能态的电子，当电子从高能态下降到低能态时，就会发出特定波长（或者说颜色）的光，例如氖气对应的光是橘红色。管子里的其他气体可以产生其他颜色。

作家霍莉 · 休斯（Holly Hughes）在《在它们消失前要看的 500 个地方》（*500 Places to See Before They Disappear*）中写道：“霓虹灯的美丽之处在于，你可以把那些玻璃管扭曲成任何你想要的形状。20 世纪 50 年代和 60 年代，当美国人走上高速公路时，广告商利用了这一点，在夜间的街景中点缀上色彩缤纷的奇想，兜售从保龄球馆到冰淇淋摊，再到提基酒吧等各种服务。保护主义者正在努力为子孙后代保存霓虹灯，无论是在室外场地还是在博物馆。毕竟，如果没有巨大的甜甜圈霓虹灯招牌，美国又会是什么样子呢？”■

康普顿效应

亚瑟·霍利·康普顿（Arthur Holly Compton，1892—1962）

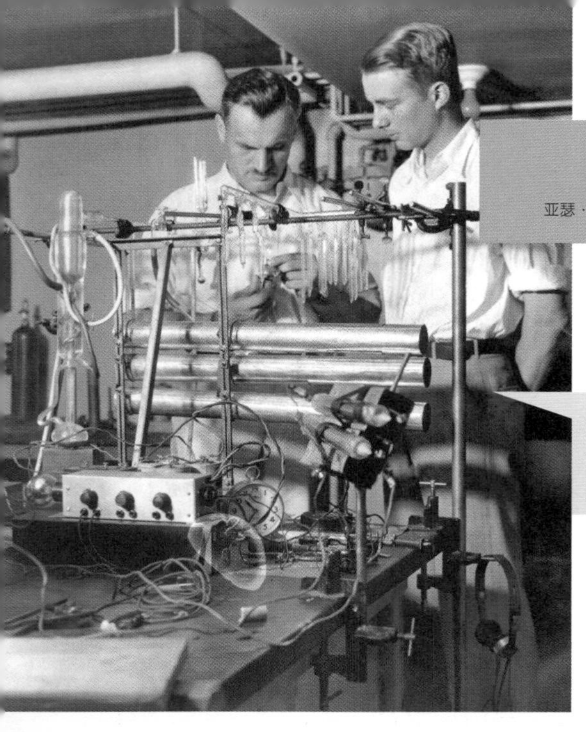

1933 年，亚瑟·康普顿（左）和他的研究生路易斯·阿尔瓦雷斯（Luis Alvarez）在芝加哥大学。两人都获得了诺贝尔物理学奖。

光电效应（1905 年）、轫致辐射（1909 年）、X 射线（1895 年）、电磁脉冲（1962 年）

1923 年

想象你对着远处的一堵墙尖叫，然后你的声音得到了回响。你不会期望你的声音在返回时降低一个八度，声波一定会以相同的频率反射回来。然而，根据 1923 年的文献记载，物理学家亚瑟·康普顿指出，当 X 射线在电子中散射时，散射的 X 射线的频率和能量都降低了。这不是用传统的波动模型所预测的。事实上，散射的 X 射线的行为就像 X 射线是台球一样，部分能量转移到电子（也比拟为台球）。换句话说，X 射线粒子的初始动量损失的部分由电子获得。对于台球来说，碰撞后散射球获得的能量取决于它们相互离开时的角度，当 X 射线与电子碰撞时，康普顿发现了角度依赖性。康普顿效应为量子理论提供了额外的证据，这意味着光具有波和粒子的特性。阿尔伯特·爱因斯坦曾为量子理论提供过早期的证据，当时他指出，光包（现在称为光子）可以解释光电效应，在这种效应中，特定频率的光照射在铜板上会导致铜板发射电子。

在 X 射线和电子的纯波动模型中，人们认为电子会被触发以入射波的频率振荡，从而重新辐射出相同频率的电磁波。康普顿将 X 射线建模为光子，并基于两个著名的物理关系：$E = hf$ 和 $E = mc^2$，从中赋予光子动量：hf/c。散射 X 射线的能量与这些假设是一致的。在这里，E 是能量，f 是频率，c 是光速，m 是质量，h 是普朗克常数。在康普顿的特殊实验中，电子与原子的结合力可以忽略不计，而电子可以被认为是基本不受束缚的，可以自由地散射至各个方向。■

德布罗意关系

路易－维克托－皮埃尔－雷蒙·德布罗意
(Louis-Victor-Pierre-Raymond 7th duc de Broglie，1892—1987)
克林顿·约瑟夫·戴维森（Clinton Joseph Davisson，1881—1958)
莱斯特·哈尔伯特·革末（Lester Halbert Germer，1896—1971)

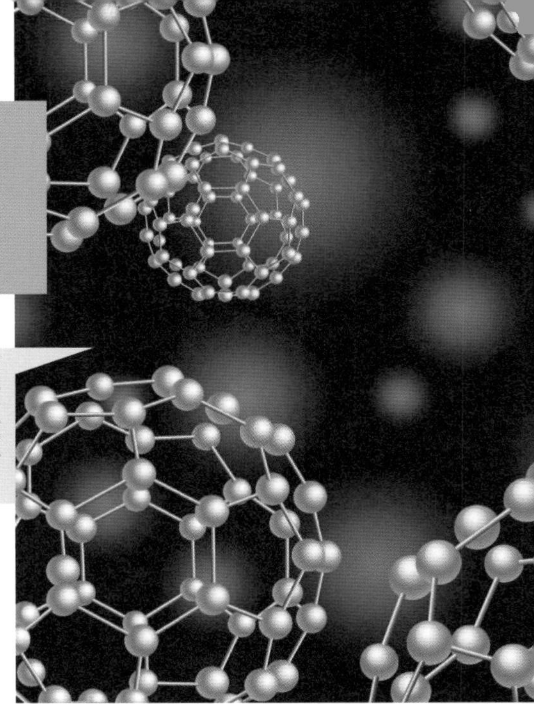

1999 年，维也纳大学的研究人员展示了由 60 个碳原子组成的巴克敏斯特富勒烯分子（如图所示）的波状行为。一束分子（速度约为 200 米 / 秒）通过光栅，产生波的干涉图样的特征。

光的波动性（1801 年）、电子（1897 年）、薛定谔波动方程（1926 年）、量子隧穿（1928 年）、巴基球（1985 年）

1924 年

对亚原子世界的大量研究表明，像电子或光子（光包）这样的粒子与我们日常生活中相互作用的物体不同。

根据实验或观察到的现象，这些实体似乎同时具有波和粒子的特征。欢迎来到量子力学的奇妙领域。1924 年，法国物理学家路易－维克托·德布罗意提出，物质粒子也可以被认为是波，并具有通常的与波相关的属性，包括波长（连续波峰之间的距离）。事实上，所有物体都有波长。1927 年，美国物理学家克林顿·戴维森和莱斯特·革末证明了电子的波动属性，他们指出电子可以像光波一样衍射和干涉。

著名的德布罗意关系表明，物质波的波长与其动量（一般来说等于质量乘以速度）成反比，可特别地写为，$\lambda = h / p$。其中，λ 是波长，p 是动量，h 是普朗克常数。根据作家乔安妮·贝克（Joanne Baker）的说法，利用这个方程，我们有可能证明："更大的物体，比如球轴承和獾，都有非常小的波长，小到我们看不见，所以我们不能发现它们像波一样在运动。飞过球场的网球的波长为 10^{-34} 米，比质子的宽度（10^{-15} 米）要小得多。"蚂蚁的波长比人类的波长要大。

自从最初的戴维森和革末电子实验以来，德布罗意假说已经被证实适用于其他的粒子，如中子和质子，在 1999 年，它甚至被发现适用于整个分子，如由碳原子组成的足球形状的巴基球分子（巴克敏斯特富勒烯分子）。

德布罗意在博士论文中提出了他的想法，但是这个想法太激进了，以至于论文评审委员一开始不确定是否应该通过他的论文。但他后来因为这个研究获得了诺贝尔奖。■

泡利不相容原理

沃尔夫冈·恩斯特·泡利（Wolfgang Ernst Pauli，1900—1958）

标题为“泡利不相容原理”（或者叫作为何狗不会突然从地面陷落）的艺术作品。泡利不相容原理有助于解释为什么物质是刚性的，为什么我们不会从坚硬的地面上掉下去，以及为什么中子星在巨大的质量下仍能抵抗引力塌缩。

库仑静电定律（1785 年）、电子（1897 年）、玻尔原子模型（1913 年）、施特恩－格拉赫实验（1922 年）、白矮星和钱德拉塞卡极限（1931 年）、中子星（1933 年）

想象一下人们进入棒球场的观众席，从最靠近运动场的那一排开始落座的场景，这是对电子填充原子轨道的一个比喻。在棒球和原子物理学中，都有一些规则来管理有多少实体（如电子或人）可以待在指定的区域。毕竟，如果多个人试图挤在一个小座位上，还是会很不舒服的。

泡利不相容原理（Pauli Exclusion Principle，PEP）解释了为什么物质是刚性的，以及为什么两个物体不能占据同一个空间。这解释了为什么我们不会从地板上掉下去，也可以解释为什么中子星会在自身极大的质量下还能抵抗引力塌缩。

更具体地说，泡利不相容原理指出，没有任何一对相同的费米子（如电子、质子或中子）可以同时占据相同的量子态，这包括费米子的自旋也不能相同。例如，占据同一个原子轨道的电子必定有相反的自旋。一旦一个轨道被一对自旋相反的电子占据，那么在其中一个电子离开轨道之前，就不可以有更多的电子进入这个轨道。

泡利不相容原理经过了反复验证，是物理学中最重要的原则之一。根据作家米凯拉·马西米（Michela Massimi）的说法：“从光谱学到原子物理学，从量子场论到高能物理，几乎没有其他的科学原理能比泡利不相容原理具有更深远的影响。”根据泡利不相容原理，人们可以确定或理解作为元素周期表中化学元素分类依据的电子排布以及原子光谱。科学记者安德鲁·沃森（Andrew Watson）写道：“泡利早在 1925 年就提出了这一原则，那时还没有现代量子理论或电子自旋的概念。他的动机很简单，必须有某种东西来阻止原子中所有的电子都收缩到单一的最低能态……因此，泡利不相容原理阻止了电子和其他费米子相互侵入对方的空间。”■

薛定谔波动方程

埃尔温·鲁道夫·约瑟夫·亚历山大·薛定谔（Erwin Rudolf Josef Alexander Schrödinger，1887—1961）

埃尔温·薛定谔的形象被使用在奥地利 1 000 先令的纸币上（1983）。

光的波动性（1801 年）、电子（1897 年）、德布罗意关系（1924 年）、海森堡不确定性原理（1927 年）、量子隧穿（1928 年）、狄拉克方程（1928 年）、薛定谔的猫（1935 年）

物理学家亚瑟·I. 米勒（Arthur I.Miller）说："薛定谔波动方程使科学家能够精细地预测物质的行为，同时能够可视化被研究的原子系统。"薛定谔显然是在瑞士的一个滑雪胜地和他的情妇度假时发展了他的理论，正如他自己所说的那样，他的情妇似乎催化了他的智慧并使他"激情爆发"。 薛定谔波动方程用波函数和概率来描述终极现实。根据方程，我们可以计算出粒子的波函数：

$$i\hbar\frac{\partial}{\partial t}\psi(r,t)=-\frac{\hbar^2}{2m}\nabla^2\psi(r,t)+V(r)\psi(r,t)$$

在这里，我们不需要关心这个公式的细节，只需要注意，$\psi(r, t)$ 是波函数，是给定位置 r 在任何给定的时间 t 的粒子的概率振幅。∇^2 是用于描述 $\psi(r, t)$ 在空间中是如何变化的。$V(r)$ 是粒子在每个位置 r 处的势能。就像一个普通的波动方程描述波纹穿过池塘的过程一样，薛定谔波动方程描述了与粒子（如电子）相关联的概率波是如何在空间中移动的。波的峰值对应于粒子最有可能出现的位置。这个方程在理解原子中电子的能级方面也很有用，成了作为原子世界的基本物理原理的量子力学的基础之一。虽然用波来描述粒子似乎有些奇怪，但在量子领域，这种奇怪的二元性是必要的。例如，光既可以作为波也可以作为粒子（光子），而像电子和质子这样的粒子也可以作为波，也可以把原子中的电子想象成鼓面上的波。波动方程的振动模式与原子的不同能级有关。

请注意，由维尔纳·海森堡（Werner Heisenberg）、马克斯·玻恩（Max Born）和帕斯库尔·约当（Pascual Jordan）在 1925 年提出的矩阵力学以矩阵的方式同样解释了粒子的某些特性，矩阵力学其实就是薛定谔方程的另一种等价的表述形式。■

1926 年

Begründer der
Quantenmechanik
300
$\Delta p \cdot \Delta q \sim h$
Heisenbergsche Unschärferelation
Deutschland
1,53 €
Werner Heisenberg
2001 Physiker 1901 – 1976

海森堡不确定性原理

维尔纳 · 海森堡（Werner Heisenberg，1901—1976）

左图：2001 年，德国发行的维尔纳 · 海森堡肖像邮票。

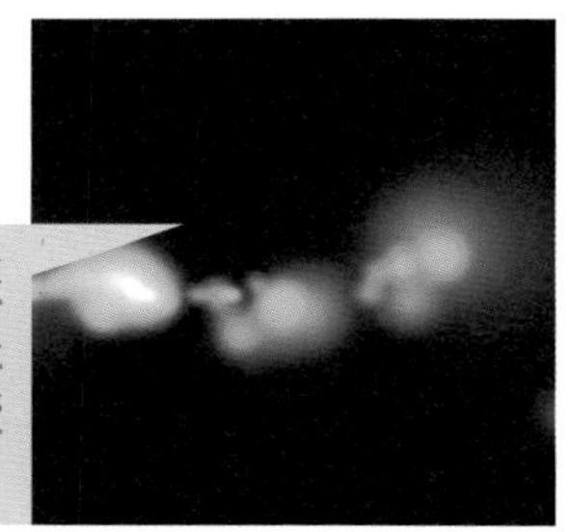

右图：根据海森堡不确定性原理，粒子以概率的总集合的形式存在，而且即使使用无限准确的测量方法，也无法预测出它们的路径。

拉普拉斯妖（1814 年）、热力学第三定律（1905 年）、玻尔原子模型（1913 年）、薛定谔波动方程（1926 年）、互补原理（1927 年）、量子隧穿（1928 年）、玻色-爱因斯坦凝聚（1995 年）

1927 年

约翰 · 艾伦 · 保罗斯（John Allen Paulos）写道："不确定性是唯一可以确定的，正如知道如何在不安全时生存是唯一的安全。"海森堡不确定性原理指出，粒子的位置和速度不可能同时被精确地知道。具体地说，位置的测量越精确，动量的测量就越不精确，反之亦然。不确定性原理在原子和亚原子粒子的微观尺度上变得很重要。

在发现这一定律之前，大多数科学家认为，任何测量的精度都只受所使用仪器的精度的限制。德国物理学家维尔纳 · 海森堡假设性地建议，即使我们可以建造一个无限精确的测量仪器，我们仍然不能准确地同时确定一个粒子的位置和动量（质量 × 速度）。该原理与粒子位置的测量对粒子动量的干扰程度无关。我们可以非常精确地测量一个粒子的位置，但这样做的结果是，我们对动量知之甚少。

根据海森堡不确定性原理，粒子可能仅以概率的形式存在，即使是无限精确的测量也无法预测它们的路径。

对于那些接受量子力学解释的哥本哈根科学家来说，海森堡不确定性原理意味着物理宇宙实际上并不以确定性的形式存在，而是一系列可能性的集合。类似地，即使通过理论上无限精确的测量也无法预测基本粒子（如光子）的路径。1935 年，海森堡理应接替他在慕尼黑大学的前导师阿诺德 · 索莫菲尔德（Arnold Sommerfeld）的职位。然而，纳粹要求"德国物理学"必须取代"犹太物理学"，后者包括了量子理论和相对论。因此，尽管海森堡不是犹太人，他在慕尼黑的任命还是被否决了。

第二次世界大战期间，海森堡领导的德国核武器计划失败了。今天，科学史家们仍在争论这个项目的失败是由于缺乏资源，还是他的团队中缺少合适的科学家，还是因为海森堡不愿给纳粹提供如此强大的武器，或是因为其他的因素。■

互补原理

尼尔斯·亨里克·达维德·玻尔（Niels Henrik David Bohr，1885—1962）

互补性的物理学和哲学似乎与艺术理论重叠。玻尔对立体派艺术很着迷，有时立体派允许“矛盾”的观点共存，就像捷克画家尤金·伊万诺夫（Eugene Ivanov）的这幅作品一样。

光的波动性（1801 年）、海森堡不确定性原理（1927 年）、EPR 佯谬（1935 年）、薛定谔的猫（1935 年）、贝尔定理（1964 年）

20 世纪 20 年代末，丹麦物理学家尼尔斯·玻尔在试图理解量子力学的奥秘（例如，量子力学认为，光有时表现为波，有时表现为粒子）时，提出了被他称为互补性的概念。对于玻尔，作家路易莎·吉尔德（Louisa Gilder）写道：“互补性几乎是一种宗教信仰，量子世界的悖论必须被接受为基本原则，而不是用追索或细化的方式去试图追问‘那里到底发生了什么’。玻尔以一种不同寻常的方式使用了这个词，例如，波和粒子（或位置和动量）的互补，意味着当一种属性完全存在时，与之互补的属性完全不存在。”1927 年玻尔本人在意大利科莫的一次演讲中说，“波和粒子是抽象的，它们的属性只有通过与其他系统的相互作用才能被定义和观察到”。

有时，互补性的物理学和哲学似乎与艺术理论重叠。根据科学作家 K.C. 科尔（K. C. Kole）的说法，“玻尔以其对立体主义艺术的痴迷而闻名，尤其是像他的一个朋友后来解释的那样，‘一个物体可以是好几个东西，可以是变化的，可以是一张脸、一条腿、一个水果盘’。玻尔继续发展他的互补性的哲学，这表明电子是可变的，可以被视为波或者粒子。就像立体主义一样，互补性让矛盾的观点在同一个自然框架中共存。”

玻尔认为，从日常生活的角度来看待亚原子世界是不恰当的。他曾写道：“在对自然的描述中，我们的目的不是揭示现象的真正本质，而是尽可能地追踪在经验的各个方面之间的关系。”

1963 年，物理学家约翰·惠勒（John Wheeler）表达了这一原理的重要性：“玻尔的互补原理是 20 世纪最具革命性的科学概念，也是他 50 年来探索量子理论全部意义的核心。”■

鞭子的超音速音爆

音爆与鞭子的爆裂声有关。鞭子可能是第一种打破音障的人造物品。

梭镖投射器（公元前 3 万年）、切伦科夫辐射（1934 年）、音爆（1947 年）

1927 年

许多物理学论文都致力于研究鞭子挥舞所产生的超音速音爆，而这些论文都伴随着近期各种关于其精确原理的迷人辩论。早在 20 世纪初，物理学家们就已经知道，当牛鞭的手柄快速而恰当地抽动时，鞭梢的速度就会超过声速。1927 年，物理学家 Z. 卡里埃（Z. Carrière）利用高速阴影摄影技术证明了音爆与鞭子的爆裂声有关。忽略摩擦效应，传统的解释是，由于能量守恒，当鞭子的移动部分随着鞭子移动并变得越来越小，移动部分就必须越来越快。质量为 m 的点的运动动能由 $E=\frac{1}{2}mv^2$ 给出，如果 E 大致保持不变，而 m 缩小时，那么速度 v 一定会增加。最终，鞭子尾部速度比声音的速度（在 20°C干燥的空气中大约 1236 千米 / 小时）还要快，并会产生一个爆破声［参见条目“音爆（1947 年）”］，就像一架喷气式飞机在空气中超过声速。鞭子可能是第一种打破音障的人造物品。

2003 年，应用数学家阿拉因 · 戈里耶利（Alain Goriely）和泰勒 · 麦克米伦（Tyler McMillen）将产生鞭子爆裂的冲量建模为一个沿锥形弹性杆运动的回路。他们描述了机制的复杂性，“爆裂声本身是一种音爆，当一段鞭子末梢的速度超过音速时，就会产生音爆。鞭子末梢的加速是由波到达末梢时产生的，鞭子运动过程中的动量和存储的弹性势能，以及杆的角动量都集中到一小部分时，就会转变为末梢的极大加速度。”鞭子头粗尾细的结构也增加了鞭梢所能达到的最高速度。■

狄拉克方程

保罗 · 阿德里安 · 莫里斯 · 狄拉克
（Paul Adrien Maurice Dirac，1902—1984）

狄拉克方程是唯一出现在伦敦威斯敏斯特教堂的方程，它被刻在狄拉克的纪念牌上。这里显示的是威斯敏斯特的牌匾上的一个艺术代表作，描绘了一个简化版的公式。

电子（1897 年）、薛定谔波动方程（1926 年）、狭义相对论（1905 年）、反物质（1932 年）

1928 年

正如“反物质（1932 年）”条目中所讨论的那样，物理方程有时会产生方程发现者未曾预料过的想法或结果。物理学家弗朗克 · 韦尔切克（Frank Wilczek）在他关于狄拉克方程的论文中提到，这类方程的力量似乎是不可思议的。1927 年，保罗 · 狄拉克试图找到一个符合狭义相对论原理的薛定谔波动方程的形式。狄拉克方程的一种写法是：

$$\left(\alpha_0 mc^2 + \sum_{j=1}^{3} \alpha_j p_j c\right)\Psi(x,t) = i\hbar\frac{\partial\Psi}{\partial t}(x,t)$$

该方程发表于 1928 年，以一种既符合量子力学又符合狭义相对论的方式描述了电子和其他基本粒子。这个方程预言了反粒子的存在，并且在某种意义上“预言”了它们的实验发现。这一特性使得正电子（电子的反粒子）的发现，成为证明数学在现代物理理论中重要性的一个很好的例子。在这个方程中，m 是电子的静止质量，$\hbar$ 是约化普朗克常量（1.504×10^{-34} J· s），c 是光速，p 是动量算符，x 和 t 分别是时间和空间坐标，而 $\Psi(x, t)$ 是一个波函数，α 是作用于波函数的一个线性算子。

物理学家弗里曼 · 戴森（Freeman Dyson）称赞这个公式代表了人类对现实理解的一个重要阶段。他写道：“有时，一个简单的基本方程的发现会突然促进对整个科学领域的理解。因此，1926 年的薛定谔方程和 1927 年的狄拉克方程为先前神秘的原子物理过程带来了奇迹般的秩序。化学和物理令人迷惑的复杂性被简化成两行代数符号。”■

量子隧穿

乔治·伽莫夫（George Gamow，1904—1968）
罗纳德·W. 格尼（Ronald W. Gurney，1898—1953）
爱德华·尤勒·康登（Edward Uhler Condon，1902—1974）

在美国桑迪亚国家实验室使用过的扫描隧道显微镜。

放射性（1896 年）、薛定谔波动方程（1926 年）、海森堡不确定性原理（1927 年）、晶体管（1947 年）、看见单个原子（1955 年）

1928 年

想象把一枚硬币扔在两间卧室之间的墙上，硬币会反弹回来，这是因为它没有足够的能量穿透墙壁。然而，根据量子力学，硬币穿过墙壁的可能性实际上是由一个模糊的概率波函数来表示的，这意味着这枚硬币有非常小的概率穿过墙壁并进入另一间卧室。将海森堡不确定性原理应用于能量，粒子是有可能穿过这些障碍的。根据不确定性原理，我们不能说一个粒子在某一精确的时刻恰好具有多少能量。相反，粒子的能量可以在短时间内表现出极大的波动，可能大到足以穿越障碍。

有些晶体管利用隧穿效应将电子从设备的某处移动到另一处，某些原子核发射粒子的衰变中也用到了隧穿效应。例如确实会观察到 α 粒子（氦核）从铀原子核中穿出。而根据乔治·伽莫夫和罗纳德·格尼及爱德华·康登的团队在 1928 年发表的研究成果显示，如果没有隧穿效应，α 粒子永远不能从铀原子核中逃逸出来。

隧穿效应对维持太阳核聚变反应也很重要，没有隧穿效应的话，恒星就不会发光。扫描隧道显微镜也利用隧穿现象来帮助科学家观察微观表面，它使用尖锐的显微镜探针，在探针与标本之间形成了隧穿电流。隧穿理论还被应用于宇宙的早期模型，以及对提高反应速率的酶机制的理解。

尽管隧穿现象一直在亚原子尺度下发生，但宏观尺度下的你不太可能（尽管有可能）从你的卧室穿越到相邻的厨房。如果你每一秒都在尝试把自己撞进墙里，那么你得等上比宇宙年龄更长的时间才能有机会隧穿过去 。■

哈勃宇宙膨胀定律

埃德温 · 鲍威尔 · 哈勃（Edwin Powell Hubble，1889—1953）

几千年来，人类仰望天空，想要知道自己在宇宙中的位置。图为波兰天文学家约翰内斯 · 赫维留（Johannes Hevelius）和他的妻子伊丽莎白在进行观测（1673 年）。伊丽莎白被认为是最早的女天文学家之一。

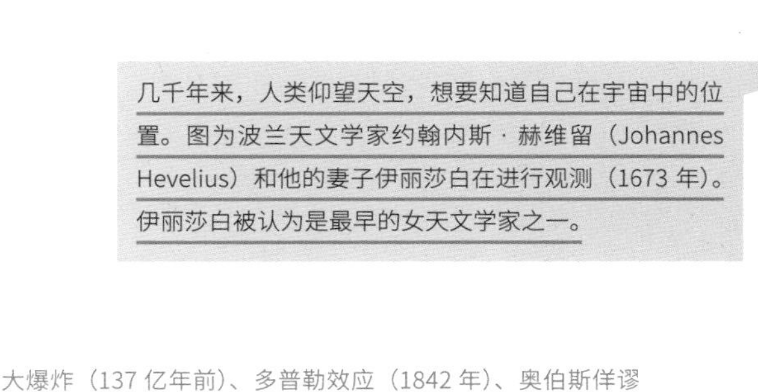

大爆炸（137 亿年前）、多普勒效应（1842 年）、奥伯斯佯谬（1823 年）、宇宙微波背景辐射（1965 年）、宇宙暴胀（1980 年）、暗能量（1998 年）、宇宙大撕裂（360 亿年）

1929 年

宇宙学家约翰 · P. 修兹劳（John P. Huchra）写道：“可以这样说，迄今为止最重要的宇宙学发现就是宇宙正在膨胀。它连同推断宇宙并没有偏爱之地的哥白尼原理，以及质疑夜空为何黑暗的奥伯斯佯谬，一道构成了现代宇宙学的基石。它迫使宇宙学家去思考宇宙的动力学模型，并暗示宇宙存在一个时间尺度或年龄。之所以说宇宙正在膨胀…… 主要是源于埃德温 · 哈勃对近邻星系距离的估算。”

1929 年，美国天文学家埃德温 · 哈勃发现，星系与地球上的观测者之间的距离越远，它后退的速度就越快。星系之间的距离或者说星系团之间的距离，正在不断增加，因此，宇宙也正在膨胀。

许多星系的速度（一个星系远离地球上的观测者的运动）可以由红移来估算，红移指的是地球上的探测器观测到的电磁辐射波长比天体源发出的要长。这类红移出现的原因是，由于空间本身的膨胀，星系正以高速远离我们。光源和接收者之间的相对运动导致的波长变化是多普勒效应的一种体现，也有其他方法可以用来确定遥远星系的速度。（局部引力相互作用占主导的天体，如单一星系内的恒星，不会表现出这种彼此远离的视运动。）

尽管地球上的观测者发现所有遥远的星系团都在飞离地球，但我们在宇宙中的位置并不特殊。另一个星系的观测者也会看到星系团飞离他们的位置，因为所有的空间都在膨胀。这也是大爆炸的主要证据之一，早期宇宙就是从大爆炸中演化而来，随后又不断膨胀。■

回旋加速器

欧内斯特·奥兰多·劳伦斯（Ernest Orlando Lawrence，1901—1958）

物理学家米尔顿·斯坦利·利文斯顿（Milton Stanley Livingston）（左）和欧内斯特·O. 劳伦斯（Ernest O. Lawrence）（右）在加州大学伯克利分校老的辐射实验室的一个 27 英寸的回旋加速器前（1934 年）。

放射性（1896 年）、原子核（1911 年）、中微子（1956 年）、大型强子对撞机（2009 年）

1929 年

作家莱登·丹尼森（Nathan Dennison）写道："第一个粒子加速器是直线型的，但是欧内斯特·劳伦斯却反其道而行之，他在一个圆形轨道中使用许多小电脉冲来加速粒子。最初，他只是在纸上画了个草图，第一次设计的成本仅为 25 美元。劳伦斯继续用包括厨房椅子在内的部件开发他的回旋加速器……直到 1939 年他获得诺贝尔奖。"

劳伦斯的回旋加速器利用恒定的磁场和变化的电场创造一条从螺旋中心开始的粒子螺旋路径，从而加速带电的原子或亚原子粒子。高能粒子在真空室中经过多次螺旋运动后，最终会击碎原子，这些碎片可以用探测器来研究。回旋加速器相比于以前方法的优点是它以相对紧凑的尺寸获得了高能量的粒子。

劳伦斯的第一个回旋加速器直径只有几英寸，但到了 1939 年，在加州大学伯克利分校时，他计划制造当时最大、最昂贵的研究原子的仪器。原子核的性质仍然是神秘的，而这样的回旋加速器（需要足够的钢铁建造一个大型的场所和足以点亮伯克利城的强大电流）允许人类继续探索高能粒子与原子核相撞引起核反应后的粒子内部领域。回旋加速器被用来制造放射性物质和制造医用示踪剂。伯克利回旋加速器产生了锝元素，这是已知的第一个人工产生的元素。

回旋加速器很重要，因为它开创了高能物理学的现代纪元，并使用了巨大的、昂贵的工具，需要大量人员操作。需要注意的是，回旋加速器使用恒定的磁场和恒定频率的外加电场，然而，这两个参数在后来发明的另一种环形加速器——同步加速器中是可以变化的。1947 年通用电气公司（General Electric Company）首次发明了同步辐射加速器。■

白矮星和钱德拉塞卡极限

苏布拉马尼扬 · 钱德拉塞卡（Subrahmanyan Chandrasekhar，1910—1995）

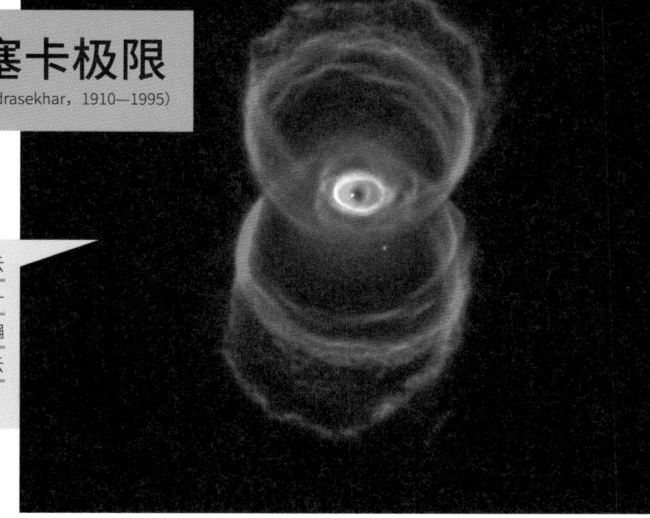

这张由哈勃空间望远镜拍摄的沙漏星云（Hourglass Nebula MyCn 18）显示了一颗垂死的类太阳恒星的发光遗迹。中间偏左的明亮白点是最初抛射出这片气体星云的白矮星遗迹。

黑洞（1783 年）、等离子体（1879 年）、中子星（1933 年）、泡利不相容原理（1925 年）

1931 年

歌手约翰尼 · 卡什（Johnny Cash）在他的歌曲《农夫年鉴》（*Farmer's Almanac*）中说，“上帝赐予我们黑暗，所以我们才看得到星星。”然而，在最难以找到的发光恒星中，有一种奇怪的、已经踏入墓地的恒星，它们被称为白矮星。大多数恒星会像我们的太阳一样，以致密的白矮星状态结束它们的生命。一茶匙的白矮星物质放在地球上就有几吨重。

科学家们最早推测存在白矮星是在 1844 年，当时，人们发现北天星空中最亮的恒星天狼星在轻微地左右摆动，仿佛是被太暗而看不见的邻居拉扯着。这颗白矮星最终于 1862 年被观测到，令人惊讶的是，它似乎比地球要小，但几乎和我们的太阳一样重。这些依然炽热的白矮星是耗尽所有核燃料的垂死恒星坍缩的结果。

无自转白矮星的最大质量是 1.4 倍的太阳质量，这是年轻的苏布拉马尼扬 · 钱德拉塞卡在 1931 年印度到英国的船上记下的数值，当时他正要前往剑桥大学开始他的研究生学业。当小质量或中等质量恒星坍缩时，恒星中的电子被挤压在一起，并且根据泡利不相容原理，产生了向外的电子兼并压，使其达到密度不再增加的状态。然而，超过 1.4 倍的太阳质量后，电子简并压就再也不能抵抗引力的毁灭性挤压，恒星会继续坍缩（例如，变成中子星），或者在超新星爆发中从它表面吹走多余的质量。1983 年，钱德拉塞卡因其对恒星演化的研究获得了诺贝尔奖。

数十亿年后，白矮星将冷却下来，变成一颗再也看不见的黑矮星。虽然白矮星一开始是处于等离子体的状态，但在其冷却的晚期，据推测有许多白矮星在结构上会类似于巨型的晶体。■

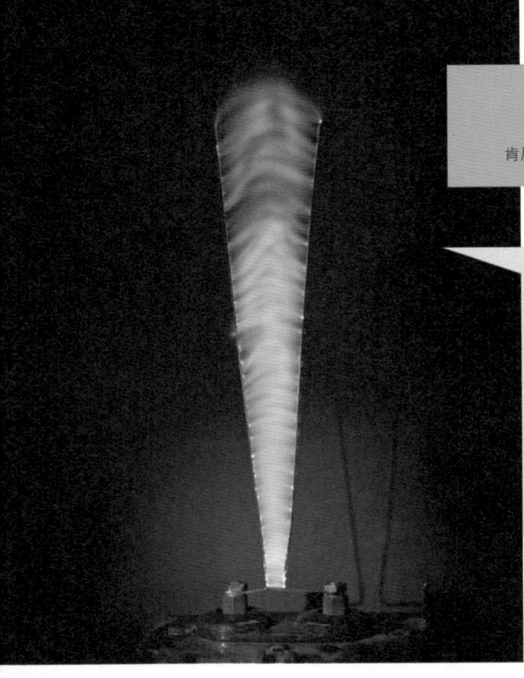

雅各布阶梯

肯尼思·斯特里克法登（Kenneth Strickfadden，1896—1984）

（左图）雅各布阶梯的照片，显示了一串向上升起的巨大火花。在操作过程中，电火花首先在梯子的底部形成，在那里两个电极非常接近。
（右图）雅各布阶梯是根据《圣经》中雅各布看到的通往天堂的梯子命名的 [威廉·布莱克（William Blake，1757—1827）的绘画]。

冯·居里克静电起电机（1660 年）、莱顿瓶（1744 年）、斯托克斯荧光（1852 年）、等离子体（1879 年）、特斯拉线圈（1891 年）

1931 年

“它活了！”当弗兰肯斯坦（Frankenstein）博士第一次看到他亲手缝制的怪物移动时，他喊道。1931 年恐怖电影《弗兰肯斯坦》（*Frankenstein*）中的场景充满了高压特技效果，这是电子专家肯尼思·斯特里克法登的创意，他的一些想法可能是从发明家尼古拉·特斯拉（Nikola Tesla）早期的电子演示中得到的，其中包括特斯拉线圈。作为疯狂科学家的标志，弗兰肯斯坦装置在未来几十年里给电影观众带来了极大的想象冲击，它就是 V 形的雅各布阶梯。

《雅各布阶梯》（*The Jacob's ladder*）被收录在本书中，部分原因是它作为疯狂物理学的象征而声名远扬，但也因为它一直为教育工作者提供阐明放电、空气密度随温度的变化、等离子体（电离气体）等概念的素材。

火花隙的理念由两个被空气隔开的导电电极组成，这一概念显然是早在声名狼藉的弗兰肯斯坦之前就存在了。通常，当提供足够的电压时，火花隙之间就会形成火花，使气体电离，从而降低其电阻。空气中的原子被激发并发出可见的火花。

雅各布阶梯产生一串向上升起的巨大火花。电火花首先在梯子的底部形成，在那里两个电极非常接近。因为电离的热空气比周围的空气密度小，电离空气上升时把电流向上传导。在梯子的顶端，当前路径变长且不稳定。电弧的动态电阻增加，从而增加功率消耗和热量。当电弧最终向阶梯顶部断开时，电源输出电压瞬间处于开路状态，直至底部空气电介质击穿，形成另一个火花，循环再次开始。

在 20 世纪初，类似阶梯的电弧被用于化学应用，因为它们使氮气离子化，用于生产氮基肥料——氧化氮。■

中子

詹姆斯·查德威克（James Chadwick，1891—1974）
伊雷娜·约里奥-居里（Irène Joliot-Curie，1897—1956）
简·弗雷德里克·约利奥-居里（Jean Frédéric Joliot-Curie，1900—1958）

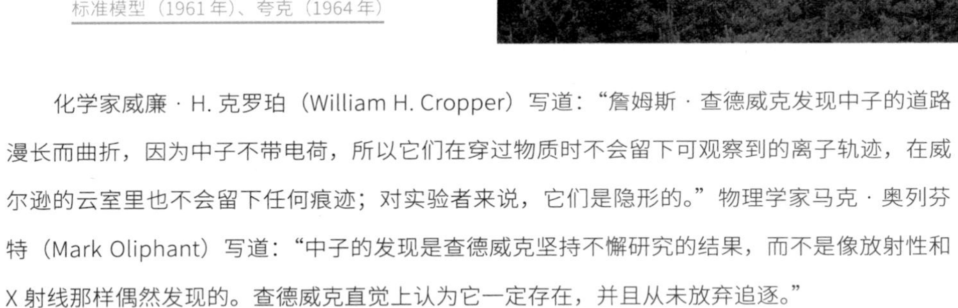

布鲁克海文石墨研究反应堆——第二次世界大战后在美国建造的第一个和平时期的反应堆。该反应堆的一个目的是通过铀裂变产生中子，从而用于科学实验。

史前核反应堆（20亿年前）、放射性（1896年）、原子核（1911年）、威尔逊云室（1911年）、中子星（1933年）、来自原子核的能量（1942年）、标准模型（1961年）、夸克（1964年）

1932年

化学家威廉·H.克罗珀（William H. Cropper）写道："詹姆斯·查德威克发现中子的道路漫长而曲折，因为中子不带电荷，所以它们在穿过物质时不会留下可观察到的离子轨迹，在威尔逊的云室里也不会留下任何痕迹；对实验者来说，它们是隐形的。"物理学家马克·奥列芬特（Mark Oliphant）写道："中子的发现是查德威克坚持不懈研究的结果，而不是像放射性和X射线那样偶然发现的。查德威克直觉上认为它一定存在，并且从未放弃追逐。"

中子是一种亚原子粒子，除了普通氢元素之外，它是每个原子核的一部分。它没有净电荷，质量略大于质子。和质子一样，它也是由三个夸克组成的。当中子在原子核内时，它们是稳定的；然而，自由中子会经历一种叫作β衰变的放射性衰变，其平均寿命约为15分钟。自由中子在核裂变和核聚变反应中产生。1931年，伊雷娜·约里奥-居里（玛丽·居里的女儿）和她的丈夫弗雷德里克·约利奥-居里描述了用α粒子（氦核）轰击铍原子产生的一种神秘的辐射，这种辐射会导致质子从含氢的石蜡中被击出。1932年，詹姆斯·查德威克进行了更多的实验，提出这种新的辐射是由质量接近质子的非带电粒子，即中子组成的。因为自由中子是不带电的，它们不受电场的阻碍，能深深地穿透物质。

后来，研究人员发现，多种元素在受到中子轰击后会发生裂变（重元素的原子核分裂成两个几乎相等的小块时所发生的核反应）。1942年，美国的研究人员证实，这些在裂变过程中产生的自由中子可以产生连锁反应和巨大的能量，可以用来制造原子弹和核电站。■

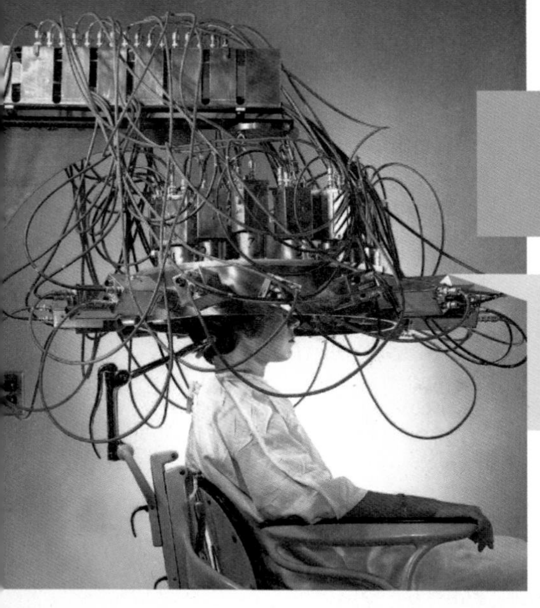

反物质

保罗 · 狄拉克（Paul Dirac，1902—1984）
卡尔 · 戴维 · 安德森（Carl David Anderson，1905—1991）

20 世纪 60 年代，美国布鲁克海文国家实验室的研究人员使用这种探测器来研究比如吸收了注入的放射性物质的小脑瘤。这些突破带来了更多实用的大脑成像设备，比如今天的 PET 机器。

威尔逊云室（1911 年）、狄拉克方程（1928 年）、CP 破坏（1964 年）

1932 年

作家乔安妮 · 贝克（Joanne Baker）写道："虚构的宇宙飞船通常由'反物质引擎'提供动力，但是反物质本身是真实存在的，甚至可以在地球上由人工制造。反物质是物质的'镜像'形式……反物质不能与普通物质长久共存——两者一旦接触就会瞬间湮灭。反物质的存在本身就说明了粒子物理学中的深层对称性。"

英国物理学家保罗 · 狄拉克曾经指出，我们现在学习的抽象数学让我们能够瞥见未来的物理学的影子。事实上，他在 1928 年提出的关于电子运动的方程预测了反物质的存在，而反物质随后被发现。根据他的公式，一个电子必须有一个质量相同但带正电荷的反粒子。1932 年，美国物理学家卡尔 · 安德森通过实验观察到了这种新粒子，并将其命名为正电子。1955 年，反质子在伯克利质子加速器（一种粒子加速器）上产生。1995 年，物理学家在欧洲核子研究中心（CERN）的研究设施中创造了第一个反氢原子。欧洲核子研究中心是世界上最大的粒子物理实验室。

反物质反应如今以正电子发射断层造影术（PET）的形式得到了实际应用。这种医学成像技术涉及探测由一个核不稳定、可发射正电子的放射性示踪原子所产生的 γ 射线（高能辐射）。

现代物理学家继续提出假说，希望能解释为什么可观测宇宙似乎几乎完全由物质而非反物质组成。宇宙中是否存在由反物质主导的区域？

通过常规观察，反物质几乎与普通物质难以区分。物理学家加来道雄（Michio Kaku）写道："你可以用反电子和反质子生成反原子。甚至反物质人和反物质行星在理论上都是可能的。然而，反物质在与普通物质接触时会湮灭形成能量的爆发。任何手里拿着反物质的人都会立即爆炸，产生相当于成千上万颗氢弹的威力。" ■

175

暗物质

弗里茨 · 兹威基（Fritz Zwicky，1898—1974）
薇拉 · 库珀 · 鲁宾（Vera Cooper Rubin，1928—2016）

暗物质存在的最早证据之一是天文学家路易丝 · 沃尔德斯（Louise Volders）在 1959 年所做的观测，她证明了旋涡星系 M33（图为 NASA 雨燕卫星紫外图像）并没有如预期一样按标准的牛顿动力学自转。

黑洞（1783 年）、中微子（1956 年）、超对称（1971 年）、暗能量（1998 年）、蓝道尔-桑德拉姆膜（1999 年）

1933 年

天文学家肯 · 弗里曼（Ken Freeman）和科学教育家杰夫 · 麦克纳马拉（Geoff McNamara）写道：“虽然科学教师经常告诉他们的学生，元素周期表显示了宇宙是由什么组成的，但这并不准确。现在我们知道，宇宙的大部分，大约有 96% 是由无法简单描述的暗物质和暗能量构成的……”无论暗物质的成分是什么，它都不会发射或反射足以被直接观测到的光或其他形式的电磁辐射。科学家只能从它对可见物质的引力效应（如星系的自转速度）来推断它的存在。

大多数暗物质可能并不是由标准的基本粒子（如质子、中子、电子和已知的中微子）所组成，而是由一些假想的成分，如惰性中微子（sterile neutrino）、轴子（axion）和弱相互作用大质量粒子（WIMP，包括中性微子）组成的，它们不发生电磁相互作用，因此难以被探测。假想的中性微子与中微子相似，但更重，速度也更慢。理论家们还考虑过一种疯狂的可能性，即暗物质包括引力子（传递引力相互作用的假想粒子），它们从邻近的宇宙渗透到我们的宇宙中。如果我们的宇宙位于一张“漂浮”在更高维度空间内的膜上，那么暗物质就可以用邻近膜上的普通恒星和星系来解释。

1933 年，天文学家弗里茨 · 兹威基通过对星系边缘运动的研究，为暗物质的存在提供了证据。他的研究表明，星系有大量的质量无法被探测到。20 世纪 60 年代末，天文学家薇拉 · 鲁宾证明，旋涡星系中大多数恒星的轨道运动速度大致相同，这意味着在星系中恒星所在的位置周围存在暗物质。2005 年，来自加的夫大学的天文学家相信他们在室女星系团（Virgo Cluster）中发现了一个几乎完全由暗物质组成的星系。

弗里曼和麦克纳马拉写道：“暗物质再一次提醒了我们，人类在宇宙中是多么微不足道，我们甚至不是由组成了宇宙绝大部分的物质所组成的。我们的宇宙主要是由黑暗的材料构筑。”■

中子星

弗里茨·兹威基（Fritz Zwicky，1898—1974）
乔斯琳·贝尔·伯内尔（Jocelyn Bell Burnell，1943— ）
威廉·海因里希·瓦尔特·巴德（Wilhelm Heinrich Walter Baade，1893—1960）

2004 年，一颗中子星经历了一场“恒星地震”，导致它爆发出明亮的耀斑，所有的 X 射线卫星都因此短暂地失明。爆炸是由中子星扭曲的磁场造成的，这样的磁场能够弯曲中子星的表面。（来自 NASA 的艺术想象图）

黑洞（1783 年）、泡利不相容原理（1925 年）、中子（1932 年）、白矮星和钱德拉塞卡极限（1931 年）

当大量的氢气在引力作用下开始自身的坍缩时，恒星就诞生了。随着恒星的凝聚，温度升高，产生光，形成了氦。最终，这颗恒星耗尽了氢燃料，开始冷却，并且迈进了“死亡的墓地”，此时有几种可能的归宿，一种是黑洞，或者是它压缩得很紧密的同类，如白矮星（恒星相对较小的情况下形成），或者中子星。

尤其是，在一颗大质量恒星耗尽核燃料之后，由于引力的作用，中心区域坍塌，且恒星经历超新星爆炸，外层被吹走。几乎完全由不带电的亚原子粒子中子构成的中子星可能就在这样的引力坍缩过程中产生了。根据泡利不相容原理，中子之间存在斥力，中子星无法完全引力坍缩成黑洞。一颗典型中子星的质量是太阳质量的 1.4 ～ 2 倍，但其半径只有 12 千米左右。有趣的是，中子星是由一种叫作中子态的特殊物质构成的，它的密度非常巨大，一块方糖大小就足以包含全体人类的总质量。

脉冲星是一种快速旋转、高度磁化的中子星，发出稳定的电磁辐射，且由于自转，它的辐射以脉冲的形式到达地球。脉冲的间隔从数毫秒到数秒不等。最快的毫秒脉冲星每秒自转超过 700 次！脉冲星是在 1967 年由研究生乔斯琳·贝尔·伯内尔发现的，她找到一种以恒定频率闪烁的射电源。1933 年，就在中子被发现的一年后，天体物理学家弗里茨·兹威基和瓦尔特·巴德提出存在中子星。

在小说《龙蛋》（*Dragon's Egg*）中，有生物就居住在中子星上，那里的引力非常强，因此星球上的山只有大约 1 厘米高。■

切伦科夫辐射

伊戈尔·叶夫根耶维奇·塔姆（Igor Yevgenyevich Tamm，1895—1971）
帕维尔·阿列克谢耶维奇·切伦科夫（Pavel Alekseyevich Cherenkov，1904—1990）
伊利亚·米哈伊洛维奇·弗兰克（Ilya Mikhailovich Frank，1908—1990）

图中展示的是在美国爱达荷国家实验室的先进实验反应堆的核心发出的蓝光，这蓝光就是由切伦科夫辐射产生的。其堆芯被浸在水中。

斯涅尔折射定律（1621 年）、轫致辐射（1909 年）、鞭子的高超声速音爆（1927 年）、音爆（1947 年）、中微子（1956 年）

1934 年

切伦科夫辐射是在当带电粒子（如电子）以高于（介质中）光速的速度通过透明介质（如玻璃或水）时发出的。这类辐射最常见的例子之一涉及核反应堆，这些反应堆通常被放置在作为屏蔽的水池之中。核反应堆的核心可能被笼罩在由核反应产生的粒子发出的切伦科夫辐射所引起的怪异的蓝光之中。这种辐射以 1934 年研究了这一现象的俄罗斯科学家帕维尔·切伦科夫的名字命名。当光穿过透明介质时，由于光子与介质中的原子的相互作用，总体来说，光比其在真空中移动得慢。这就像一辆跑车在高速公路上行驶，但时不时地被警察拦下。如果有警察在场，汽车就不能以最快的速度到达公路的尽头。在玻璃或水中，光通常以其在真空中的速度的 70% 左右传播，而带电粒子在这类介质中运动的速度可能比光快。

特别是，带电粒子穿过介质时置换了沿其路径的一些原子的电子。被置换的原子电子发出辐射，形成一种强烈的电磁波，让人联想到水中的快艇所产生的弓形激波，或是在空气中超音速飞机所产生的音爆。

由于发射的辐射呈锥形，锥角与介质中粒子的速度和光的速度有关，切伦科夫辐射可以为粒子物理学家提供有关被研究粒子速度的有用信息。也由于在该类辐射方面的开创性工作，切伦科夫与物理学家伊戈尔·塔姆和伊利亚·弗兰克共享了 1958 年的诺贝尔奖。■

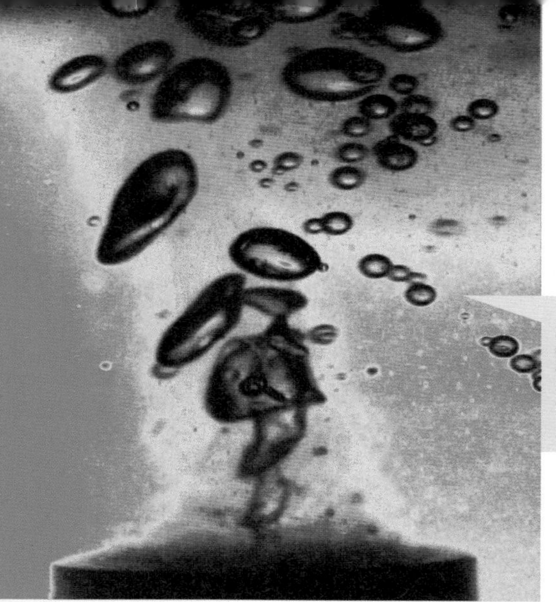

声致发光

当液体受到超声波作用时，气泡就会形成并破裂。化学家肯尼斯·萨斯里克（Kenneth Suslick）写道："气穴现象导致了这些气泡的内爆破裂，产生的温度比太阳表面的温度还高得多。"

摩擦发光（1620 年）、亨利气体定律（1803 年）、等离子体（1879 年）

1934 年

声致发光（Sonoluminescence，SL）让我想起了 20 世纪 70 年代的"发光体"，当时流行在舞会上把音乐转换成随着音乐节拍而闪烁的彩色灯光。然而，声致发光产生的光肯定比他们舞会上的迷幻灯光更为炽热而短暂！

声致发光是指在声波的刺激下，液体中气泡内爆产生的短脉冲光辐射。1934 年，德国研究人员 H. 弗伦策尔（H. Frenzel）和 H. 舒尔茨（H.Schultes）首次观察到声致发光。在实验中，两人为了加快相片显影的过程，将一台超声波发生器置入注满显影剂的水槽中，事后却在显影后的底片上观察到一些微小的亮点，这些亮点是打开声源时激发出的气泡产生的。1989 年，物理学家劳伦斯·克拉姆（Lawrence Crum）和他的研究生 D. 费利佩·盖坦（D. Felipe Gaitan）发现了单气泡声致发光。在单气泡声致发光中，一个被限制在声音驻波中的气泡会随着自身周期性的被压缩而不断发出光来。

一般来说，当声波刺激液体中形成气体腔时（该过程称为气穴现象），就会出现声致发光。当气泡破裂时，会产生超音速冲击波，并且气泡的温度会飙升至比太阳表面还高的温度，从而产生等离子体。破裂的速度可能超过 50 皮秒（即 50 个万亿分之一秒），由于等离子体中粒子的碰撞，会产生蓝光、紫外线和 X 射线。气泡破裂发出光的时候其直径大约为 1 微米，与一个细菌的大小相当。

该过程的温度至少可以达到 35 500 °F（20 000 K），足以使一颗钻石沸腾。一些研究人员推测，如果该温度能够进一步升高，声致发光可能会被用来引起热核融合。

自然界中的鼓虾也会产生一种类似于声致发光的现象。当它们突然拍打钳子时，就会产生一个破裂的气泡，产生冲击波。这种冲击波会产生巨响来击晕猎物，同时也会产生用光电倍增管可以探测到的微弱光线。■

EPR 佯谬

阿尔伯特 · 爱因斯坦（Albert Einstein，1879—1955）
鲍里斯 · 波多尔斯基（Boris Podolsky，1896—1966）
纳森 · 罗森（Nathan Rosen，1909—1995）
阿兰 · 阿斯佩（Alain Aspect，1947— ）

艺术家再现的“超距幽灵反应”。一旦一对粒子处于纠缠态，那么其中一个粒子的某种特殊变化会立即反映在另一个粒子上，即使这对粒子被以星际距离隔开。

施特恩-格拉赫实验（1922 年）、互补原理（1927 年）、薛定谔的猫（1935 年）、贝尔定理（1964 年）、量子计算机（1981 年）、量子隐形传态（1993 年）

量子纠缠（quantum entanglement，QE）指的是量子粒子之间的一种密切联系，例如两个电子或两个光子之间的联系。一旦这对粒子纠缠在一起，那么其中一个粒子的一种特殊变化会立即在另一个粒子上反映出来，并且这对粒子之间的距离是几英寸还是相距行星间的距离对于这种现象都无关紧要。这种纠缠非常违反直觉，阿尔伯特 · 爱因斯坦称之为“幽灵”，并认为这证明了量子理论，尤其是哥本哈根解释存在瑕疵，该解释认为在许多情况下量子系统处于一个概率不确定态，直到观察后才到达一个明确的状态。

1935 年，阿尔伯特 · 爱因斯坦、鲍里斯 · 波多尔斯基和纳森 · 罗森发表了一篇著名的爱因斯坦-波多尔斯基-罗森悖论（Einstein-Podolsky-Rosen Paradox，EPR 佯谬）的论文。假设同一个源发射出两个粒子使得它们的自旋处于相反态的量子叠加态中，标记为“+”和“-”。两个粒子在测量前都没有确定的自旋。两个粒子彼此飞离，一个去往佛罗里达，另一个去加往利福尼亚。根据量子纠缠，如果佛罗里达的科学家测量自旋并发现了是“+”，那么加利福尼亚的粒子的自旋就会立即被认定为“-”，尽管光速禁止了信息的超光速（FTL）传递。但是请注意，这里没有实际发生超光速信息通信。佛罗里达不能使用纠缠态发送信息到加利福尼亚，因为佛罗里达并没有操纵它们粒子的自旋，它们的粒子自旋为“+”和“-”的概率各为 50 %。

1982 年，物理学家阿兰 · 阿斯佩对来自同一原子单个事件中发射的反向光子对进行了实验，从而确保了光子对的相关性。他证明了 EPR 佯谬中的瞬时连接确实发生了，即使粒子对被以任意大的距离分开。

今天，量子密码学领域正在研究量子纠缠，以传送无法被监视而不留任何痕迹的信息。如今正在开发中的简易量子计算机可以并行地进行计算，并且比传统计算机运算速度更快。■

1935 年

薛定谔的猫

埃尔温·鲁道夫·约瑟夫·亚历山大·薛定谔（Erwin Rudolf Josef Alexander Schrödinger，1887—1961）

当盒子被打开时，观察的行为本身就可能叠加态坍缩，导致薛定谔的猫不是活的就是死的。本图中，薛定谔的猫幸运地活着出来了。

放射性（1896 年）、盖革计数器（1908 年）、互补原理（1927 年）、量子隧穿（1928 年）、EPR 佯谬（1935 年）、平行宇宙（1956 年）、贝尔定理（1964 年）、量子永生（1987 年）

1935 年

薛定谔的猫使我想起了鬼魂，或者可能是恐怖的僵尸——一种同时活着和死去的状态。1935 年，奥地利物理学家埃尔温·薛定谔发表了一篇文章，提出一个让科学家至今仍感到困惑不解且众说纷纭的悖论。

薛定谔曾对当时新提出的量子力学的哥本哈根解释感到不安，该解释认为从本质上而言一个量子系统（如电子）在观测完成之前以概率云的形式存在。在更高的层次上，这似乎表明在没有观察到的情况下，精确地询问原子和粒子在做什么是毫无意义的；在某种意义上，现实是由观察者意识决定的。在被观察之前，这个系统具有所有的可能性。这对我们的日常生活意味着什么呢?

假设一只活猫被放在一个盒子里，而盒子里有一个放射源、一个盖革计数器和一个装有致命毒药的密封玻璃瓶。当放射性衰变事件发生时，盖革计数器会对事件进行测量，并触发一个释放锤子的机制去砸碎玻璃瓶，释放出毒药并杀死猫。假设量子理论预测每小时发射一个衰变粒子的概率为 50%。那么一小时后，猫活着或者死去的概率是相等的。根据哥本哈根解释的某些观点，猫似乎既是活的又是死的——两种状态的混合，被称为叠加态。一些理论家认为，如果你打开盒子，观察的行为本身就“叠加态坍缩”，导致猫不是活的就是死的。

薛定谔说，他提出的这个实验证明了哥本哈根解释的无效性，并且爱因斯坦也同意这一说法。从这个思维实验中引发出许多问题：谁可以成为一个有效的观察者？盖革计数器吗？一只苍蝇吗？猫能观察自己从而坍缩自己的状态吗？这个实验真正说明了什么样的现实本质？■

181

超流体

彼得·列昂尼多维奇·卡皮察（Pyotr Leonidovich Kapitsa，1894—1984）
弗里茨·沃尔夫冈·伦敦（Fritz Wolfgang London，1900—1954）
约翰·"杰克"·弗兰克·艾伦（John "Jack" Frank Allen，1908—2001）
唐纳德·米塞纳（Donald Misener，1911—1996）

阿尔弗雷德·莱特纳（Alfred Leitner）1963 年的电影《液氦，超流体》（*Liquid Helium*）中的画面。液氦处于超流体状态，一层薄膜沿着悬空杯的内壁缓缓向上攀爬，在外侧滑下，并在底部形成一个液滴。

滑溜的冰（1850 年）、斯托克斯黏度定律（1851 年）、氦的发现（1868 年）、超导电性（1911 年）、橡皮泥（1943 年）、玻色－爱因斯坦凝聚（1995 年）

1937 年

就像科幻电影中会缓慢爬行的液体一样，超流体的怪异行为引起物理学家们的持续了数十年的兴趣。当超流体状态的液氦被放置在一个容器中时，它会沿着容器壁向上攀爬并流出容器。此外，超流体在其容器旋转的情况下不会跟着旋转而保持静止。它似乎能够寻找并穿透微观的裂缝和孔隙，使得传统意义上足够完好的容器出现超流体泄漏。将你的一杯咖啡——杯子里的液体在旋转——放在桌子上，几分钟之后咖啡就静止了。但是如果你用超流氦来做这个实验，那么你的后代一千年后再回来看这个杯子，超流体可能仍在旋转。

超流态存在于几种物质中，但通常通过氦-4 来研究，氦-4 是氦的一种常见的天然同位素，包含两个质子、两个中子和两个电子。在一个被称为拉姆达（lambda）温度（−455.49 °F，2.17 K）的极冷临界温度之下，这种液态氦-4 突然获得了无表面摩擦的流动能力，并且导热系数是正常液态氦导热系数的数百万倍，远高于最好的金属导体的导热系数。术语氦 I 指的是温度高于 2.17 K 的液氦，氦 II 指的是低于这个温度的液氦。

超流态是由物理学家彼得·卡皮察、约翰·弗兰克·艾伦和唐纳德·米塞纳在 1937 年发现的。1938 年，弗里茨·伦敦提出，在拉姆达温度下的液氦由两部分组成，一种是具有氦 I 特性的正常流体，另一种是超流体（黏度值本质上等于 0）。当组成的原子开始占据相同的量子态，并且它们的量子波函数重叠时，就会发生普通流体到超流体的转变。就像在玻色－爱因斯坦凝聚中一样，原子失去了它们各自的特性，并表现为一片巨大的摊开的流体。由于超流体没有内部黏度，在流体内部形成的涡流实际上会一直旋转下去。■

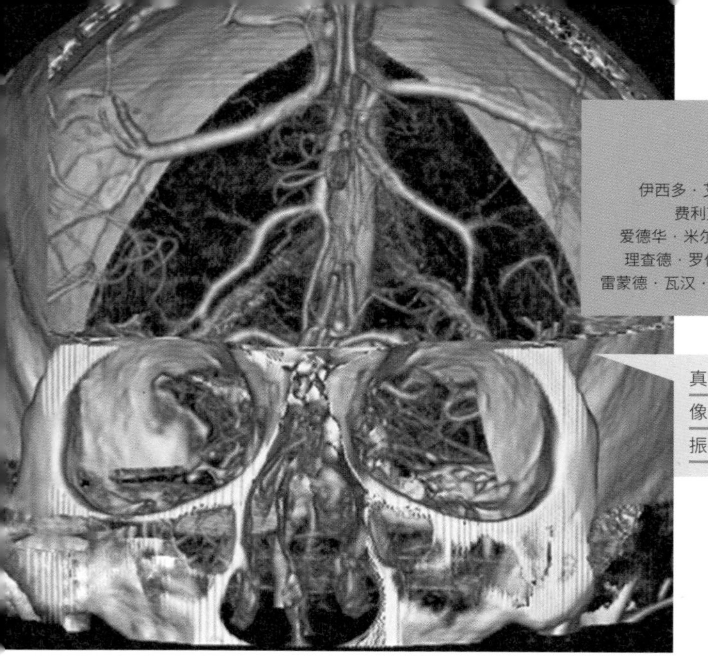

核磁共振

伊西多·艾萨克·拉比（Isidor Isaac Rabi，1898—1988）
费利克斯·布洛赫（Felix Bloch，1905—1983）
爱德华·米尔斯·珀塞尔（Edward Mills Purcel，1912—1997）
理查德·罗伯特·恩斯特（Richard Robert Ernst，1933— ）
雷蒙德·瓦汉·达马迪安（Raymond Vahan Damadian，1936— ）

真实的大脑脉管系统（动脉）的磁共振成像/磁共振血管成像（MRA）。这种核磁共振研究常被用来诊断脑动脉瘤。

氦的发现（1868 年）、X 射线（1895 年）、原子核（1911 年）、超导电性（1911 年）

1938 年

诺贝尔奖获得者理查德·恩斯特写道："科学研究需要强有力的工具来揭示大自然的秘密。核磁共振（NMR）已被证明是最能提供信息的科学工具之一，它的应用涵盖了从固体物理学，到材料科学……甚至到心理学的几乎所有领域，我们也试图利用它理解人类大脑的功能。"

如果一个原子核拥有至少一个未配对的中子或质子，那么该原子核便可以表现得像一个小磁铁。当施加一个外部磁场时，它会产生一种力，可以形象地理解为这种力会导致原子核进动或摆动，就像一个旋转的陀螺一样。核自旋态之间的势能差可以通过增强外磁场而增大。在打开这个静态的外磁场后，引入一个适当频率的射频（radio frequency，RF）信号，可以诱导自旋态之间的跃迁，从而使部分自旋被置于它们的高能态。如果射频信号关闭，自旋会弛豫至较低能态，并产生与自旋反转相关的共振频率的射频信号。这些核磁共振信号产生的信息携带了样本中的特定原子核的信息，因为射频信号会被所在的化学环境改变。因此，核磁共振研究可以产生丰富的分子信息。

核磁共振最早是在 1937 年由物理学家伊西多·拉比发现的。1945 年，物理学家费利克斯·布洛赫、爱德华·珀塞尔和他们的同事改进了这项技术。1966 年，理查德·恩斯特进一步发展了傅里叶变换（Fourier transform，FT）光谱学，并展示了如何利用射频脉冲创建核磁共振信号光谱与频率的关系。1971 年，内科医生雷蒙德·达马迪安指出，正常细胞和恶性细胞中水的氢原子核弛豫速率可能不同，这开启了核磁共振医学诊断的可能性。20 世纪 80 年代初，核磁共振方法开始被应用于磁共振成像（MRI），用来展现人体软组织中普通氢原子核的核磁矩图像。■

来自原子核的能量

莉斯·迈特纳（Lise Meitner，1878—1968）
阿尔伯特·爱因斯坦（Albert Einstein，1879—1955）
利奥·西拉德（Leó Szilárd，1898—1964）
恩里科·费米（Enrico Fermi，1901—1954）
奥托·罗伯特·弗里施（Otto Robert Frisch，1904—1979）

（左图）莉斯·迈特纳是发现核裂变的小组的一员（1906年）。
（右图）第二次世界大战期间，美国田纳西州橡树岭Y-12工厂的质谱仪操作员。这些同位素分离器被用来把铀矿提炼成可裂变物质。在曼哈顿计划（Manhattan Project）建造原子弹的过程中，工人们正在秘密地工作。

放射性（1896年）、$E=mc^2$（1905年）、原子核（1911年）、小男孩原子弹（1945年）、托卡马克（1956年）

1942年

核裂变是一个如铀这样的原子核分裂成更小部分的过程，该过程中通常产生自由中子和更轻的原子核，并释放大量的能量。当中子飞离并分裂其他铀原子时，就会发生连锁反应，让核裂变持续下去。核反应堆利用中子的减速过程来控制产生能量的速度。而核武器以一种快速、不受控制的速度完成这一过程。核裂变的产物本身往往具有放射性，因此可能导致与核反应堆有关的核废料问题。

1942年，在芝加哥大学体育场下面的壁球场上，物理学家恩里科·费米和他的同事们用铀制造了一个受控的核链式反应。费米依据的是物理学家莉斯·迈特纳和奥托·弗里施1939年的研究成果，这两位科学家展示了铀原子核如何分裂成两部分，并释放出巨大的能量。在1942年的实验中，费米用金属棒吸收中子来控制核反应速度。作家艾伦·维斯曼（Alan Weismann）解释说："不到3年，在新墨西哥的沙漠里，他们做了完全相反的事情。这次的核反应（包括使用钚的裂变核反应）计划就是要使核裂变连锁反应完全失控，将巨大的能量瞬间释放出来。后来在一个月内，这个行为在两个日本城市重复了两次……从那以后，人类就一直被核裂变的双重致命性所恐惧和惊骇：先是不可思议的毁灭，然后是漫长的折磨。"

由美国领导的曼哈顿计划是第二次世界大战期间进行的原子弹开发计划的代号。物理学家利奥·西拉德非常关注德国科学家制造核武器的问题，于是他找到阿尔伯特·爱因斯坦，要他在1939年写给罗斯福总统的信上签名，提醒总统注意这一危险。后来的第二种核武器"氢弹"使用的是核聚变反应。■

橡皮泥

橡皮泥和类似的黏土材料都属于非牛顿流体，这种流体具有非同寻常的流动性，其黏度也是可变的。橡皮泥有时看上去像液体，有时又像是具有弹性的固体。

斯托克斯黏度定律（1851 年）、超流体（1937 年）、熔岩灯（1963 年）

1943 年

“史密森学会的美国自然博物馆收藏了很多涉及有趣故事的橡皮泥，那些故事讲述了这种不寻常的产品是如何成为一种美国现象的，”首席档案保管员约翰 · 福克纳（John Fleckner）说。“我们对这个系列很感兴趣，因为它是一个关于发明、商业和创业精神的研究案例。”

1943 年，通用电气公司的工程师詹姆斯 · 赖特（James Wright）将硼酸和硅油混合在一起，无意之中创造出了这种你小时候可能也玩过的彩色黏土。令他惊讶的是，这种材料有许多令人惊讶的特性，它可以像橡皮球一样弹跳。后来，美国营销大师彼得 · 霍奇森（Peter Hodgson）看到了它作为玩具的潜力，将其包装在塑料蛋里以魔术彩蛋（Silly Putty）为商标销售。该商标目前属于美国绘儿乐（Crayola）公司。

如今，橡皮泥中加入了更多的有机硅聚合物材料，例如，其中一种配方包含大约 65% 的二甲基硅氧烷、17% 的二氧化硅、9% 的噻嗪醇 ST、4% 的聚二甲基硅氧烷、1% 的十甲基环戊二烷、1% 的甘油和 1% 的二氧化钛。它不仅有弹性，用力撕扯的话，还能把它撕开。

2009 年，北卡罗来纳州立大学的学生做了一个实验，将一个 50 磅（约合 22.6 千克）的橡皮泥球从 11 楼扔下来，球落地后碎成了许多小碎片。橡皮泥是一种黏度可变的非牛顿流体（例如，它的黏度可能与所受力的大小有关）。与非牛顿流体相对的是像水一样的牛顿流体。牛顿流体的黏度只与温度和压力有关，与作用在流体上的外力无关。

流沙是另一个非牛顿流体的例子。如果你陷入流沙，你慢慢地移动会让流沙像液体一样，这样你将更容易逃脱，但如果你移动很快，快速运动可以导致流沙像固体，这会让你很难逃脱。■

吸水鸟

迈尔斯 · V. 沙利文（Miles V. Sullivan，1917—2016）

自 1945 年发明并于 1946 年获得专利以来，这种会喝水的鸟吸引了许多科学家和老师的注意。这只会不停上下摆动的鸟身上巧妙地结合了许多物理原理。

虹吸管（公元前 250 年）、永动机（1150 年）、玻意耳气体定律（1662 年）、亨利气体定律（1803 年）、卡诺热机（1824 年）、克鲁克斯辐射计（1873 年）

艾德（Ed）和伍迪 · 索比（Woody Sobey）幽默地写道：“如果世界上真有永动机，那一定是吸水鸟。它显然是在没有能量来源的情况下运动的。但事实证明它是一种设计精巧的热机。它的能量来自灯或太阳。”

1945 年，新泽西州贝尔实验室的科学家迈尔斯 · V. 沙利文博士发明了吸水鸟，并于 1946 年申请了专利。自那以后，这种会喝水的鸟一直吸引着科学家和老师的注意。吸水鸟的神秘之处在于众多的物理原理的共同作用，它似乎永远地沿着一个枢轴来回摆动，而且不时地将头伸进一杯水里，然后向后倾斜。

吸水鸟的工作原理如下：鸟的头部覆盖着一层类似毛毡的材料，在鸟的体内装有上色的二氯甲烷溶液，这是一种在相对较低的温度下就会汽化的挥发性液体。空气从鸟的内部抽出，因此鸟的身体里填充了一部分二氯甲烷蒸汽。鸟的运转依靠头部和尾部之间的温差，温度差会在鸟的体内产生压力差。当鸟头湿润时，水从毛毡中蒸发带走热量，令鸟头的温度变低。温度变低时，鸟头内部的一些蒸汽凝结成液体。头部的压力下降是由于冷却和凝结造成的。这个较低的压力使液体从鸟头下面的身体内上升到鸟头。当液体上升到头部时，吸水鸟就会头重脚轻地栽进一杯水中。一旦鸟身倾斜，内部的管子就会使鸟体内的蒸汽泡上升，并取代头部的液体。液体流回身体，鸟儿就会向后倾斜。只要杯子里的水还足够湿润鸟头，这个过程就会重复。■

1945 年

小男孩原子弹

J. 罗伯特·奥本海默（J. Robert Oppenheimer，1904—1967）
小保罗·沃菲尔德·蒂贝茨（Paul Warfield Tibbets，Jr，1915—2007）

1945 年 8 月，矿井拖车摇篮上的“小男孩”。“小男孩”大约 3.0 米长。它可能杀死了 14 万人。

史前核反应堆（20 亿年前）、冯·居里克静电起电机（1660 年）、格雷姆泻流定律（1829 年）、硝化甘油炸药（1866 年）、放射性（1896 年）、托卡马克（1956 年）、电磁脉冲（1962 年）

1945 年 7 月 16 日，美国物理学家 J. 罗伯特·奥本海默在新墨西哥州的沙漠中目睹了第一颗原子弹爆炸，他想起了《薄伽梵歌》(*Bhagavad Gita*) 中的一句话：“现在我变成了死神，世界的毁灭者。”奥本海默是曼哈顿计划的主持者，美国在第二次世界大战中为了开发核武器而启动了该计划。

核武器的爆炸是核裂变、核聚变或这两种过程结合的结果。原子弹一般依靠核裂变，铀或钚的某些同位素会分裂成较轻的原子，在连锁反应中释放中子和能量。热核炸弹（或氢弹）的部分破坏力来自核聚变。在非常高的温度下，氢的同位素结合形成较重的元素并释放能量。通过引爆裂变式原子弹来达到足以产生核聚变反应的高温。

“小男孩”是 1945 年 8 月 6 日由保罗·蒂贝茨上校驾驶的埃诺拉·盖伊轰炸机在日本广岛投下的原子弹的名字。这个“小男孩”长约 3.0 米，含有 64 千克的浓缩铀。在离开飞机后，四个雷达高度计被用来探测炸弹的高度。为了达到最大的破坏力，原子弹设定在 580 米的高度爆炸。当四个测高计中的任意两个测高计感应到预设的高度时，一个线状无烟火药引信就会在炸弹中爆炸，将一块铀 235 沿着一个气缸投射到另一块铀 235 上，从而产生一种自我维持的核反应。爆炸后，蒂贝茨回忆起“可怕的云……沸腾起来，像一个恐怖的大蘑菇，而且难以置信地高”。“小男孩”造成多达 14 万人死亡——大约一半人死于直接爆炸，另一半则是死于辐射带来的伤害。奥本海默后来指出：“科学中的重要发现不是因为有用所以才被发现，而是因为它们可能被发现，所以才被发现。”■

恒星核合成

弗雷德·霍伊尔（Fred Hoyle，1915—2001）

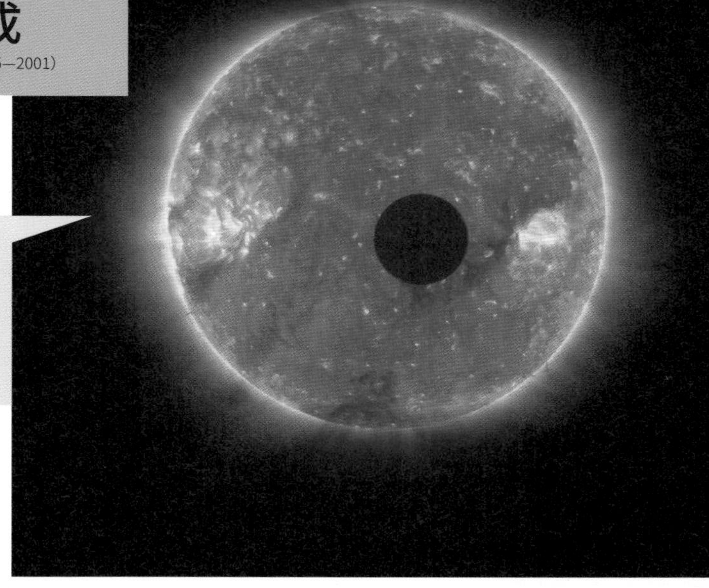

从太阳前经过的月球，这是美国航空航天局的 STEREO-B 宇宙飞船在 2007 年 2 月 25 日捕捉到的四种波长极紫外光合成的图像。由于这颗卫星比地球离太阳更远，因此月球看起来比平常要小。

大爆炸（137 亿年前）、夫琅和费谱线（1814 年）、$E = mc^2$（1905 年）、原子核（1911 年）、托卡马克（1956 年）

1946 年

“你应谦卑，因为你源自粪土。你很高尚，因为你由繁星所组成。”这句古老的塞尔维亚谚语旨在提醒我们，若不是恒星产生了比氢和氦重的元素，并最终死亡、爆发并将之散落到宇宙之中，那么今天的宇宙就不会大量存在这些元素了。虽然氢和氦等轻元素是在大爆炸后的最初几分钟内产生的，但后续较重元素的核合成（产生较重原子核的过程）需要大质量恒星进行长时间的核聚变反应。超新星爆发迅速产生了甚至更重的元素，这是由于恒星核心爆发时的剧烈核反应。非常重的元素，比如金和铅，产生于超新星爆发时的极度高温和强烈中子流中。下次你看到朋友手指上的金戒指时，就想想大质量恒星中的超新星爆发吧。

1946 年，天文学家弗雷德·霍伊尔对恒星形成重核的机制进行了开创性的理论研究，他展示了高温的原子核是如何合成铁元素的。

在撰写这个条目的时候，我在办公室里抚摸着一具剑齿虎的头骨。没有繁星，就没有这些头骨。如前所述，大多数元素，如骨骼中的钙，最初是在恒星中合成的，然后随着恒星死亡被吹入太空。没有繁星，热带稀树草原上奔跑的老虎就会像幽灵一样消失。没有铁原子供它造血，没有氧原子供它呼吸，没有碳原子供它合成蛋白质和 DNA。垂死的古老恒星中产生的原子被吹过了遥远的距离，最终形成了围绕太阳聚集的行星中的元素。没有这些超新星的爆发，就不会有雾气笼罩的沼泽、电脑芯片、三叶虫、莫扎特，也不会有小女孩的眼泪。没有这些爆发的恒星，也许会有天堂，但肯定没有地球。■

晶体管

尤里乌斯·埃德加·利林菲尔德（Julius Edgar Lilienfeld，1882—1963）
约翰·巴丁（John Bardeen，1908—1991）
沃尔特·豪泽·布莱顿（Walter Houser Brattain，1902—1987）
威廉·布拉德福德·肖克利（William Bradford Shockley，1910—1989）

1954 年 10 月发布的 Regency TR-1 收音机是第一台批量生产的应用晶体管的收音机。这里显示的是理查德·科赫晶体管无线电专利中的一张图片。科赫受雇于制造 TR-1 的公司。

真空管（1906 年）、量子隧穿（1928 年）、集成电路（1958 年）、量子计算机（1981 年）、巴基球（1985 年）

1947 年

一千年后，当我们的后人回顾历史，他们会将 1947 年 12 月 16 日作为信息时代的开端，在这天贝尔电话实验室的物理学家约翰·巴丁和沃尔特·布莱顿将两个电极连接到一块（一个接电的金属板）的经过特殊处理的锗片上，这块锗片放置在作为第三电极的一块金属板上。当上面的一个电极引入一个小电流时，另一个更强的电流就会流过另外两个电极。晶体管（transistor）由此诞生了。

虽然这一发现具有重大意义，巴丁的反应却相当平静。那天晚上，他从自家厨房的门走进来，低声对妻子咕哝了一句："我们今天发现了一件重要的事情。"他们的同事、科学家威廉·肖克利理解该设备的巨大潜力，也为半导体知识做出了贡献。后来，肖克利因为被排除在贝尔实验室的晶体管专利（只有巴丁和布莱顿的名字）之外而十分愤怒，他设计了一种更好的晶体管。

晶体管是一种可用于放大或转换电子信号的半导体器件。半导体材料的导电性可以通过引入电信号来控制。根据晶体管的设计，施加在晶体管两端的电压或电流会改变流经另一端的电流。

物理学家迈克尔·里奥丹（Michael Riordan）和利连·霍德森（Lillian Hoddeson）写道："很难想象还有什么设备比微型集成电路片和它的起源——晶体管对现代生活更重要。每时每刻，世界各地的人们都在享受着他们的巨大福利——手机、自动取款机、手表、计算器、电脑、汽车、收音机、电视机、传真机、复印机、红绿灯以及成千上万的电子设备。毫无疑问，晶体管是 20 世纪最重要的发明，也是电子时代的'神经细胞'。"在未来，由石墨烯（碳原子片）和碳纳米管制成的高速晶体管可能会变得实用。事实上，最早的晶体管专利申请是由物理学家尤里乌斯·利林菲尔德在 1925 年提出的。■

音爆

查尔斯·埃尔伍德·“查克”·耶格尔（Charles Elwood “Chuck” Yeager，1923— ）

这是被称为普兰特－格劳尔奇点（Prandt-Glauert singularity）的锥状云，有时会有一个蒸汽锥围绕着以接近音速飞行的飞机。这里显示的是一架 F/A-18 大黄蜂喷气式飞机在太平洋上空突破音障的场景。

多普勒效应（1842 年）、齐奥尔科夫斯基火箭方程（1903 年）、鞭子的高超声速音爆（1927 年）、切伦科夫辐射（1934 年）、风速最快的龙卷风（1999 年）

音爆（sonic boom）一词通常指飞机超音速飞行时发出的声音。由于空气被高度压缩而产生的冲击波形成轰鸣声。雷声是自然界中音爆的一个例子，当闪电电离空气，使其超音速膨胀时，就会产生雷声。牛鞭发出的噼啪声是当牛鞭末端的移动速度超过音速时产生的小音爆。

为了直观地观察音爆的波动现象，设想一艘快艇留下一个 V 形尾流。你把手放在水里。当尾流打到你的手时，你会有被拍打的感觉。当飞机在空气中的速度比声音的速度快时（在飞机通常飞行的冷空气中，速度为 1 马赫，或者大约 1062 千米 / 小时），飞机后面的冲击波会像一个锥形。当这个圆锥体的边缘最终到达你的耳朵时，你会听到巨大的轰鸣声。不仅飞机的机头会产生冲击波，其他前缘也会，比如机尾和机翼前部。在飞机以 1 马赫或更快速度飞行的整个过程中，都会产生这种音爆。

20 世纪 40 年代，有人猜测“突破音障”是不可能的，因为当时韩国的飞行员试图迫使飞机以接近 1 马赫的速度飞行，结果遭遇了严重的震动，几名飞行员在飞机解体时死亡。第一个正式突破音障的人是在 1947 年 10 月 14 日驾驶一架贝尔 X-1 飞机的美国飞行员查克·耶格尔。陆地上的音障直到 1997 年才被一辆英国喷气式汽车打破。有趣的是，耶格尔在接近 1 马赫时也遇到了和韩国飞行员一样的震动问题，但他驾驶着飞机在经历了一种奇怪的安静时间后，冲到了自己产生的噪声和冲击波前面。■

1947 年

全息图

丹尼斯 · 伽博（Dennis Gabor，1900—1979）

50 欧元纸币上的全息图。安全类全息图很难伪造。

斯涅尔折射定律（1621 年）、布拉格晶体衍射定律（1912 年）、激光（1960 年）

1947 年

全息技术是实现真实的三维图像的记录和再现的技术，由此产生的图像叫作全息图。该技术由物理学家丹尼斯 · 伽博于 1947 年发明，他也因此获得了 1971 年的诺贝尔奖。在他的诺贝尔奖获奖感言中谈到全息图时说："我不需要写下一个方程式，也不需要展示一个抽象的图形。当然，人们可以把几乎任何数量的数学知识引入全息图，但其基本要点可以从物理论证中得到解释和理解。"

比如从许多角度记录一个桃子的全息图，可以存储在摄影底片上。为了产生透射全息图，使用分束器将激光分为参考光束和目标光束。参考光束不直接照射桃子，而是通过一面镜子指向记录底片。目标光束瞄准桃子，桃子反射的光与参考光束相遇，在底片上形成干涉图样。这种条纹和螺纹型的图案完全无法辨认。在底片冲洗完成后，通过将光以与参考光束相同的角度照射到全息图上，可以在空间中重建桃子的三维图像。全息图上的细密条纹使光线发生衍射或偏转，从而形成三维图像。

物理学家约瑟夫 · 卡斯帕（Joseph Kasper）和史蒂芬 · 菲勒（Steven Feller）写道："当你第一次看到全息图时，你肯定会感到困惑和难以置信。你可以把手放在明显有图像的地方，却发现那里什么都没有。"

透射全息图利用从后面照射到显影胶片上的光，反射全息图利用从胶片前面照射到胶片上的光。有些全息图需要激光才能看到，而彩虹全息图（比如信用卡上常见的带有反光涂层的全息图）可以不用激光就能看到。全息图也可以以光学形式存储大量的数据。■

量子电动力学

保罗·阿德里安·莫里斯·狄拉克（Paul Adrien Maurice Dirac，1902—1984）
朝永振一郎（Sin-Itiro Tomonaga，1906—1979）
理查德·菲利普斯·费曼（Richard Phillips Feynman，1918—1988）
朱利安·西摩·施温格（Julian Seymour Schwinger，1918—1994）

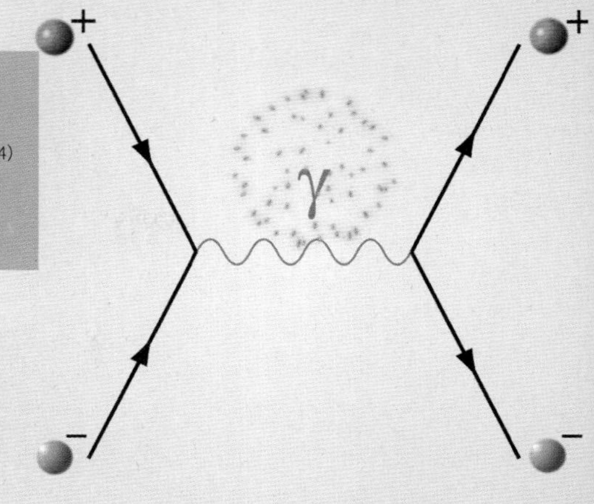

这幅简化的费曼图描绘了一个电子和一个正电子的湮灭，并产生一个光子，这个光子又衰变成一个新的正负电子对。费曼对他画的图非常满意，他把它们画在了他的货车的侧面。

电子（1897 年）、光电效应（1905 年）、标准模型（1961 年）、夸克（1964 年）、万物理论（1984 年）

1948 年

物理学家布莱恩·格林（Brian Greene）写道："量子电动力学（Quantum Electrodynamics）可以说是有史以来最精确的自然现象理论。 通过量子电动力学，物理学家已经能够固化光子作为'最小可能的光束'的角色，并在一个完备、可预测和令人信服的数学框架内揭示它们与像电子一类的带电粒子的相互作用。"量子电动力学在数学上描述了光与物质的相互作用，以及带电粒子之间的相互作用。

1928 年，英国物理学家保罗·狄拉克为量子电动力学奠定了基础，20 世纪 40 年代后期，物理学家理查德·费曼、朱利安·施温格和朝永振一郎对量子电动力学理论进行了改进和发展。量子电动力学的基本观点是带电粒子（如电子）通过发射和吸收光子相互作用的理论，并且光子是传递电磁力的粒子。有趣的是，这些光子是"虚拟的"，不能被探测到，但它们为相互作用的粒子通过吸收或释放光子的能量，改变速度和行进方向时提供了相互作用的"力量"。通过弯弯曲曲的费曼图，可以图形化地表示和理解这种相互作用。这些图也帮助物理学家计算特定相互作用发生的概率。

根据量子电动力学理论，在相互作用中交换的虚光子的数量越多（例如一个更复杂的相互作用），该过程发生的概率就越小。量子电动力学预测的准确性令人震惊。例如，电子所携带的磁场强度的预测值与实验值非常接近，以至于如果你以这种精度测量从纽约到洛杉矶的距离，你就能把数值精确到人类头发的直径。

量子电动力学也是后续许多理论的出发点，例如始于 20 世纪 60 年代早期的量子色动力学，这一理论涉及通过交换一种名为胶子的粒子，将夸克结合在一起的强相互作用力。夸克是组成质子和中子等亚原子粒子的基本粒子。■

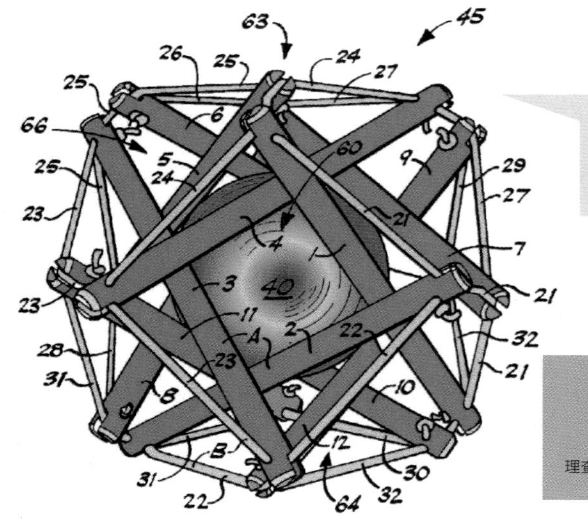

美国专利 3695617 的示意图，专利名称为“张拉整体结构积木，”该专利于 1972 年获得。刚性支架用深绿色表示，通过滑动支架取出里面的球。

张拉整体结构

肯尼斯 · 斯内尔森（Kenneth Snelson，1927—2016）
理查德 · 巴克敏斯特 · “巴基” · 富勒（Richard Buckminster “Bucky” Fuller，1895—1983）

桁架（公元前 2500 年）、拱（公元前 1850 年）、工字梁（1844 年）、里拉斜塔（1955 年）

古希腊哲学家以弗所的赫拉克利特（Heraclitus of Ephesus）曾写道，世界是“张力的和谐”。这种哲学最有趣的体现之一就是张拉整体系统，它的发明者巴克敏斯特 · 富勒将其描述为“张力海洋中的压缩岛屿”。

想象一个只有杆和缆索的结构。缆索将杆的两端连接。这些刚性杆从不互相接触。这个结构稳定的抵抗着重力。看起来这么脆弱的一堆东西是怎么保存下来的呢？

这种结构的完整性和稳定性是由拉力（由金属丝施加的拉力）和压缩力（压缩金属杆的力）的平衡来维持的。举一个这种力的例子，当我们将悬挂的弹簧两端压在一起的时候是在压缩它，当我们把两端拉开，弹簧就会产生更大的拉力。

在张拉整体系统中，受压缩的刚性支柱倾向于拉伸（或拉紧）张力缆索，从而压缩支柱。其中一根缆索的张力增加，会导致整个结构的张力增加，而支柱的压力则会增加。总的来说，张拉整体结构中所有方向的力之和为零。如果不是这样，建筑可能会散开（就像从弓上射出的箭）或倒塌。

1948 年，艺术家肯尼斯 · 斯内尔森制作了他的风筝形状的“X-Piece”张拉整体结构。后来，巴克敏斯特 · 富勒为这种结构创造了“张拉整体”（tensegrity）一词。富勒意识到他的巨型圆顶建筑的强度和效率是基于一种类似的、在空间中分布和平衡机械力的结构性稳定 。

在某种程度上，我们人体也是一个骨骼承受压力，肌腱负责平衡的张拉整体系统。微观动物细胞的细胞骨架也类似于张拉整体系统。张拉整体结构实际上模拟了在活细胞中观察到的一些行为。■

卡西米尔效应

亨德里克·布鲁特·格哈德·卡西米尔（Hendrik Brugt Gerhard Casimir，1909—2000）
叶夫根尼·米哈伊洛维奇·利夫希茨（Evgeny Mikhailovich Lifshitz，1915—1985）

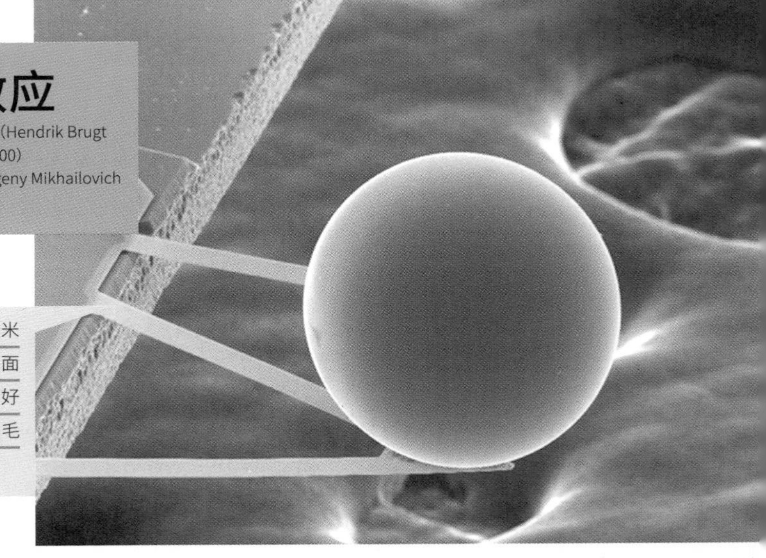

扫描电子显微镜下直径略微超过十分之一毫米的球体由于卡西米尔效应会趋向于光滑的平面（图中未显示）。卡西米尔效应帮助科学家更好地预测微机械零件的运作。[照片由奥马尔·毛西丁（Umar Mohideen）提供]

热力学第三定律（1905 年）、虫洞时间机器（1988 年）、量子复活（100 万亿年后）

1948 年

卡西米尔效应通常指真空中两块不带电的平行板块之间的奇怪吸引力。了解卡西米尔效应的一种办法是根据量子场理论想象真空的性质。“完全不是空的，”物理学家斯蒂芬·鲁克罗夫特（Stephen Reucroft）和约翰·斯温（John Swain）写道：“近代物理假设真空充满了波动中的电磁波，永远不能完全消除，就像大海里出现永不停止的波浪一样。”这些波包含所有可能的波长，它们的存在意味着空间包含一定量的能量。这些能量被称为零点能。

如果两个平行的板块离得特别近（例如几纳米的距离），波长较长的电磁波将被排斥在外，板块之间的真空能量的总量将小于板外的，从而导致金属板互相吸引。可以想象板块禁止了所有与板块之间的空间尺度不相容的波动。这种吸引力由物理学家卡西米尔在 1948 年首次预测。

卡西米尔效应理论的应用已经被提出，从使用它的“负能量密度”去支持不同时空区域之间可穿越的开放虫洞，到用它来发展悬浮设备——在物理学家叶夫根尼·米哈伊洛维奇·利夫希茨推理认为卡西米尔效应可以增强排斥力后。微机械或纳米机器设备的研究人员在设计微型机器时可能需要考虑卡西米尔效应的影响。

在量子理论中，真空其实是一片由幽灵般出没的虚拟粒子组成的海洋。从这个角度来看，人们可以理解卡西米尔效应，因为某些波长是被禁止的，所以在平板之间存在较少的虚拟光子。板块外的光子的压力会将板块压在一起。请注意，卡西米尔力也可以不用零点能量而用其他方法来解释。■

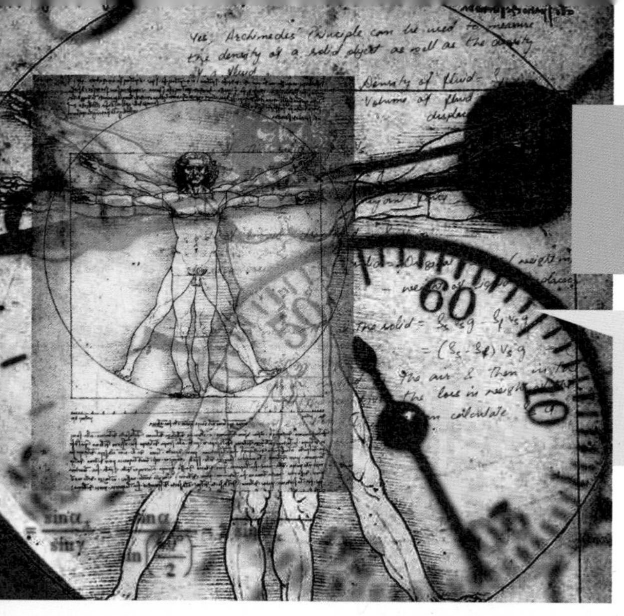

时间旅行

阿尔伯特 · 爱因斯坦（Albert Einstein，1879—1955）
库尔特 · 哥德尔（Kurt Gödel，1906—1978）
基普 · 斯蒂芬 · 索恩（Kip Stephen Thorne，1940— ）

如果时间也如空间一样，也许在某种意义上，过去仍然存在于“那里”，就像你离家之后，你的家仍然存在一样？如果可以回到过去，你会去拜访哪一位天才呢？

快子（1967 年）、虫洞时间机器（1988 年）、狭义相对论（1905 年）、广义相对论（1915 年）、时序保护猜想（1992 年）

时间是什么？时间旅行有可能发生吗？几个世纪以来，这些问题一直在吸引着哲学家和科学家们的兴趣。今天，我们确信时间旅行是有可能发生的。举例来说，科学家们已经证实，高速运动的物体比实验室参考系下的静止物体衰老得要慢。如果能搭乘接近光速的火箭在外太空来一趟往返旅行，你就可以穿越数千年抵达未来的地球。科学家们已经在很多方面证实了这种时间放慢或“延缓”效应。例如，在 20 世纪 70 年代，科学家们将原子钟放在飞行的飞机上，以此来证明，与地球上的时钟相比，这些时钟的时间有轻微的变慢。此外在质量非常巨大的区域附近，时间也会出现明显的放慢。

虽然与去往未来相比可能会更加困难，但从理论上来说，我们有多种方式可以构建回到过去的时间机器，而且似乎并不违反已知的物理定律。大多数回到过去的方法依赖于超高的引力或虫洞（假想的穿越时空的“捷径”）。对艾萨克 · 牛顿来说，时间就像一条笔直流淌的河流，没有任何力量可以让它偏转。爱因斯坦证明了这条河流可以弯曲，但永远无法绕回到流过的河道，这似乎暗喻了逆向时间旅行不可能发生。1949 年，数学家库尔特 · 哥德尔进行了更深入的研究，他发现这条河流可以绕回原来的河道。特别是，他在爱因斯坦方程中找到了一个扰动（disturbing）解，这使在一个旋转的宇宙中进行逆向时间旅行成为可能。从而在历史上第一次给逆向时间旅行赋予了数学基础！

纵观历史，物理学家们发现，如果某一现象没有被明确禁止，我们往往最终会找出它的存在。在今天的顶尖科学实验室中，时间旅行机器的设计方案层出不穷，其中有一些疯狂的概念，如索恩虫洞时间机器（Thorne Wormhole Time Machine）、涉及宇宙弦的戈特环（Gott Loop）、戈特壳（Gott Shell）、蒂普勒和范施托库姆圆柱（Tipler and van Stockum Cylinder）、克尔环（Kerr Ring）等。几百年后，我们的后代或许会通过我们无法想象的方式去探索时空。■

放射性碳测年

威拉德 · 弗兰克 · 利比（Willard Frank Libby，1908—1980）

碳是非常普遍存在的元素，所以许多种类的材料都有可能用于放射性碳测年，包括在考古挖掘中发现的古代骨骼，以及木炭、皮革、木材、花粉、鹿角等。

奥尔梅克罗盘（公元前 1000 年）、沙漏（1338 年）、放射性（1896 年）、质谱仪（1898 年）、原子钟（1955 年）

1949 年

作家比尔 · 布莱森（Bill Bryson）这样写道：“如果你有兴趣了解某些东西的年代，那么 20 世纪 40 年代的芝加哥大学就是你应该去的地方。那时，威拉德 · 利比发明了放射性碳测年法，使科学家们能够精确地读出骨头和其他有机遗骸的年龄，这在之前是做不到的……”

放射性碳测年法涉及对含碳样本中放射性元素碳-14 丰度的测量。该方法基于以下事实：当宇宙射线撞击大气中的氮原子时，产生碳-14 并在随后被植物吸收，而这些植物又会被动物吃下去。在动物还活着的时候，其体内的碳-14 丰度与大气中的大致相当。碳-14 按已知的指数速率持续衰变，转化成氮-14，而动物一旦死亡，就不再从环境中摄入碳-14，动物的遗骸则会缓慢地损失碳-14。如果一份样本的年龄不超过 6 万年，通过检测其中的碳-14 含量，科学家就可以估算出它的年龄。更老的样本因为含有的碳-14 太少，因而无法准确测量。碳-14 的半衰期约为 5730 年，这意味着，每 5730 年，样品中的碳-14 含量就会减半。由于大气中碳-14 的含量随时间推移有轻微变化，所以人们要进行少许校准以提高测精度。此外，由于原子弹试验的影响，大气中碳-14 的含量在 20 世纪 50 年代有所增加。加速器质谱法可用于检测毫克级样本的碳-14 的含量。

在放射性碳测年法发明之前，人们很难获得埃及第一王朝（大约在公元前 3000 年）以前的可靠年代。这让考古学家们极度失望，他们迫切地想要知道，克罗马农人是何时在法国拉斯科的洞穴中绘画的，或者最后一个冰期最终结束于何时。■

费米悖论

恩里科 · 费米（Enrico Fermi，1901—1954）
弗兰克 · 德雷克（Frank Drake，1930—　）

鉴于我们的宇宙古老而又浩瀚，物理学家恩里科 · 费米在 1950 年发问："为什么还没有外星文明与我们接触？"

齐奥尔科夫斯基火箭方程（1903 年）、时间旅行（1949 年）、戴森球（1960 年）、人择原理（1961 年）、生活在模拟世界（1967 年）、时序保护猜想（1992 年）、宇宙隔离（1000 亿年）

文艺复兴时期，重新发现的古代文献和新知识照亮了中世纪的欧洲，智慧升华、奇迹、创造力、探索和实验等随处可见。设想一下，在接触外星种族之后，它们又会带来什么呢？丰富的外星科技和社会学信息将会推动另一场更加深远的复兴。我们的宇宙古老而又浩瀚，据估计，仅银河系就有 2 500 亿颗恒星。有鉴于此，物理学家恩里科 · 费米在 1950 年问道："为什么我们至今仍未接触过地外文明？"当然，这个问题有许多可能的答案。先进的外星生命可能存在，只是我们还没有发现而已。

另一种可能的情况是，宇宙中的外星智慧生命非常稀少，或许我们永远都不会与它们接触。我们今天所熟知的费米悖论，已经引发了诸多试图解决这个问题的学术著作，涉及的领域包括物理学、天文学和生物学等。

1960 年，天文学家弗兰克 · 德雷克提出了一个公式，用来估算银河系中可能与我们接触的外星文明的数量：

$$N=R^{*}\times f_p\times n_e\times f_l\times f_i\times f_c\times L$$

其中，N 是银河系中有可能与我们通讯的外星文明数量；举例来说，外星技术能够发射可探测的无线电波。R^{*} 是银河系中每年形成恒星的平均速率。f_p 是拥有行星的恒星所占比例（人类已经探测到数百个系外行星）。n_e 是每颗拥有行星的恒星中可能支撑生命存在的类地行星的平均数量。f_l 是这 n_e 颗行星中实际出现生命的行星所占比例。f_i 是 f_l 中产生智慧生命的比例。变量 f_c 代表开发出通信技术的文明所占比例，它们能够向外太空发送可探测的信号来表明自身的存在。L 是这类文明向太空发送可供我们探测的信号的时间长度。这些参数大多难以确定，所以德雷克方程更大程度上是体现了费米悖论的错综复杂之处，而不是给出答案。■

太阳能电池

亚历山大－埃德蒙·贝克勒尔（Alexandre-Edmond Becquerel，1820—1891）
卡尔文·索瑟·富勒（Calvin Souther Fuller，1902—1994）

（左图）为葡萄园设备提供电力的太阳能电池板。
（右图）屋顶的太阳能电池板。

阿基米德燃烧镜（公元前 212 年）、电池（1800 年）、燃料电池（1839 年）、光电效应（1905 年）、来自原子核的能量（1942 年）、托卡马克（1956 年）、戴森球（1960 年）

1954 年

英国化学家乔治·波特（George Porter）在 1973 年曾说："我毫不怀疑人类将成功利用太阳能……如果阳光可以作为战争武器的话，我们也许在几个世纪之前就用上了太阳能。"的确，人类探索如何有效地利用阳光来产生能量的历史已经很久了。早在 1839 年，19 岁的法国物理学家埃德蒙·贝克勒尔就发现了光伏效应（photovoltaic effect），该效应指的是某些材料在光照下会产生少量电流。不过，太阳能技术最重要的突破直到 1954 年才出现。当时，来自贝尔实验室的达里尔·蔡平（Daryl Chapin）、卡尔文·富勒和杰拉尔德·皮尔逊（Gerald Pearson）三位科学家发明了第一块实用的硅太阳能电池，将阳光转化为电能。这块电池在阳光直射下的效率只有 6% 左右，但今天最先进的太阳能电池，其效率可以达到 40% 以上。

你或许曾在建筑物的屋顶或高速公路的警示牌上看到过太阳能电池板，这类板中的太阳能电池通常由两层硅组成，同时还涂有一层抗反射涂层，用来增强对阳光的吸收。为了确保太阳能电池产生可用的电流，少量的磷和硼分别被添加到顶部和底部的硅层中。这类添加物使得顶层含有的电子较多，而底层含有的电子较少。当两层结合时，顶层的电子会移动到紧贴着的底层中，从而在两层连接处产生电场。当阳光的光子击中电池时，它们会在两层中撞出游离的电子，然后电场将到达连接处的电子推向顶层。这种"推动"或"力"可以将电子移出电池，进入连接电池的金属导线中，从而产生电力。为了给家庭供电，太阳能电池产生的直流电会被一种名为逆变器的装置转换成交流电。■

里拉斜塔

马丁 · 加德纳（Martin Gardner，1914—2010）

有没有可能把一摞书错开，让最上面的那本书伸出几英尺远，而最下面的那本书还稳稳地放在桌子上呢？这样的一摞书是否会因自身重量而垮塌呢？

拱（公元前 1850 年）、桁架（公元前 2500 年）、张力完整性（1948 年）

1955 年

某天，你走进一家图书馆，注意到一摞书倾斜着伸出桌子的边缘。你想要知道，是否有可能把一摞书错开叠放，让最上面的那本书远远地伸出，比如说 5 英尺的距离，而最下面的那本书仍然稳稳地待在桌子上呢？或者说这样的一摞书是否会因自身重量而垮塌呢？为简单起见，我们假设这些书都是一样的，而且每层只准叠放一本书；换句话说，每本书的下面最多只能挨着一本书。

至少从 19 世纪初开始，这个问题就在困扰着物理学家们，而到了 1955 年，《美国物理学》（*American Journal of Physics*）杂志开始称其为“里拉斜塔”。1964 年，马丁 · 加德纳在《科学美国人》（*Scientific American*）杂志上讨论这个问题后，它获得了更多的关注。

叠放起来的 n 本书如果不想垮塌的话，那么这摞书的质心仍然要停留在桌子的上方。换言之，任何一本书 B 之上所有书的质心必须位于一根“穿过”B 的垂直轴上。令人惊奇的是，你可以让一摞书伸出桌子边缘无限远。马丁 · 加德纳将这种任意大的伸出量称为“无限错移悖论”。对于仅仅 3 本书长度的伸出量，你需要叠放多达 227 本书！伸出量换成 10 本书长度，你需要叠放 272 400 600 本书；到了 50 本书长度，你需要叠放的书籍数量超过 1.5×10^{44} 本。我们可以通过如下公式来计算 n 本书能达到的伸出量：$0.5\times(1 + 1/2 + 1/3 +\cdots+ 1/n)$。这个调和级数发散得非常慢，所以些许伸出量就需要叠放大量的书本。在解除了每层只有一本书的限制之后，人们针对这个问题又进行了一些有趣的研究。■

199

看见单个原子

马克斯·克诺尔（Max Knoll，1897—1969）
恩斯特·奥古斯特·弗里德里希·鲁斯卡（Ernst August Friedrich Ruska，1906—1988）
埃尔温·威廉·米勒（Erwin Wilhelm Müller，1911—1977）
艾伯特·维克托·克鲁（Albert Victor Crewe，1927—2009）

场离子显微镜（FIM）拍摄的锋锐钨针图像。图中的小圆球每一颗都是单个的原子，其中一些原子因拍摄过程（大约持续 1 秒）中的移动而在图像上被拉长。

冯·居里克静电起电机（1660 年）、显微图集（1665 年）、原子论（1808 年）、布拉格晶体衍射定律（1912 年）、量子隧穿（1928 年）、核磁共振（1938 年）

1955 年

记者约翰·马尔科夫（John Markoff）写道：“克鲁博士的研究打开了一扇通向自然基本组分的微观世界的新窗口，也赋予了我们一件强大的新工具，让我们得以了解从活体组织到合金等万物的结构。”

在芝加哥大学艾伯特·克鲁教授成功使用他的第一台扫描透射电子显微镜（STEM）之前，整个世界从未用电子显微镜“看到”过单个原子。尽管早在公元前 5 世纪希腊哲学家德谟克利特就提出了基本粒子的概念，但原子太小而无法在光学显微镜下显现。1970 年，克鲁在《科学》杂志上发表了一篇重要论文，题为《单个原子的可见性》（*Visibility of Single Atoms*），提供了铀原子和钍原子的照片证据。

马尔科夫写道：“在参加完英国的某次会议后，克鲁忘记在机场买本书供回程的航班上消遣，于是扯过一叠纸，在飞机上勾画了两种改进现有显微镜的方法。”稍后，克鲁设计了一种改进的电子源（一种场发射枪）来扫描样本。

电子显微镜使用电子束来照射样本。在马克斯·克诺尔和恩斯特·鲁斯卡于 1933 年前后发明的透射电子显微镜中，电子先穿过一片薄薄的样本，然后由载流线圈产生的磁透镜聚焦产生图像。而扫描电子显微镜则在样本前设置了电透镜和磁透镜，使电子聚焦成束，然后再扫描整个样本的表面。扫描透射电子显微镜综合了这两种方法。

1955 年，物理学家埃尔温·米勒用一台场离子显微镜来观察原子。这种装置在气体中的金属尖上施加了大电场，而到达尖端的气体原子会因电离而并被探测到。物理学家彼得·涅利斯特（Peter Nellist）写道：“这个过程更有可能发生在尖端表面的特定区域，比如原子结构中的突出部位，因而产生的图像描绘了样本的表层原子结构。”■

原子钟

路易斯·埃森（Louis Essen，1908—1997）

2004 年，美国国家标准及技术协会（NIST）的科学家们展示了一种微型原子钟，其内的运行部件约有一粒米大小。这台时钟包括一个激光器和一个含有铯原子蒸气的腔体。

沙漏（1338 年）、周年钟（1841 年）、斯托克斯荧光（1852 年）、时间旅行（1949 年）、放射性碳测年（1949 年）

1955 年

几个世纪以来，时钟变得越来越精准。早期的机械钟，如 14 世纪的多佛城堡钟，每天的误差甚至达好几分钟。当摆钟在 17 世纪开始普及时，时钟也越发精确起来，足以记录分钟和小时。到了 20 世纪，振动石英晶体的计时精度达到每天误差仅几分之一秒。20 世纪 80 年代的铯原子钟每运转 3000 年误差小于 1 秒，而在 2009 年，一台被称为 NIST-F1 的铯原子喷泉钟甚至可以达到每 6000 万年的误差小于 1 秒！

原子钟极为精准，因为它们所计数的周期性事件涉及原子的两个不同能态。同一种原子（核子数相同）的性质不随地点的变化而变化；因此，时钟可以独立地建造和运行，并用来测量事件之间的相同时间间隔。铯原子钟是一种常见的原子钟，用一个特定的微波频率使铯原子从一个能态跃迁到另一个能态，然后铯原子开始以其自然共振频率（9 192 631 770 Hz，单位 Hz 即每秒的周期数）发出荧光，该频率可用来定义秒。世界各地诸多铯原子钟的测量值合并后取平均就可以定义出一个国际时标。

原子钟的一项重要用途就在全球定位系统（GPS）上。这种星载系统使用户得以确定他们所处的地面位置。为了保证精度，卫星必须发出精确定时的无线电脉冲，以便于接收装置测定自身的位置。

1955 年，基于铯原子的能量跃迁，英国物理学家路易斯·埃森制造了第一台精确的原子钟。为了提高精度并降低成本，世界各地的实验室还在不断研发基于其他原子和方法的时钟。■

平行宇宙

休·埃弗里特三世（Hugh Everett III，1930—1982）
马克斯·泰格马克（Max Tegmark，1967— ）

量子力学的某些诠释假定，每当宇宙在量子层级面临道路选择时，它实际上有各种可能性。多重宇宙意味着我们的可观测宇宙是包括其他宇宙在内的现实世界的一部分。

光的波动性（1801 年）、薛定谔的猫（1935 年）、人择原理（1961 年）、生活在模拟世界（1967 年）、宇宙暴胀（1980 年）、量子计算机（1981 年）、量子永生（1987 年）、时序保护猜想（1992 年）

如今，许多著名的物理学家认为，在我们的宇宙之外还存在许多“平行宇宙”（parallel universes）。我们可以把这些平行宇宙想象成一层层的蛋糕、奶昔里的泡泡或者无限分枝的树上的芽。在关于平行宇宙的一些理论中，我们甚至可以通过一个宇宙泄漏到毗邻宇宙的引力而探测到它们。例如，仅仅几毫米之外的平行宇宙中不可见物体的引力，就有可能扭曲本宇宙中来自遥远恒星的光。多重宇宙的概念并不像听起来那么牵强。美国研究人员戴维·劳布（David Raub）对 72 位顶尖物理学家进行了一次问卷调查，并于 1998 年将其发表，结果显示 58% 的物理学家（包括斯蒂芬·霍金）都相信某些形式的多重宇宙理论。

平行宇宙理论有很多种。举例来说，休·埃弗里特三世在他 1956 年的博士论文《宇宙波函数理论》（*The Theory of The Universal Wavefunction*）中概括了这样一种理论，宇宙不断地“分支”出无数个平行世界。该理论被称为量子力学的多世界诠释，并假定每当宇宙在量子层级面临道路选择时，它实际上有各种可能性。如果该理论正确的话，那么在某种意义上，各种奇怪的世界都有可能“存在”。比如，在一些世界里，希特勒赢得了第二次世界大战。有时“多重宇宙”一词被用来表达这样一种观点，即我们能轻易地观测到的宇宙只是组成多重宇宙（可能存在的宇宙的集合）的现实的一部分，即可能存在的宇宙之一。

如果我们的宇宙是无限的，那么就有可能存在我们可见宇宙的复制品，以及地球和你我的精确复制品。根据物理学家马克斯·泰格马克的说法，平均而言，我们可见宇宙的这些复制品中最近的在 10 到 10^{100} 米之间。你不仅有无数个复制品，还有无数个变体副本。混沌宇宙暴胀理论也暗示了不同宇宙的创生，也许有无数个你的副本存在，但也许更美丽，也许更丑陋。■

1956 年

中微子

沃尔夫冈·恩斯特·泡利（Wolfgang Ernst Pauli，1900—1958）
弗雷德里克·莱因斯（Frederick Reines，1918—1998）
小克莱德·洛兰·考恩（Clyde Lorrain Cowan Jr，1919—1974）

芝加哥附近的美国费米国家加速器实验室利用来自加速器的质子产生了强烈的中微子流，使物理学家得以在远处的探测器上观测到中微子振荡。图中的“喇叭”能聚焦衰变并产生中微子的粒子。

放射性（1896 年）、切伦科夫辐射（1934 年）、标准模型（1961 年）、夸克（1964 年）

1956 年

1993 年，物理学家利昂·莱德曼（Leon Lederman）写道：“中微子（neutrino）是我最喜欢的粒子。中微子几乎没有什么性质：没有质量（或质量极小），没有电荷……而且更糟糕的是，它不参与强相互作用。中微子可以用‘难以捉摸’一词来委婉地描述。很难理解这样的事实，它可以穿过数百万英里厚的固体铅，而发生可测量的碰撞的概率极小。”

1930 年，物理学家沃尔夫冈·泡利预测了中微子的基本性质（不带电荷，质量极小），以解释某些形式的放射性衰变过程中的能量损失。他认为，丢失的能量有可能是被某些逃脱了探测的幽灵粒子带走的。1956 年，物理学家弗雷德里克·莱因斯和克莱德·考恩在南卡罗来纳州一个核反应堆内进行的试验中首次探测到中微子。

我们的身体每平方英寸（6.5 平方厘米）每秒穿过 1000 多亿个来自太阳的中微子，而它们几乎不与我们发生相互作用。根据粒子物理学的标准模型，中微子没有质量；然而，在 1998 年，日本的超级神冈地下中微子探测器确定了中微子实际上有极小的质量。超级神冈用到了大量的水，其周围环绕的探测器可以探测中微子碰撞发出的切伦科夫辐射。由于中微子与物质之间的相互作用太弱，所以中微子探测器必须造得非常巨大才能增加探测概率。此外，这些探测器建造于地表之下，以保证它们免受宇宙射线等其他形式的背景辐射影响。

今天，我们知道中微子有三种类型，或者说三种“味”（flavor），而中微子在太空中飞行时能够在这三种“味”之间振荡。多年来，科学家们一直想知道，为什么他们从太阳产生能量的聚变反应中探测到的中微子比预期要少得多。不过，太阳中微子的流量只是看起来很低，因为某些中微子探测器很难观测到其他味的中微子。■

托卡马克

伊戈尔·叶夫根耶维奇·塔姆（Igor Yevgenyevich Tamm，1895—1971）
列夫·安德烈耶维奇·阿尔齐莫维奇（Lev Andreevich Artsimovich，1909—1973）
安德烈·德米特里耶维奇·萨哈罗夫（Andrei Dmitrievich Sakharov，1921—1989）

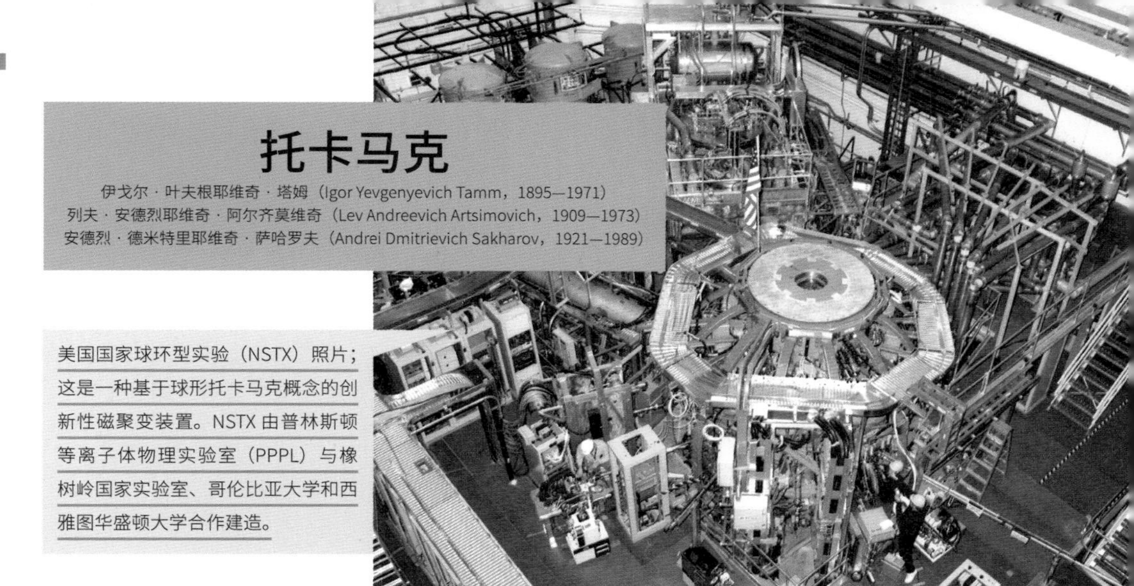

美国国家球环型实验（NSTX）照片；这是一种基于球形托卡马克概念的创新性磁聚变装置。NSTX 由普林斯顿等离子体物理实验室（PPPL）与橡树岭国家实验室、哥伦比亚大学和西雅图华盛顿大学合作建造。

等离子体（1879 年）、$E = mc^2$（1905 年）、来自原子核的能量（1942 年）、恒星核合成（1946 年）、太阳能电池（1954 年）、戴森球（1960 年）

1956 年

太阳中的聚变反应使地球沐浴在光和能量之中。我们能学会在地球上通过聚变安全地产生能量，为人类需求提供更直接的动力吗？在太阳中，四个氢核（四个质子）聚变成一个氦核，由此产生的氦核质量小于聚变前的氢核总质量，根据爱因斯坦的质能方程 $E = mc^2$，缺失的质量被转换成了能量。太阳压倒性的引力为聚变提供了所需的巨大压力和温度。

科学家们希望在地球上产生足够高的温度和压力来进行核聚变反应，这样的话，氢同位素（氘和氚）气体就会变成一团游离的原子核和电子，也就是等离子体。然后，这些原子核就可以通过聚变产生氦和中子，并伴随着能量的释放。不幸的是，目前没有任何材质的容器能够承受聚变所需的极高温度。一种可能的解决方案是使用被称为托卡马克（Tokamak）的装置，它利用复杂的磁场系统将等离子体约束在一个甜甜圈形状的中空容器内。这种高温等离子体可以用磁压缩、微波、电以及来自加速器的中性粒子束来加热。这团等离子体环绕托卡马克流动而不接触容器内壁。今天，世界上最大的托卡马克是正在法国建造的国际热核实验堆 ITER。

研究人员还在继续完善托卡马克，他们的目标是制造出一台产出能量超过运行耗能的系统。如果能造出这样的托卡马克，将会有许多好处。首先，它所需的少量燃料很容易获取。其次，聚变不像目前的裂变反应堆那样存在高放射性废料的问题；在裂变反应堆中，如铀等原子的原子核裂变成较小的原子核，并释放出大量的能量。

托卡马克于 20 世纪 50 年代由苏联物理学家伊戈尔·叶夫根耶维奇·塔姆和安德烈·萨哈罗夫发明，并由列夫·阿尔齐莫维奇完善。今天，科学家们还研究了利用激光束对热等离子体进行惯性约束的可能性。■

集成电路

杰克·圣克莱尔·基尔比（Jack St Clair Kilby，1923—2005）
罗伯特·诺顿·诺伊斯（Robert Norton Noyce，1927—1990）

微芯片的外封装（如图左侧的大矩形），内部是容纳了晶体管等微型元件的集成电路。外壳不仅保护了小得多的集成电路，也将芯片与电路板连接起来。

基尔霍夫电路定律（1845 年）、晶体管（1947 年）、宇宙射线（1910 年）、量子计算机（1981 年）

1958 年

技术历史学家玛丽·贝利斯（Mary Bellis）写道："集成电路似乎注定要被发明出来。两位互不知情的发明者几乎在同一时间独立发明了几乎相同的集成电路（Integrated Circuit，IC）。"

在电子学中，IC 又叫微芯片，是一种依赖于半导体装置的微型电子电路；今天，从咖啡机到喷气式战斗机，无数电子设备中都有它的身影。其中，半导体材料的导电性可以引入电场来控制。随着单片 IC（由单晶构成）的发明，过去分离的晶体管、电阻、电容以及所有导线如今都可以放置在一块由半导体材料制成的单晶（或芯片）上。相较于手工装配电阻和晶体管等独立元件而成的分立电路，IC 的制造效率更高，它可以通过光刻（photolithog raphy）将掩模（mask）上的几何图形选择性地传递到硅片等材料的表面。此外，IC 的运行速度也更快，因为它的元件较小，封装也较紧凑。

1958 年，物理学家杰克·基尔比首先发明了 IC。六个月后，物理学家罗伯特·诺伊斯也独立发明了 IC。不同的是，诺伊斯用硅作为半导体材料，而基尔比用的是锗。今天，邮票大小的芯片可以容纳超过 10 亿支晶体管。基于 IC 在性能和密度上的进展及其成本的降低，技术专家戈登·摩尔（Gordon Moore）说："如果汽车工业的发展速度能够比得上半导体工业，那么劳斯莱斯用一加仑汽油可以跑 50 万英里，而且扔掉它比放在停车场要划算多了。"

基尔比发明 IC 的时候才刚成为德州仪器公司的员工，当时是 7 月下旬的假期，公司里空荡荡的。到了 9 月，基尔比已经拿出了一个能够运作的模型，来年 2 月 6 日，德州仪器公司就为此申请了专利。■

月球暗面

约翰·弗里德里克·威廉·赫歇尔（John Frederick William Herschel，1792—1871）
威廉·艾利森·安德斯（William Alison Anders，1933—　）

月球背面异常地凹凸不平、伤痕累累，看起来和对着地球的一面迥然不同。这张照片是 1972 年阿波罗 16 号的宇航员在月球轨道上拍摄的。

望远镜（1608 年）、土星环的发现（1610 年）

1959 年

由于月球和地球之间特殊的引力作用，月球自转一圈的时间与其绕地球公转一圈的时间相同；因此，月球总是以同一面对着地球。“月球暗面”这一习语就用来指代从地球上永远都看不到的月球背面。1870 年，著名天文学家约翰·赫歇尔爵士写道，月球背面可能存在一片由普通水组成的海洋。后来的飞碟爱好者们推测，月球背面可能隐藏着外星人的秘密基地。那么，月球暗面究竟有着怎样的秘密呢？

1959 年，当苏联的露娜 3 号（Luna 3）探测器拍摄到月球背面的第一张照片时，我们才得以一窥真容。1960 年，苏联科学院出版了第一本月球背面的地图集。物理学家们提出，月球背面不受来自地球的射电干扰，可能适合建造大型射电望远镜。

事实上，月球背面并非总是处于黑暗之中，它和月球对着我们的一面接收到的日光量大致相当。不过奇怪的是，月球正面和背面的地貌截然不同。尤其是朝向我们的一面拥有众多庞大的“月海”（月球上相对平坦的区域，在古代天文学家眼中，它们就如海洋一般）。而月球背面则遍布陨石坑。造成这种差异的一个可能的原因是，在大约 30 亿年前，月球正面增多的火山活动，产生了月海相对平坦的玄武岩熔岩；而背面的月壳或许比较厚，因此能够遏制内部熔融物质溢出。但真正的原因究竟是什么，科学家们依然莫衷一是。

1968 年，人类终于通过美国的阿波罗 8 号绕月任务直接看到了月球的背面。宇航员威廉·安德斯描述了绕月飞行时的景象：“月球背面看起来坑坑洼洼的，像是我的孩子们玩耍过一段时间的沙堆，完全被践踏得不成样子。”■

戴森球

威廉·奥拉夫·斯泰普尔顿（William Olaf Stapledon，1886—1950）
弗里曼·约翰·戴森（Freeman John Dyson，1923—　）

戴森球的艺术想象图，它包裹着一颗恒星并从中获取大量的能源。图中的闪电特效表现了球壳内表面获取能量的过程。

测量太阳系（1672 年）、费米悖论（1950 年）、太阳能电池（1954 年）、托卡马克（1956 年）

1937 年，英国哲学家、作家奥拉夫·斯泰普尔顿在他的小说《造星者》（*Star Maker*）中描述了一种巨大的人造结构："亿万年后……许多没有天然行星的恒星被人造世界组成的同心环围绕着。有时，内环容纳了数十个而外环则高达数千个球体，这些适合生存的世界分布在太阳周边一定距离的位置上。"

受《造星者》的启发，物理学家弗里曼·戴森于 1960 年在著名的《科学》杂志上发表了一篇技术论文，讨论了一种假想的球壳，它包裹着一颗恒星并从中获取了大量的能源。随着技术文明的进步，人类将需要这样的结构来满足巨大的能源需求。戴森实际上设想的是一群环绕恒星运行的人造物体，但科幻作家、物理学家、教师和学生从那时起就在思考，一个以恒星为中心的刚性球壳，其内表面可能居住着外星人，那么它应该具备怎样的属性呢？

戴森球的一种实施方案是球壳的半径等于地球到太阳的距离，因此其表面积为地球表面积的 5.5 亿倍。有趣的是，戴森球中心的恒星对球壳的净引力为零。否则我们就需要随时调整球壳的位置，以避免球壳相对于恒星发生危险的漂移。同样，球壳内表面的所有生物及物体也不会被球壳的引力所束缚。另一种相关的概念是，生物仍然居住在一颗行星上，而球壳则被用来获取恒星的能源。戴森最初估计，太阳系中的行星及其他物质足以制造一个 3 米厚的球壳。他还推测，人类有可能探测到遥远的戴森球，因为它会吸收星光，并再辐射出易于识别的能量。研究人员已经在尝试着搜寻这类结构发出的红外信号。■

激光

查尔斯·哈德·汤斯（Charles Hard Townes，1915—2015）
西奥多·哈罗德·“特德”·梅曼（Theodore Harold “Ted” Maiman，1927—2007）

一名光学工程师在研究几种激光的相互作用，它们将被用于正在开发的弹道导弹防御激光武器系统。美国定向能量部门负责光束控制技术的研究。

布儒斯特光学（1815 年），全息图（1947 年），玻色–爱因斯坦凝聚（1995 年）

“从医学和消费电子产品到电信和军事技术，在大范围的实际应用中，激光技术已经变得非常重要，”激光专家杰夫·赫克特（Jeff Hecht）写道，“激光也是前沿研究的重要工具——有 18 位诺贝尔奖得主的获奖研究与激光有关，包括激光本身、全息术、激光制冷和玻色–爱因斯坦凝聚。”

“激光”一词代表的是通过受激发射实现的光放大。激光利用的受激发射是一种亚原子过程，它由阿尔伯特·爱因斯坦于 1917 年首次提出。在受激发射中，一个特定能量的光子使电子跃迁到较低的能级，从而产生另一个光子。这第二个光子与第一个光子是相干的，它们具有相同的相位、频率、偏振和传播方向。如果这些光子经反射多次穿过相同的原子，就会实现放大，并发出强辐射光束。激光可以产生各种各样的电磁辐射，因此有 X 射线激光、紫外激光、红外激光等。此外，激光光束高度准直——NASA 的科学家们曾利用宇航员留在月球的反射镜反射自地球发出激光。在月球表面，这束激光约 2.5 千米宽，与手电筒发出的普通光束相比，这一散开的幅度其实非常小！

1953 年，物理学家查尔斯·汤斯和他的学生们制造出第一台微波激光器（微波激射器），但它无法持续地发射光束。1960 年，西奥多·梅曼发明了第一台脉冲工作模式的实用激光器。如今，激光最大的应用领域包括 DVD 和 CD 播放机、光纤通信、条码阅读器和激光打印机。此外，激光还被用于无血手术和武器制导。使用激光摧毁坦克或飞机的研究仍在继续开展。■

1960 年

终端速度

208

约瑟夫·威廉·基廷格二世（Joseph William Kittinger II，1928— ）

如果跳伞者伸展手脚，那么他们的终端速度可达每小时 190 千米。

落体加速度（1638 年）、逃逸速度（1728 年）、伯努利流体动力学定律（1738 年）、棒球曲线球（1870 年）、超级球（1965 年）

1960 年

或许你们很多人都听过“杀人硬币”的可怕传说：如果你从纽约帝国大厦上丢下一枚硬币，那么硬币会加速到足以击穿下方街道上某个行人的脑袋，杀死这个人。

幸好物理上的终端速度（terminal velocity）使帝国大厦下方的行人免于这样的飞来横祸。硬币会在下落大约 152 米后达到最大速度：每小时约 80 千米；而子弹的速度十倍于此。也就是说，硬币不太可能杀死任何人，因此，这则传说不攻自破。此外，上升气流也会减缓硬币的速度。而且，硬币不具有子弹那样的形状，翻滚的硬币很有可能连皮肤都擦不破。

当物体穿过介质（如空气或水）时，它会遇到一股阻力，使其减速。对于在空气中自由下落的物体，其受到的阻力取决于速度的平方、物体的面积和空气的密度。物体下落得越快，它受到的阻力就越大。当硬币加速下落时，其阻力最终会增大到使硬币以恒定速度下落，这就是所谓的终端速度。这种情况发生在物体所受黏性阻力与重力相等时。

如果跳伞者伸展手脚，那么他们的终端速度可达每小时 190 千米。如果他们以头朝下的潜水姿势跳伞，则终端速度可达每小时 240 千米。

1960 年，美国军官约瑟夫·基廷格二世创造了人类在自由落体过程中所能达到的最高终端速度纪录。据推算，其终端速度达到每小时 988 千米，因为起跳点是位于高空（大气密度较低）的气球。他的起跳高度是 31300 米，而后在 5500 米的高度打开降落伞。■

人择原理

罗伯特·亨利·迪克（Robert Henry Dicke，1916—1997）
布兰登·卡特（Brandon Carter，1942— ）

如果某些基本物理常量稍有不同，那么我们的宇宙就很难进化出智慧碳基生命。对于一些宗教人士来说，这给人的印象是，宇宙为我们的存在而微调过。

平行宇宙（1956 年）、费米悖论（1950 年）、生活在模拟世界（1967 年）

“随着我们对宇宙认识的增长，”物理学家詹姆斯·特赖菲尔（James Trefil）写道，“很明显，只要宇宙的构成稍有不同，我们就不可能出现并思考这一问题。宇宙仿佛就是为我们而建造的，是一座设计非常合理的伊甸园。”

人择原理（Anthropic Principle）仍然存在争议，但这种说法同时吸引了科学家和普通人的兴趣。1961 年，天体物理学家罗伯特·迪克在一份出版物中首次详细阐述了这一原理。后来，物理学家布兰登·卡特等人又对其做了进一步的研究。这条有争议的原理的核心观测证据是，至少某些物理参数似乎为生命形态的演化而调整过。举例来说，赋予我们生命的碳元素早在地球形成之前就在最早的恒星中产生了。至少在一些研究人员看来，促进碳生成的核反应的出现时机似乎“恰到好处”。

如果宇宙中所有的恒星都超过三个太阳质量，那么它们的寿命就只有大约 5 亿 年，而多细胞生命也就没有时间去完成进化。如果宇宙在大爆炸后一秒内的膨胀率小哪怕十亿亿分之一，那么在达到目前的尺度之前，宇宙就已经重新坍缩了。另外，宇宙要是膨胀得太快，则质子和电子无法结合在一起形成氢原子。此外，引力或弱核力的极小强度变化也会导致进化不出高级生命形态来。

有可能存在无数个并非精心设计而随机出现的宇宙，我们的宇宙只是允许碳基生命存在的其中之一罢了。一些研究人员推测，子宇宙不断地从父宇宙中萌发，并且继承了一套类似于父宇宙的物理定律，这一过程让人联想到地球生命的生物特征进化。拥有众多恒星的宇宙可能寿命极长，也就有机会诞生出拥有众多恒星的子宇宙；这样，我们这个充满恒星的宇宙或许并不是那么不同寻常。■

1961 年

标准模型

默里 · 盖尔曼（Murray Gell-Mann，1929—2019）
谢尔登 · 李 · 格拉肖（Sheldon Lee Glashow，1932— ）
乔治 · 茨威格（1937— ）

质子同步加速器（cosmotron）。这是世界上第一台加速粒子能量达十亿电子伏特（GeV）的加速器。质子同步加速器于 1953 年实现了 3.3 GeV 的设计能量，被用于研究亚原子粒子。

弦理论（1919 年）、中子（1932 年）、中微子（1956 年）、夸克（1964 年）、上帝粒子（1964 年）、超对称（1971 年）、万物理论（1984 年）、大型强子对撞机（2009 年）

1961 年

“到 20 世纪 30 年代，物理学家们已经知道，所有物质都是由电子、中子和质子等三种粒子构成的，”作家斯蒂芬 · 巴特斯比（Stephen Battersby）写道。“然而，好景不长，一系列其他粒子纷纷冒出来，包括中微子、正电子和反质子、π 介子和 μ 介子、K 介子，以及 Λ 粒子和 Σ 粒子。因此，到了 20 世纪 60 年代中期，人们已经发现上百种可能的基本粒子，真如一团乱麻。”

经理论和实验相结合，一种被称为“标准模型（Standard Model）”的数学模型解释了物理学家迄今所观测到的大多数粒子物理现象。根据该模型，基本粒子被分为两类：玻色子（如传递力的粒子）和费米子。费米子包括各种夸克（质子和中子都由 3 个夸克组成）和轻子（如电子和 1965 年发现的中微子）。中微子极难探测，因为其质量极小（但不等于零），且可以几乎不受干扰地穿过普通物质。今天，通过在粒子加速器中撞碎原子并观测由此产生的碎片，我们得以了解这些亚原子粒子。

据标准模型所述，力是由物质粒子（费米子）交换包括光子和胶子在内的媒介粒子（玻色子）所引发的。标准模型预言的基本粒子中，于 2012 年被发现的希格斯粒子能说明为什么其他基本粒子拥有质量。引力被认为是由无质量的引力子的交换所产生的，但这种粒子仍未被实验探测到。事实上，标准模型是不完整的，因为它不包括引力。一些物理学家正试图在标准模型中加入引力，来创建一个大统一理论（grand unified theory，GUT）。

1964 年，物理学家默里 · 盖尔曼和乔治 · 茨威格提出了夸克的概念，而就在此前的 1961 年，盖尔曼制定了粒子分类体系“八重法（Eightfold Way）”。1960 年，物理学家谢尔登 · 格拉肖的统一理论迈出了通向标准模型的第一步。■

电磁脉冲

一架 E-4 先进空中指挥机（AABNCP）的侧视图，它正在电磁脉冲（EMP）模拟器（新墨西哥州柯特兰空军基地）上进行测试。这架飞机的设计保证其在遭遇电磁脉冲后，系统仍完好无损。

康普顿效应（1923 年）、小男孩原子弹（1945 年）、伽马射线暴（1967 年）、HAARP（2007 年）

在威廉 · R. 福斯特陈（William R. Forstchen）的畅销小说《一秒之后》（*One Second After*）中，一枚高空核弹爆炸释放出毁灭性的电磁脉冲（electromagnetic pulse，EMP），瞬间就使飞机、心脏起搏器、现代化汽车和手机内的电子设备失效，而美国也随即陷入“字面和隐喻双重意义上的黑暗”。食物渐渐匮乏，社会动荡不安，城镇燃起烈火，而这一切又都合情合理。

电磁脉冲通常指的是核爆引发的电磁辐射爆发，它会引起多种电子设备的失灵。1962 年，美国在太平洋上空 400 千米处进行了一次代号为“海星一号”（Starfish Prime）的核试验，造成 1445 千米外夏威夷的电力损坏。路灯熄灭，防盗报警器嗡鸣，一家电话公司的微波链路也被损坏了。据今天估计，如果一颗核弹在堪萨斯州上空 250 英里的地方爆炸，由于穿过美国的地磁场强度较大，整个美国大陆都会受到影响。甚至连供水也会受影响，因为供水往往要依靠电动泵。

核爆炸后，产生一个短时、剧烈的伽马射线（一种高能电磁辐射）爆发。伽马射线与空气分子中的原子相互作用，其中的电子通过康普顿效应（Compton Effect）释放出来。电子电离大气，产生了很强的电场，就形成了电磁脉冲。电磁脉冲破坏的强度和影响在很大程度上取决于核弹爆炸的高度及地磁场的局部强度。

要注意的是，在不使用核武器的情况下，我们也可以制造出威力较小的电磁脉冲，比如，借助爆炸磁通量压缩发生器，这本质上也就是常规燃料爆炸驱动的普通发电机。

若电子设备被置于法拉第笼（Faraday Cage）中，则不受电磁脉冲的影响。法拉第笼是一种金属屏蔽，它能够将电磁能量直接引入大地。■

1962 年

混沌理论

雅克·萨洛蒙·阿达马（Jacques Salomon Hadamard，1865—1963）
朱尔·亨利·庞加莱（Jules Henri Poincaré，1854—1912）
爱德华·诺顿·洛伦茨（Edward Norton Lorenz，1917—2008）

（左图）混沌所研究的广泛现象表现出初始条件敏感性。图中是丹尼尔·怀特（Daniel White）的曼德尔球（Daniel White' s Mandelbulb）的一部分，曼德尔球是对曼德布罗特集的三维模拟，它表现了一个简单数学系统的复杂行为。

（右图）在巴比伦神话中，提亚马特诞下了龙和蛇。

拉普拉斯妖（1814 年）、自组织临界性（1987 年）、风速最快的龙卷风（1999 年）

1963 年

在巴比伦神话中，提亚马特（Tiamat）是海之女神，也是原初混沌的恐怖化身。混沌象征着未知和不受控制。但在今天，混沌理论却是一个令人兴奋且不断发展的领域，它所研究的广泛现象表现出初始条件敏感性。虽然混沌行为往往看上去“随机”且变化莫测，但它通常遵循由方程式推导而来的严格数学规律，能够被论证和研究。计算机图形学是混沌研究的重要工具。从混沌玩具的随机闪烁信号灯到香烟的缕缕烟雾和涡流，混沌行为通常是不规则且无序的；其他混沌现象还包括天气模式、一些神经和心脏活动、股市和某些计算机电子网络等。混沌理论也广泛应用于视觉艺术领域。

科学领域存在一些著名且明确的混沌物理系统，如流体中的热对流、超音速飞机的面板颤振、振荡化学反应、流体动力学、人口增长、撞击周期性振动壁的粒子、各种摆动和转子运动、非线性电路和屈曲梁。

1900 年前后雅克·阿达马和亨利·庞加莱等数学家研究运动物体的复杂轨迹时，就萌发了混沌理论。20 世纪 60 年代初，麻省理工学院的气象学家爱德华·洛伦茨用一组方程式来模拟大气中的对流。尽管他的公式很简单，但他很快就发现了混沌的一个特点：初始条件极其微小的变化会导致无法预测且不同的结果。洛伦茨在 1963 年的论文中解释说，一只蝴蝶在世界的某个地方扇动翅膀，随后可能会影响到数千英里之外的天气。今天，我们称这种敏感性为蝴蝶效应（Butterfly Effect）。■

类星体

马尔滕·施密特（Maarten Schmidt，1929— ）

我们从这幅艺术概念图中可以看到星系中心的类星体，或者说增长的黑洞，它正在喷发着能量。天文学家利用 NASA 的斯皮策空间望远镜和钱德拉 X 射线天文台在一些遥远的星系中发现了类似的类星体。图中 X 射线辐射用白色射线来表示。

望远镜（1608 年）、黑洞（1783 年）、多普勒效应（1842 年）、哈勃宇宙膨胀定律（1929 年）、伽马射线暴（1967 年）

1963 年

hubblesite.org 网站上有科学家写道：“类星体是宇宙中最令人困惑的天体之一，因为它们的尺度较小，却输出了巨大的能量。类星体并不比太阳系大多少，但它发出的光却可以达到整个银河系（其中包含了几千亿颗恒星）的 100 到 1000 倍。”

几十年来类星体一直是个谜，但今天的大多数科学家相信，类星体是非常活跃的遥远星系，其中心拥有一个超大质量黑洞，当附近的星系物质盘旋进入黑洞时，它会喷发出能量。第一个类星体是用射电望远镜（接收来自太空的射电波的仪器）发现的，且没有对应的可见光天体。到了 20 世纪 60 年代初，人们终于将这些奇怪的类星射电源（或简称“类星体”）与暗弱的可见光天体联系起来。这些天体的光谱（表明该天体在不同波长处的辐射强度的变化）起初令人十分费解。后来在 1963 年，荷兰裔美国天文学家马尔滕·施密特公布了一项激动人心的发现：这些奇怪的谱线就是最常见的氢元素的谱线，但它们被远远地移到了光谱的红端。这种红移是源自宇宙的膨胀，意味着这些类星体是极其遥远和古老的星系的一部分［参见条目“哈勃宇宙膨胀定律（1929 年）”和“多普勒效应（1842 年）”］。

目前已知的类星体数量超过 20 万个，且其中大多数都探测不到射电辐射。虽然类星体因距离我们约 7.8 亿光年到 280 亿光年远而看上去较暗，但它们其实是宇宙中已知最亮、最活跃的天体。据估计，类星体每年可以吞噬 10 颗恒星，或者每分钟吞噬 600 个地球，然后它会在周围的气体和尘埃被消耗殆尽时“停止活动”。此时，类星体的寄主星系就变成一个普通的星系。类星体可能在宇宙早期更为常见，因为它们还没来得及消耗完周围的物质。■

熔岩灯

爱德华 · 克雷文 · 沃克（Edward Craven Walker，1918—2000）

熔岩灯展示了简单却重要的物理原理，许多老师用熔岩灯进行课堂演示、实验和讨论。

阿基米德浮力原理（公元前 250 年）、斯托克斯黏度定律（1851 年）、白炽灯泡（1878 年）、黑光（1903 年）、橡皮泥（1943 年）、吸水鸟（1945 年）

1963 年

熔岩灯（Lava Lamp，美国 3387396 号专利）是一种盛有浮动液滴的装饰性照明容器。本书收录熔岩灯是因为它无处不在，且体现了简单却重要的原理。许多教育工作者使用熔岩灯进行课堂演示、实验和讨论，主题包括热辐射、热对流和热传导。

英国人爱德华 · 克雷文 · 沃克于 1963 年发明了熔岩灯。作家本 · 伊肯森（Ben Ikenson）写道："沃克是一名第二次世界大战的老兵，接受了花癫派嬉皮士的行话和生活方式。他半如托马斯 · 爱迪生，半如奥斯汀 · 鲍尔斯（Austin Powers）；他是英国迷幻时代的裸体主义者，还具备一些相当精明的营销技巧。他的名言是'如果你买了我的灯，就无须再去购买毒品'。"

要制作一台熔岩灯，人们必须找到两种互不相溶的液体，这意味着，它们就像油和水一样无法融合。实际的熔岩灯底座有一枚 40 瓦白炽灯泡，加热着耸立其上的长锥形玻璃瓶，瓶中装有水，以及由蜡和四氯化碳混合而成的液滴。在室温下，蜡的密度比水略大。当灯座加热时，蜡膨胀得比水要快，且会变成液体。随着蜡比重（相对于水的密度）的降低，液滴升到顶部，随即冷却、下沉。熔岩灯底座还有一个金属线圈，用于分散热量，并破坏液滴的表面张力，使其在底部重新融合。

熔岩灯内液滴复杂莫测的运动曾被当作随机数的来源，而这种随机数生成器在 1998 年发布的美国 5732138 号专利中被提及。

不幸的是，2004 年，有一名叫菲利普 · 奎因（Phillip Quinn）的人试图在煤气灶上加热一台熔岩灯时，灯爆炸了，一块玻璃刺穿他的心脏，他因此死亡。■

上帝粒子

罗伯特·布鲁（Robert Brout，1928—2011）
彼得·韦尔·希格斯（Peter Ware Higgs，1929— ）
弗朗索瓦·恩格勒特（François Englert，1932— ）

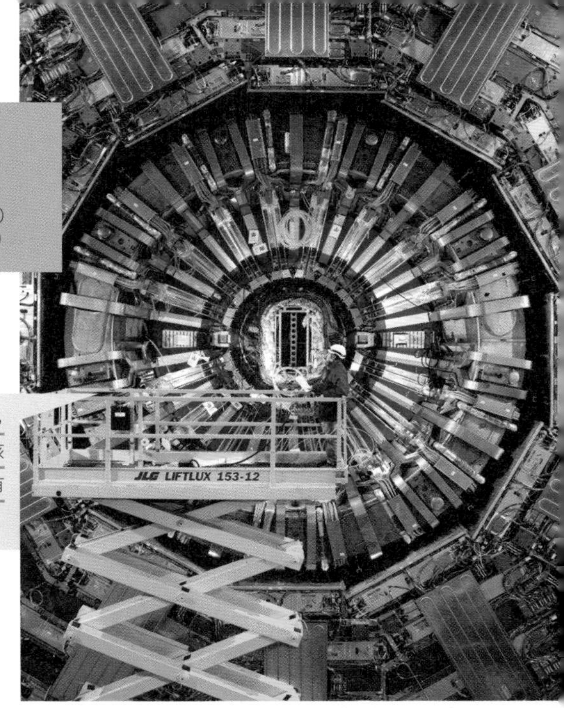

紧凑型μ介子线圈（The Compact Muom Solenoid，CMS）是一台位于地下大型洞穴中的粒子探测器，该洞穴在大型强子对撞机所在地挖掘。这台探测器将有助于寻找希格斯玻色子，并深入了解暗物质的本质。

标准模型（1961年）、万物理论（1984年）、
大型强子对撞机（2009年）

1964年

“1964年，当物理学家彼得·希格斯漫步于苏格兰高地时，”作家乔安妮·贝克写道，“他想到了一种赋予粒子质量的方法，并称之为‘一大创举’。粒子在漂过如今被称为‘希格斯场’的力场时，它们似乎会因变慢而质量增大。希格斯场对应的粒子就是被诺贝尔奖得主利昂·莱德曼称为‘上帝粒子（The God Particle）’的希格斯玻色子。”

基本粒子可以分为两类：玻色子（传递力的粒子）和费米子（组成物质的粒子，如夸克、电子和中微子）。希格斯玻色子是标准模型中尚未被观测到的一种粒子，科学家们希望大型强子对撞机（一台位于欧洲的高能粒子加速器）能够提供有关该粒子存在的实验证据（译者注：希格斯粒子已于2012年被大型强子对撞机发现）。

想象希格斯场就像一池黏稠的蜂蜜附着在穿过该场的无质量基本粒子上，并将它们转变成有质量的粒子。理论认为在极早期宇宙中，所有基本力（即强力、电磁力、弱力和引力）都被统一成一种力，即超力（superforce），但随着宇宙的冷却，不同力出现了。物理学家们已经能够结合弱力和电磁力成统一的“电弱力”，也许有一天所有的力都会统一起来。此外，物理学家彼得·希格斯、罗伯特·布鲁和弗朗索瓦·恩格勒特提出，大爆炸后不久，所有的粒子都没有质量。随着宇宙冷却，希格斯玻色子及其相关的场出现了。有些粒子可以穿过黏滞的希格斯场却不获得质量，如无质量的光子。而其他粒子则像陷入糖浆里的蚂蚁一样变重。

希格斯玻色子的质量可能是质子质量的一百多倍。要找到这个玻色子，需要一台大型粒子对撞机，因为碰撞的能量越高，碎片中的粒子质量就越大。■

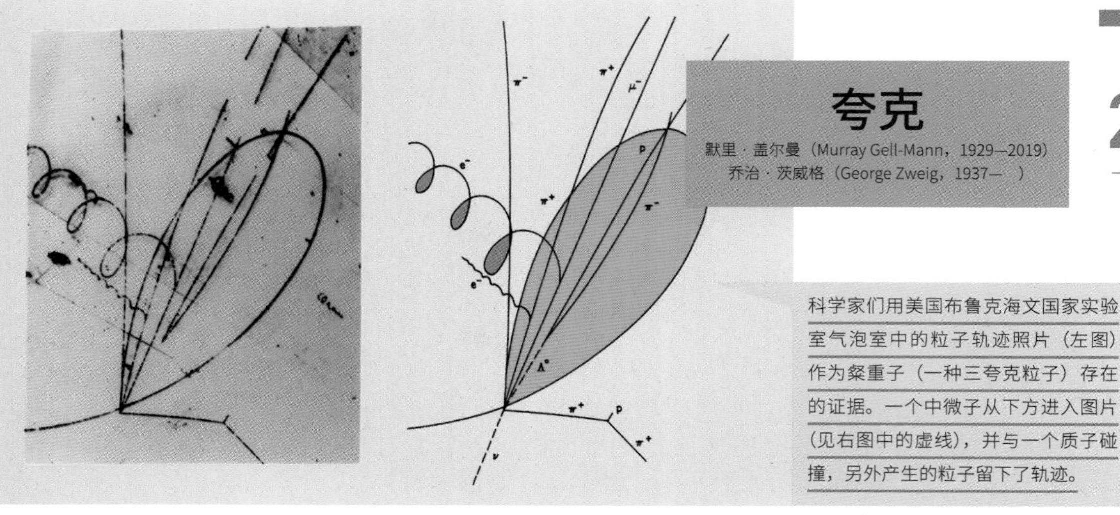

夸克

默里 · 盖尔曼（Murray Gell-Mann，1929—2019）
乔治 · 茨威格（George Zweig，1937—　）

科学家们用美国布鲁克海文国家实验室气泡室中的粒子轨迹照片（左图）作为粲重子（一种三夸克粒子）存在的证据。一个中微子从下方进入图片（见右图中的虚线），并与一个质子碰撞，另外产生的粒子留下了轨迹。

大爆炸（137 亿年前）、等离子体（1879 年）、电子（1897 年）、中子（1932 年）、量子电动力学（1948 年）、标准模型（1961 年）

1964 年

欢迎来到粒子动物园。20 世纪 60 年代，理论家们意识到，如果质子和中子等各种基本粒子实际上并不是真正的基本粒子，而是由被称为夸克的更小的粒子组成，那么就可以理解它们之间关系的模式了。

夸克共有六种类型，分别被称为上夸克、下夸克、粲夸克、奇夸克、顶夸克和底夸克。其中只有上、下夸克是稳定的，也是宇宙中最常见的；其他较重的夸克则是在高能碰撞中产生的（请注意，包括电子在内的另一类被称为轻子的粒子并不是由夸克组成的）。

1964 年，物理学家默里 · 盖尔曼和乔治 · 茨威格各自独立地提出了夸克的概念，到 1995 年，粒子加速器实验已经获得了全部六种夸克存在的证据。夸克带有分数电荷；例如，上夸克的电荷是 +2/3，下夸克的电荷是 −1/3。不带电荷的中子由两个下夸克和一个上夸克组成，而带正电荷的质子则由两个上夸克和一个下夸克组成。夸克由一种强短程力紧紧地束缚在一起，该力被称为色力（color force），其传递媒介是胶子；描述这些强相互作用的理论被称为量子色动力学。盖尔曼在读了《芬尼根守灵夜》（*Finnegans Wake*）中一行没头没脑的文字“向麦克老大三呼夸克（Three quarks for Muster mark）”后，将这种粒子命名为“夸克”。

在大爆炸后，宇宙中充满了夸克-胶子等离子体，这是因为温度太高而使得强子（也就是像质子和中子那样的粒子）无法形成。作家朱迪 · 琼斯（Judy Jones）和威廉 · 威尔逊（William Wilson）写道：“夸克对人类知识造成了有效的冲击，它们隐含了自然的三角关系……一方面是趋向无穷小的粒子，另一方面又是构建宇宙的基石，夸克同时代表了科学最雄心勃勃的一面，以及最腼腆的一面。” ■

CP 破坏

詹姆斯·沃森·克罗宁（James Watson Cronin，1931—2016）
瓦尔·洛格斯登·菲奇（Val Logsdon Fitch，1923—2015）

20 世纪 60 年代早期，来自美国布鲁克海文国家实验室交变梯度同步加速器（Alternating Gradient Synchrotron）的束流及探测器（如图）被用于证实共轭（C）和宇称（P）的破坏；这也为詹姆斯·克罗宁和瓦尔·菲奇赢得了诺贝尔物理学奖。

大爆炸（137 亿年前）、放射性（1896 年）、反物质（1932 年）、夸克（1964 年）、万物理论（1984 年）

1964 年

今天，你、我、鸟儿和蜜蜂之所以能活着，都是因为 CP 破坏和各种物理定律，以及它们对大爆炸（宇宙由此演化而来）期间物质与反物质比例的明显影响。由于 CP 破坏，亚原子领域的某些变换中产生了不对称性。

物理学中许多重要的概念都表现出对称性，例如在一项物理实验中，某些特性是守恒的，或者说是保持不变的。CP 对称的 C 部分表明，如果一个粒子与它的反粒子交换，例如改变电荷及其他量子数的符号，那么它们的物理定律应该是相同的［确切来说，C 代表电荷共轭对称（charge conjunction symmetry）］。宇称 P 对称（parity）指的是空间坐标的反演，例如，交换左、右，或者更准确地说，将全部三个空间维度 x、y、z 变为 $-x$、$-y$ 和 $-z$。举例来说，宇称守恒意味着一个反应及其镜像具有相同的发生速率（例如，原子核向上和向下释放衰变产物的频率一样）。

1964 年，物理学家詹姆斯·克罗宁和瓦尔·菲奇发现，某些被称为中性 K 介子的粒子并不遵循 CP 守恒定律（反粒子和粒子依靠该定律实现数量相等）。简而言之，他们证明了由弱力（支配元素的放射性衰变的力）发挥作用的核反应违反了 CP 对称组合。在这种情况下，中性的 K 介子可以变换为它们的反粒子（其中，每个夸克被其他的反夸克所取代），反之亦然，但两者概率不同。

大爆炸期间，CP 破坏及其他高能量下还不为人知的物理相互作用在观测到的物质超过反物质的宇宙中发挥了作用。如果没有这些相互作用，数量几乎相同的质子和反质子同时产生且彼此湮灭，就没有物质留下来了。■

贝尔定理

约翰·斯图尔特·贝尔（John Stewart Bell，1928—1990）

哲学家、物理学家和神秘主义者广泛地使用了贝尔定理，该定理表明爱因斯坦是错的，而宇宙本质上是“相互关联、相互依赖且不可分割的。”

互补原理（1927 年）、EPR 佯谬（1935 年）、薛定谔的猫（1935 年）、量子计算机（1981 年）

1964 年

在条目“EPR 佯谬（1935 年）”中，我们讨论了量子纠缠，它指的是量子粒子（如两个电子或两个光子）之间的紧密联系。两个粒子在测量前都没有确定的自旋。而一旦这对粒子发生纠缠，其中一个粒子的某种变化就会立即在另一个粒子上反映出来，即便它们一个在地球而另一个去了月球也是如此。这种纠缠太过违反直觉，以至于爱因斯坦认为它显示了量子理论的缺陷。一种可能性是，这种现象依赖于传统量子力学理论之外的某些未知的“局域隐变量”。也就是说，粒子实际上仍然只受其周围环境的直接影响。简而言之，爱因斯坦不认为遥远的事件会对当地的事件产生瞬时或超光速的影响。

然而，物理学家约翰·贝尔在 1964 年指出，任何关于局域隐变量的物理理论都无法重现量子力学的每一个预测。事实上，我们物理世界的非局域性似乎可以由贝尔定理以及自 20 世纪 80 年代初以来获得的实验结果共同推断出来。在我们所举的例子中，贝尔本质上是要求我们首先假设地球粒子和月球粒子具有确定的值。地球和月球上的科学家以各种方法测量这些粒子能够再现量子力学所预测的结果吗？贝尔从数学上证明了测量产生的结果的统计分布与量子力学的预测不一致。因此，粒子或许并没有确定的值。这与爱因斯坦的结论相矛盾，而宇宙是“局域的”这一假设也错了。

哲学家、物理学家和神秘主义者广泛地使用了贝尔定理。弗里乔夫·卡普拉（Fritjof Capra）写道：“贝尔定理表明，现实的概念由独立的部分组成，被局域联系连接起来，且与量子理论不一致，这对爱因斯坦的地位造成了毁灭性的打击……贝尔定理论证了宇宙本质上是相互关联、相互依赖且不可分割的。” ■

超级球

一个超级球如果从肩膀的高度落下，它可以反弹到近 90% 的肩高，并能在坚硬的表面上持续弹跳一分钟。它的恢复系数在 0.8 和 0.9 之间。

棒球弧线球（1870 年）、高尔夫球窝（1905 年）、终端速度（1960 年）

“砰、砰、嘭！”1965 年 12 月 3 日的《生活》（*Life*）杂志惊呼道。“这颗球在大厅中随意地反弹，仿佛具有生命一般。这就是超级球，它无疑是有史以来最会弹跳的球；无论心理学家如何定义美国时尚排行榜，它都如疯狂的蚱蜢一样冲上榜首。”

1965 年，加利福尼亚化学家诺曼 · 斯廷格利（Norman Stingley）和惠姆 – 奥制造公司（Wham-O Manufacturing Company）发明了由弹性化合物 Zectron 制成的神奇超级球。如果从肩膀的高度落下，它可以反弹到近 90% 的肩高，并能在坚硬的表面上持续弹跳 1 分钟（网球的弹跳只能持续 10 秒）。在物理学的语言中，恢复系数 e 被定义为碰撞后与碰撞前的速度之比，超级球的 e 在 0.8 到 0.9 之间。

自 1965 年夏初向公众发布起，到秋季为止，超过 600 万颗超级球在美国各地弹跳。美国国家安全顾问麦乔治 · 邦迪（McGeorge Bundy）发运了五打超级球到白宫，供白宫的工作人员消遣。

超级球通常也被称为弹力球，其秘密在于聚丁二烯，这是一种由弹性碳原子长链组成的橡胶类化合物。当聚丁二烯在含硫的高压环境下加热时，一种被称为硫化（vulcanization）的化学过程将这些长链转变成更耐用的材料。因为微小的硫桥限制了超级球的弯曲程度，所以其反弹能量大多反馈到运动中。添加二邻甲苯胍（DOTG）等化学物质可以进一步增加链的交联。

如果一个人从帝国大厦之巅扔下一颗超级球，那么结果会怎样呢？对于半径为 2.5 厘米的球来说，它在下落约 100 米（25 ～ 30 层楼高度）后达到每小时约 113 千米的终端速度。假设 $e = 0.85$，反弹速度约为 97 千米 / 小时，对应的反弹高度为 24 米（7 层楼高度）。■

1965 年

宇宙微波背景辐射

阿尔诺 · 艾伦 · 彭齐亚斯（Arno Allan Penzias，1933— ）
罗伯特 · 伍德罗 · 威尔逊（Robert Woodrow Wilson，1936— ）

这架喇叭反射天线位于新泽西州霍姆德尔的贝尔电话实验室，是在 1959 年为开展通信卫星相关的开创性研究而建造的；彭齐亚斯和威尔逊利用它发现了宇宙微波背景辐射。

大爆炸（137 亿年前）、望远镜（1608 年）、电磁波谱（1864 年）、X 射线（1895 年）、哈勃宇宙膨胀定律（1929 年）、伽马射线暴（1967 年）、宇宙暴胀（1980 年）

1965 年

宇宙微波背景辐射（cosmic microwave background，CMB）是一种充斥整个宇宙的电磁辐射。它是大爆炸的遗留辐射，我们的宇宙就形成于 137 亿年前这场炫目的“爆炸”中。随着宇宙的冷却和膨胀，高能光子（例如电磁波谱中的 γ 射线和 X 射线波段）的波长增加，红移到能量较低的微波波段。

大约在 1948 年，宇宙学家乔治 · 伽莫夫（George Gamow）和他的同事们提出，这种微波背景辐射有可能被探测到。而到了 1965 年，新泽西州贝尔电话实验室的物理学家阿尔诺 · 彭齐亚斯和罗伯特 · 威尔逊测量到一种神秘的过剩微波噪声，它与温度约为 3K 的热辐射场有关。在检查排除了包括大型户外天线上的鸽粪等各种可能的“噪声源”的干扰之后，他们断定自己正在观测宇宙中最古老的辐射，这也为大爆炸模型提供了证据。请注意，这些携带能量的光子需要花时间从宇宙中遥远的地方来到地球。因此，每当看向外太空时，我们也在回望过去。

1989 年发射的宇宙背景探测器（COBE）对 CMB 做了更精确的测量，确定其温度为 2.735 K。研究人员还利用 COBE 测量到背景辐射强度的微小涨落，这些涨落对应着宇宙中星系等结构的开端。

科学发现需要运气。作家比尔 · 布莱森写道：“尽管彭齐亚斯和威尔逊并非在寻找宇宙背景辐射，当发现它的时候并不知道它是什么，也没有在任何论文中描述或解释它的性质，但他们仍然获得了 1978 年的诺贝尔物理学奖。”如果你将一台模拟电视连上天线，调到没有节目的空频道上，那么“你看到的跳动的雪花点有大约 1% 是来自这种大爆炸的古老遗留辐射。下次当你的电视屏幕上什么都没有，只剩一片雪花点的时候，请别抱怨，你正在观看宇宙的诞生”。■

伽马射线暴

保罗 · 于尔里克 · 维拉尔（Paul Ulrich Villard，1860—1934）

哈勃空间望远镜拍摄的沃尔夫－拉叶星 WR-124 及其周围星云图像。这类恒星有可能产生长时间的 GRB。这些大质量恒星发出强烈的星风并迅速地损失质量。

大爆炸（137 亿年前）、电磁波谱（1864 年）、放射性（1896 年）、宇宙射线（1910 年）、类星体（1963 年）

1967 年

γ 射线是一种能量极高的光线，而伽马射线暴（Gamma-Ray Bursts，GRB）就是 γ 射线突然、猛烈的爆发现象。作家彼得 · 沃德（Peter Ward）和唐纳德 · 布朗利（Donald Brownlee）写道："如果你的眼睛能够看到 γ 射线，你会发现夜空大约每晚都要闪亮一次，但我们的自然感官忽略了这些遥远的事件。"不过，如果 GRB 更接近地球的话，那么"你前一分钟还活着，下一分钟要么已然死去，要么正死于辐射损伤"。事实上，研究人员认为，一次 GRB 引发了 4.4 亿年前奥陶纪晚期的生物大灭绝。

直到最近，GRB 还是高能天文学中最大的谜团之一。它们于 1967 年偶然间被美国军用卫星所发现，这些卫星原本是在监测苏联有无违反《禁止大气层核试验条约》（*Atmospheric Nuclear Test-ban Treaty*）进行核试验。在持续数秒的 GRB 典型爆发后，往往会随着波长较长的长期余辉。今天，物理学家们相信多数 GRB 来自旋转的大质量恒星坍缩成黑洞时的超新星爆发释放的强辐射线窄束。迄今为止，观测到的所有 GRB 似乎都起源于我们的银河系之外。

GRB 在几秒内就释放出太阳一生才能产生的能量，科学家们还不确定这一过程的确切机制。NASA 的科学家认为，当恒星坍缩时，爆发发出的激波以接近光速的速度穿过恒星。当激波与仍在恒星内的物质相撞时，就会产生 γ 射线。

1900 年，化学家保罗 · 维拉尔在研究镭的放射性时发现了 γ 射线。2009 年，天文学家们探测到一个来自爆发的超大质量恒星的 GRB，它出现在 137 亿年前宇宙诞生的大爆炸后仅仅 6.3 亿 年的时候，这是已观测到的最遥远的天体。相对来说，宇宙的这一时期仍有待探索。■

生活在模拟世界

康拉德·楚泽（Konrad Zuse，1910—1995）
爱德华·弗雷德金（Edward Fredkin，1934— ）
斯蒂芬·沃尔弗拉姆（Stephen Wolfram1，1959— ）
马克斯·泰格马克（Max Tegmark，1967— ）

随着计算机变得越来越强大，也许有一天我们将能够模拟全部世界和现实本身，而宇宙中其他地方更先进的生命可能已经在这样做了。

费米悖论（1950 年）、平行宇宙（1956 年）、人择原理（1961 年）

1967 年

随着我们对宇宙的了解越来越多，并且能够使用计算机去模拟复杂的世界，即使是严肃的科学家也开始质疑现实的本质。我们有可能正活在一个计算机模拟的世界中吗？

在宇宙的这一小片天地中，我们开发的计算机已经有能力使用软件和数学规律去模拟类似生命的行为。总有一天，我们可以创造出生活在如雨林般复杂且生机勃勃的模拟空间中的有思想的生物。也许我们能够模拟现实本身，而宇宙中其他地方更先进的生命可能已经在这样做了。

假使这些模拟世界的数量大于宇宙的数量将会怎么样呢？天文学家马丁·里斯（Martin Rees）表示，如果模拟世界的数量超过宇宙的数量，“要是一个宇宙中有许多计算机进行许多模拟，就会出现这种情况”，那么很可能我们就是人造生命。里斯写道：“一旦你接受多重宇宙的概念……那么一个合乎逻辑的结果就是，其中一些宇宙将有可能模拟它们自身的一部分，而你会进入一种无限回归的状态，所以我们不知道现实停在哪里……也不知道我们在宇宙和模拟宇宙组成的大集合中的位置。”

天文学家保罗·戴维斯（Paul Davies）也注意到，“最终，全部虚拟世界将在电脑里被创造出来，它们有意识的居民并不知道它们是别人技术的模拟产品。每一个原版世界都将有数量惊人的可用虚拟世界——其中一些世界甚至拥有模拟它们自己的虚拟世界的机器，如此循环往复。”

康拉德·楚泽、爱德华·弗雷德金、斯蒂芬·沃尔弗拉姆和马克斯·泰格马克等研究人员提出，物理宇宙可能运行在一台元胞自动机或离散计算机器上，或者就是一种纯粹的数学构造体。“宇宙或许只是一台数字计算机”的假说是由德国工程师楚泽于 1967 年首先提出的。■

快子

杰拉尔德·范伯格（Gerald Feinberg，1933—1992）

科幻小说中经常出现快子。如果一个由快子组成的外星人从他的飞船上走向你，那么在你看到他离开飞船之前，就可能会看到他到你这儿了。他离开飞船的画面比他实际的超光速运动的身体要花更长的时间才能到达你这里。

洛伦兹变换（1904 年）、狭义相对论（1905 年）、宇宙射线（1910 年）、时间旅行（1949 年）

快子是一种假想的亚原子粒子，其运动速度超过光速。物理学家尼克·赫伯特（Nick Herbert）写道："尽管如今的大多数物理学家认为，快子存在的可能性也就略高于独角兽存在的可能性，但对这些假想粒子特性的研究并非完全没有意义。"因为这类粒子也许能够回到过去，作家保罗·纳欣（Paul Nahin）幽默地写道："如果有一天快子被发现，那么在这重大时刻的前一天，报纸上就应该会刊登发现者的公告，宣布'快子已于明天被发现'。"

阿尔伯特·爱因斯坦的相对论并没有阻止物体的速度超过光速；而是说，比光速慢的物体，其速度永远不可能超过每秒 299000 千米（即真空中的光速）。然而超光速物体可能存在，只要它们的速度不低于光速就行。运用这一思想框架，我们可以把宇宙中的所有事物分为三类：一类的速度总是小于光速；一类恰好等于光速（光子）；一类的速度总是大于光速。1967 年，美国物理学家杰拉尔德·范伯格将这种假想中的超光速粒子命名为快子（tachyon），因为"tachys"在希腊语中的意思就是"快"。

物体不能以低于光速的速度开始运动然后又超光速运动，其原因之一是狭义相对论认为，在这个过程中，物体的质量会变得无穷大。这种相对性的质量增加是高能物理学家充分验证过的现象。快子不会产生这种矛盾，因为它们从来没有在亚光速下存在过。

也许快子是在大爆炸（宇宙由此演化而来）的那一刻产生的，宇宙就是从大爆炸演化而来的。不过在几分钟之内，这些快子就会回到宇宙的起点，并再次消失于原初的混沌中。如果今天还有快子产生，物理学家们认为，也许能在宇宙射线簇射或实验室粒子碰撞的记录中探测到它们。■

牛顿摆

埃德姆·马略特（Edme Mariotte，约 1620—1684）
威廉·赫拉弗桑德（Willem Gravesande，1688—1742）
西蒙·柏宝（Simon Prebble，1942— ）

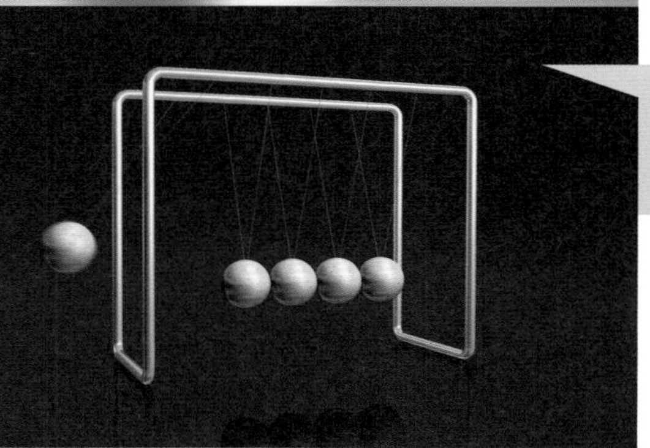

在牛顿摆中，球体的运动同时保持了动量守恒和能量守恒，不过详细的分析需要对球间相互作用有更复杂的考量。

动量守恒（1644 年）、牛顿运动定律和万有引力定律（1687 年）、能量守恒（1843 年）、傅科摆（1851 年）

1967 年

自 20 世纪 60 年代末牛顿摆为人所知以来，就一直是深受物理教师和学生们欢迎的教具。英国演员西蒙·柏宝设计了这种装置，并在 1967 年将其公司销售的木架型号的装置命名为牛顿摆（Newton’s Cradle）。如今最常见的牛顿摆通常由 5 或 7 个被金属丝悬挂起来的金属球组成，它们可以沿着单一运动平面振荡。这些球的大小相同，且只在静止时相互接触。如果一个球被拉开再释放，它就会与静止的球碰撞，自己停下，而被撞的那个球则会继续向上摆动。这些运动同时保持了动量守恒和能量守恒，不过详细的分析需要对球间相互作用有更复杂的考量。

当释放的球与其他球碰撞时，就会产生冲击波，并通过球来传播。这类撞击在 17 世纪时已为法国物理学家埃德姆·马略特所证实。荷兰哲学家、数学家威廉·赫拉弗桑德也用类似牛顿摆的装置进行过碰撞实验。

今天，关于牛顿摆的讨论扩展到各种尺度。例如，史上最大的牛顿摆之一拥有 20 个保龄球（每个 6.9 千克），它们被长度达 6.1 米的钢索悬挂起来。2006 年《自然》杂志一篇题为“量子牛顿摆”的论文描述了另一个极端尺度，论文的作者是宾夕法尼亚州立大学的物理学家们，他们建造了一架量子版的牛顿摆。论文中写道：“推广到量子力学粒子范畴的牛顿摆如形如鬼魅。碰撞粒子不仅可以互相反射，还可以互相穿越。”

主要面向物理教师的《美国物理学》上的文章有许多涉及牛顿摆，这表明牛顿摆依然是教学的兴趣点。■

超构材料

维克托·杰奥尔杰维奇·韦谢拉戈（Victor Georgievich Veselago，1929—2018）

光弯曲超构材料的艺术再现；该材料由美国国家科学基金会的研究人员研制。分层的材料可以使光以自然材料中看不到的方式发生折射或弯曲。

斯涅尔折射定律（1621 年）、牛顿棱镜（1672 年）、解释彩虹（1304 年）、最黑的黑色（2008 年）

1967 年

科学家们能不能制造出一种隐形伪装，就像《星际迷航》中外星种族罗穆兰人用来隐形战舰的那种伪装呢？为了实现这一艰难的目标，人们已经利用超构材料（metamaterial）进行了一些初步的尝试，这种具有小尺度结构和模式的人工材料旨在以不同寻常的方式操控电磁波。

直到 2001 年，所有已知材料用于控制光弯曲的折射率都是正值。然而，加州大学圣迭戈分校的科学家们在 2001 年描述了一种不同寻常的复合材料，它的折射率为负，这从本质上颠覆了斯涅尔折射定律。这种奇怪的材料是由玻璃纤维、铜环和电线混合而成的，能够以新奇的方式聚焦光线。早期的测试显示，从这种材料中发出微波的方向与斯涅尔定律预测的方向完全相反。这些材料不仅仅在物理上很新颖，也许有一天会引领新型天线和其他电磁设备的发展。从理论上讲，一片负折射率的材料可以作为超级透镜，产生出具有超乎寻常的细节的图像。

虽然大多数早期实验都是用微波频段进行的，但在 2007 年，物理学家亨利·莱泽克（Henri Lezec）领导的团队实现了可见光的负折射。为了制造一种表现出负折射材料性能的物体，莱泽克的团队建造了一个由多层金属组成的棱镜，上面布满了错综复杂的纳米通道。这是物理学家首次设计出的一种方法，使可见光经一种材料到另一种材料时，其传播方向与传统的弯曲方向相反。一些物理学家认为，这一现象有一天可能会导致一种光学显微镜的出现，它可以用于分子大小的物体的成像，还可以用于制造使物体隐形的装置。超构材料的理论是由苏联物理学家维克托·韦谢拉戈于 1967 年首次建立的。2008 年，科学家们描述了一种近红外光折射率为负的鱼网状结构。■

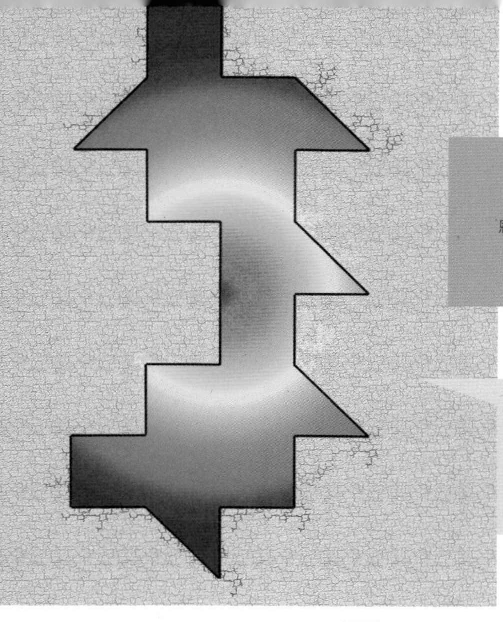

照明不完全的房间

恩斯特·加博尔·施特劳斯（Ernst Gabor Straus，1922—1983）
小维克托·L. 克莱（Victor L. Klee，Jr，1925—2007）
乔治·托卡尔斯基（George Tokarsky，1946— ）

1995 年，数学家乔治·托卡尔斯基发现了这个 26 边的照明不完全多边形房间。在房间里的任一位置点亮一根蜡烛，这根蜡烛都无法照亮整个房间。

阿基米德燃烧镜（公元前 212 年）、斯涅尔折射定律（1621 年）、布儒斯特光学（1815 年）

1969 年

美国小说家伊迪丝·沃顿（Edith Wharton）曾经写道："扩散光的方式有两种，点燃一支蜡烛或者放置一块反射烛光的镜子。"物理学中的反射定律表明，对于镜面反射来说，光波入射到平面上的角度等于它被反射后的角度。想象一下，我们在黑暗的房间里，平整的墙壁全都被镜子所覆盖。这个房间有几处转弯和侧廊。如果我在房间的某个地方点上一支蜡烛，那么不管站在房间的什么地方，不管房间的形状如何，不管站在哪条侧廊，你都能看到它吗？或者以台球为例，多边形台球桌上任意两点之间一定存在台球的反弹路线吗？

如果我们碰巧被困在一个 L 形房间里，不管你我站在哪里，你都能看到我的蜡烛，因为光线可以经不同的墙壁反射到你的眼睛里。但我们能想象一个复杂到存在一个光永远无法到达的点的多边形房间吗？（我们的问题中假定人和蜡烛是透明的，且蜡烛是点光源。）

这个难题最早是由数学家维克托·克莱于 1969 年提出并发表的，不过它可以追溯到 20 世纪 50 年代，当时数学家恩斯特·施特劳斯也曾思考过这类问题。令人难以置信的是，直到 1995 年才有人知道答案，当时艾伯塔大学的数学家乔治·托卡尔斯基发现了这样一种房间，它不能完全被照亮。他公布的房间平面图有 26 个边。随后，托卡尔斯基找到了一个 24 边的例子，这个奇怪的房间是目前已知边数最少的照明不完全的多边形房间。物理学家和数学家们不知道是否真的存在边数更少的照明不完全多边形房间。

其他类似的光反射问题也是存在的。1958 年，数学物理学家罗杰·彭罗斯（Roger Penrose）和他的同事们证明，某些带有弯曲边的房间里也可以存在光照不到的区域。■

超对称

布鲁诺·朱米诺（Bruno Zumino，1923—2014）
崎田文二（Bunji Sakita，1930—2002）
尤利乌斯·韦斯（Julius Wess，1934—2007）

根据超对称理论，标准模型中的每个粒子都有一个巨大的“影子”粒子伙伴。在早期宇宙的高能环境中，粒子和它们的超级伙伴是无法区分的。

弦理论（1919 年）、标准模型（1961 年）、暗物质（1933 年）、大型强子对撞机（2009 年）

记者查尔斯·赛弗（Charles Seife）写道：“物理学家们假设了一种关于物质的超对称理论，听起来就像是直接从《星际迷航》的情节中走出来一样，这种理论认为，每个粒子都有一个尚未被发现的二重身份，一个神秘的孪生超级伴侣，它的属性与我们所知的粒子有极大的不同……如果超对称理论是正确的，这些粒子可能是神秘的暗物质的来源，暗物质构成了宇宙中大部分的质量。”

根据超对称理论（Supersymmetry，SUSY），标准模型中的每个粒子都有一个超对称的较重的孪生粒子。例如，夸克（结合形成其他亚原子粒子，如质子和中子的微小粒子）会有一个更重的伙伴粒子，称为 squark，它是超对称夸克的缩写。电子的超对称伙伴称为超电子（selectron）。SUSY 的先驱包括物理学家布鲁诺·朱米诺，崎田文二和尤利乌斯·韦斯。

假设 SUSY 的部分动机是纯粹的理论美学上的考虑，因为它在已知粒子的属性上增加了令人满意的对称性。如果 SUSY 不存在，布莱恩·格林（Brian Greene）写道，这就好比是，巴赫在用美妙交织的音符书写了若干神奇对称乐章之后，却遗憾地忘掉了终结的乐章。超对称性理论也是弦理论的一个重要特征，在这个理论中，一些最基本的粒子，比如夸克和电子，可以用极其微小的、本质上是一维的弦来建模。

科学记者阿尼尔·安纳塔斯瓦米（Anil Ananthaswamy）写道：“该理论的关键在于，在早期宇宙的高能汤中，粒子和它们的超级伙伴是无法区分的。每一对都作为单一的无质量实体共存。然而，随着宇宙的膨胀和冷却，这种超对称性被打破了。粒子和它的超级伴侣各自为所欲为，变成了各自拥有不同质量的个体粒子。”

赛弗总结道：“如果这些神秘的伙伴始终无法被检测到，那么超对称理论将仅仅是一个数学玩具。就像托勒密的宇宙一样，它似乎可以解释宇宙的运行，但却不能反映现实。”■

宇宙暴胀

艾伦 · 哈维 · 古思（Alan Harvey Guth，1947— ）

威尔金森微波各向异性探测器（WMAP）获得的天图显示了 130 多亿年前宇宙早期产生的宇宙背景辐射相对均匀的分布。暴胀理论认为，这里看到的不规则结构是形成星系的种子。

大爆炸（137 亿年前）、宇宙微波背景辐射（1965 年）、哈勃宇宙膨胀定律（1929 年）、平行宇宙（1956 年）、暗能量（1998 年）、宇宙大撕裂（360 亿年）、宇宙隔离（1000 亿年）

1980 年

大爆炸理论指出，137 亿年前，我们的宇宙处于极度致密和炽热的状态，而自那时起，空间就一直在膨胀。然而，这个理论是不完备的，因为它无法解释宇宙中的几个观测特征。1980 年，物理学家艾伦 · 古思提出，在大爆炸后 10^{-35} 秒（1000 亿亿亿亿分之一秒），宇宙仅仅用 10^{-32} 秒就从比质子还小的尺度膨胀（或者说暴胀）到葡萄柚大小，其尺度增加了 50 个数量级。今天，尽管可见宇宙的各个遥远区域相距甚远而看起来没有联系，我们观测到的宇宙背景辐射温度却似乎相当均匀，除非我们引入暴胀来解释这些起初很靠近（并且已经达到相同的温度）的区域之后是如何以超过光速的速度分开的。

此外，暴胀解释了为什么宇宙从整体上看起来相当“平坦”，也就是说，除了靠近高引力天体会产生偏差外，平行光为什么一直保持平行。宇宙早期的任何曲率都会被抹平，就像球面被拉伸直到变平一样。暴胀结束于大爆炸后 10^{-30} 秒，然后宇宙继续以更为缓慢的速度膨胀。

微观暴胀领域的量子涨落被放大到宇宙尺度，成为宇宙中更大结构的种子。科学记者乔治 · 马瑟（George Musser）写道：“暴胀的过程总是让宇宙学家感到惊奇。这意味着像星系这样的巨型天体起源于极小的随机涨落。望远镜变成了显微镜，而物理学家可以通过仰望天空看到自然的根源。”艾伦 · 古思写下了这样的语句，暴胀理论使我们能够“思考一些有趣的问题，比如是否有其他大爆炸在遥远的地方持续地发生着，以及一个超级先进的文明原则上是否有可能重现大爆炸”。■

量子计算机

理查德 · 菲利普斯 · 费曼（Richard Phillips Feynman，1918—1988）
戴维 · 埃利泽 · 多伊奇（David Elieser Deutsch，1953— ）

2009 年，美国国家标准及技术协会（National Institute of Standards and Technology）的物理学家们在这张照片中间左边的离子阱中演示了可靠的量子信息运算。离子被困在暗缝中的阱里。通过改变施加在每个金电极上的电压，科学家们可以在阱的六个区域之间移动离子。

互补原理（1927 年）、EPR 佯谬（1935 年）、平行宇宙（1956 年）、集成电路（1958 年）、贝尔定理（1964 年）、量子隐形传态（1993 年）

物理学家理查德 · 费曼是最早考虑量子计算机可能性的科学家之一。他在 1981 年时想知道，计算机究竟能变多小。他意识到，当计算机最终达到原子集合大小的时候，将会遵循量子力学的奇怪定律。物理学家戴维 · 多伊奇在 1985 年设想了这样一台计算机的实际工作方式，而且他意识到，传统计算机几乎要花费无限时间的计算，可以在量子计算机上快速完成。量子计算机使用量子比特（量子比特本质上是 0 和 1 的叠加态），而不是通常使用的二进制代码（即用确定的 0 或 1 来表示信息）。量子比特是由粒子的量子态（例如，单个电子的自旋态）形成的。

这种叠加态可以让量子计算机在同一时间有效地测试每一种可能的量子比特组合。一个 1000 量子比特的系统可以在眨眼间测试 2^{1000} 个可能的解，因此大大超过了传统的计算机。要了解 2^{1000}(大约是 10^{301}) 的大小，就请注意在可见的宇宙中只有大约 10^{80} 个原子。

物理学家迈克尔 · 尼尔森（Michael Nielsen）和艾萨克 · 庄（Isaac Chuang）写道：“人们很容易把量子计算看作计算机演化过程中的又一个技术潮流而已，它也将随着时间的推移而过时……这是错误的，因为量子计算是信息处理的抽象模式，在技术上可能有很多不同的实现方式。”

当然，要创造一台实用的量子计算机仍然存在许多挑战。来自计算机周围环境的最轻微的交互或杂质都可能扰乱它的运算。“这些量子工程师……首先必须将信息输入系统，”作家布赖恩 · 克莱格（Brian Clegg）写道，“然后开启计算机的运算，最后得到结果。这些步骤都不是轻易能完成的……这就好像你在双手被绑于背后的情况下试图在黑暗中玩一个复杂的拼图游戏。” ■

1981 年

准晶体

罗杰·彭罗斯（Roger Penrose，1931— ）
达恩·谢赫特曼（Dan Shechtman，1941— ）

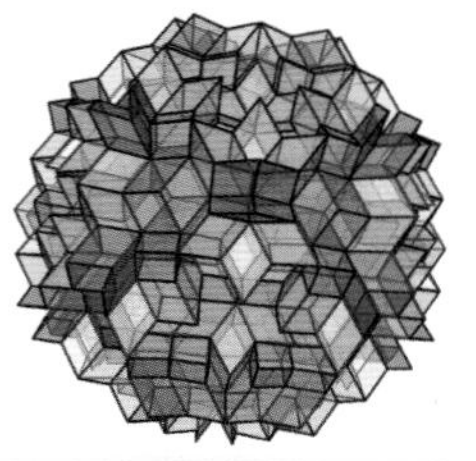

（左图）彭罗斯瓷砖有两个简单的几何形状，并排放置时，可以覆盖一个平面，没有间隙或重叠，也不会周期性重复。
（右上）蜂窝的六边形对称是周期性的。
（右下）彭罗斯镶嵌的推广和准晶体的可能模型，基于由两个菱形组成的二十面体的嵌合。

开普勒的“六角雪花”（1611 年）、布拉格晶体衍射定律（1912 年）

当我读到《以西结书》（*Book of Ezekiel*）1∶22[1] 的描述时，我经常想起奇异的准晶体，它是一种“令人敬畏的”或“可怕的”晶体，覆盖在生物的头上。在 20 世纪 80 年代，准晶体以惊人的有序而又具备非周期特性的混合震惊了物理学家，这意味着它们缺乏平移对称，即模式的平移副本永远不会与原模式重合。

我们的故事从彭罗斯镶嵌开始——两个简单的几何图形，并排放置时，可以覆盖一个平面，没有间隙或重叠，而且这种图形不像某些浴室地板上简单的六角形瓷砖图案那样周期性地重复。彭罗斯镶嵌以数学物理学家罗杰·彭罗斯的名字命名，它有五重旋转对称，与五角星所表现出的对称相同。如果你把整个瓷砖图案旋转 72°，它看起来和原来一样。作家马丁·加德纳（Martin Gardner）写道：“虽然也可以构造出具有高度对称性的彭罗斯图案……但大多数彭罗斯图案，就像宇宙一样，是秩序与秩序之外的意外偏离的神秘混合物。随着图案的扩展，它们似乎总是在努力重复自己，但从未真正严格地实现。”

在彭罗斯的发现之前，大多数科学家认为基于五重对称的晶体是不可能构造出来的，但后来发现了类似彭罗斯瓷砖图案的准晶体，它们具有显著的特性。例如，金属准晶体是热的不良导体，准晶体可以用作光滑的不粘涂层。

在 20 世纪 80 年代早期，科学家们曾推测某些晶体的原子结构可能基于非周期晶格。1982 年，材料科学家达恩·谢赫特曼在一种铝锰合金的电子显微图中发现了一种非周期结构，这种结构具有明显的五重对称，令人想起彭罗斯镶嵌。当时，这一发现是如此令人震惊，以至于有人说这就像发现了五角形的雪花一样令人震惊。■

1 旧约圣经中的一卷书，第 1 章 22 节。——译者注

万物理论

迈克尔·鲍里斯·格林（Michael Boris Green，1946— ）
约翰·亨利·施瓦茨（John Henry Schwarz，1941— ）

粒子加速器可提供亚原子粒子的信息，帮助物理学家发展万物理论。这里展示的是柯克劳夫－沃尔顿（Cockroft-Walton）倍压加速器，它曾在美国布鲁克海文国家实验室使用，在质子注入线性加速器和同步加速器之前，为其提供初始加速度。

大爆炸（137 亿年前）、麦克斯韦方程组（1861 年）、弦理论（1919 年）、蓝道尔－桑德拉姆膜（1999 年）、标准模型（1961 年）、量子电动力学（1948 年）、上帝粒子（1964 年）

1984 年

物理学家利昂·莱德曼（Leon Lederman）写道：“我的奢望是活着看到所有的物理学简化为一个优雅而简单公式，很容易将它印在 T 恤的正面。”物理学家布里安·格林（Brian Greene）写道，“在物理学的历史上，我们最希望的是有一个框架，能够解释构成宇宙的每一个基本特性，可以解释基本粒子的性质和它们之间的相互作用力的性质。”

万物理论（Theory of Everything，TOE) 应能从概念上统一自然界的四种基本力，这四种力按强弱排列是：(1) 强核力－它把原子的核合在一起，把夸克结合成基本粒子，并使恒星发光；(2) 电磁力－发生在电荷和磁极之间；(3) 弱核力－控制元素的放射性衰变；(4) 引力－将地球束缚到太阳周围。1967 年左右，物理学家们提出了如何将电磁力和弱力统一为电弱力的理论。

尽管存在争议，一个可能的 TOE 的候选者是 M 理论，它假设宇宙有十个空间维度和一个时间维度。额外维度的概念也可能有助于解决各种力的强度等级问题，即为什么引力比其他力弱得多。一种解释是，重力会泄漏渗入到普通三维空间之外的维度。如果人类找到了 TOE，用简短的方程总结了四种力，这将有助于物理学家确定发明时间机器是否可能，在黑洞的中心正在发生什么事件。而且，按照天体物理学家斯蒂芬·霍金的说法，它让我们能够“阅读上帝的思想。”

这个条目被看似任意地标注为 1984 年，其实这是物理学家迈克尔·格林和约翰·施瓦茨在超弦理论上取得重大突破的日子。M 理论是超弦理论的延伸，于 20 世纪 90 年代发展起来。■

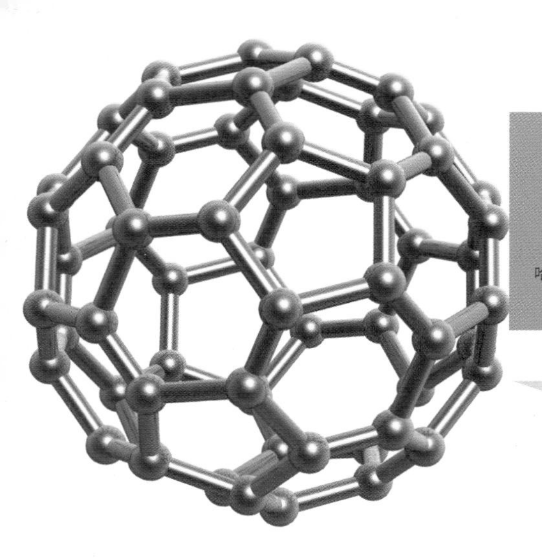

巴基球

理查德·巴克敏斯特·“巴基”富勒
(Richard Buckminster “Bucky” Fuller，1895—1983)
小罗伯特·弗洛伊德·柯尔（Robert Floyd Curl，Jr，1933— ）
哈罗德（哈里）·沃尔特·克罗托（Harold (Harry) Walter Kroto，1939—2016）
理查德·埃里特·斯莫利（Richard Errett Smalley，1943—2005）

巴克敏斯特富勒烯（Buckminsterfullerne，简称巴基球，C_{60}）是由 60 个碳原子组成的。每个碳原子都在一个五边形和两个六边形的角上。

电池（1800 年）、德布罗意关系（1924 年）、晶体管（1947 年）

1985 年

每当我想到巴基球，我就会幽默地想象一群微观的足球运动员踢着这些粗糙的足球形状的碳分子，在一系列的科学领域中进球。巴克敏斯特富勒烯（或巴基球，简称 C_{60}）由 60 个碳原子组成，于 1985 年由化学家罗伯特·科尔、哈罗德·克罗托和理查德·斯莫利合成。每个碳原子都在一个五边形和两个六边形的角上。这个名字来源于发明家巴克敏斯特·富勒，他创造了类似笼子的结构，比如网格穹顶，这启发了 C_{60} 的发明者们发现了巴基球。C_{60} 随后在从蜡烛烟灰到陨石等许多物体中被发现，研究人员已经能够在 C_{60} 结构中放置选定的原子，就像笼子里的鸟一样。因为 C_{60} 很容易接受和贡献电子，它有一天可能会用于电池和电子设备。第一个由碳制成的圆柱形纳米管是在 1991 年获得的。这些管子非常坚固，也许有一天可以用作分子级的电线。

巴基球总是出现在新闻里。研究人员已经研究了用于药物传递和抑制 HIV（人类免疫缺陷病毒）的 C_{60} 衍生物。C_{60} 对于各种量子力学和超导特性具有重要的理论意义。2009 年，化学家耿俊峰（Junfeng Geng，音译）和他的同事们发现了一种简便的方法，通过像串珍珠一样将巴基球连接起来，在工业规模上形成巴基线。据《技术评论》（*Technology Review*）报道，“巴基球应该可以用于各种生物、电子、光学和磁性应用……这些巴基球看起来似乎是非常高效的光收割机，因为它们具有巨大的表面积和能够传导光子释放电子的方式。（它们可能）在分子电路板布线方面有应用。”

同样在 2009 年，研究人员开发了一种新的高导电性材料，这种材料由带正电的锂离子穿过带负电的巴基球组成的晶体网络构成。对这些材料和相关结构的实验还在继续，以确定它们是否有一天会成为未来电池的“超级离子”材料。■

量子永生

汉斯·莫拉维克（Hans Moravec，1948— ）
马克斯·泰格马克（Max Tegmark，1967— ）

根据量子永生的支持者，我们可以避免死亡的潜伏幽灵几乎直到永远。也许有一小部分备用宇宙，你会在其中继续生存，因此从你自己的角度来看，你活到了永恒。

薛定谔的猫（1935 年）、平行宇宙（1956 年）、量子复活（100 万亿年后）

1987 年

令人难以置信的量子永生以及相关的概念，由技术专家汉斯·莫拉维克在 1987 年和后来由物理学家马克斯·泰格马克提出并加以讨论，它依赖于在平行宇宙的入口中讨论的量子力学的多世界诠释。这个理论认为，当宇宙（“世界”）在量子层面面临路径选择时，它实际上遵循各种可能性，分裂成多个宇宙。

根据量子永生的支持者的说法，MWI 意味着我们可能几乎可以活到永远。例如，假设你坐在一把死刑电椅上。在几乎所有的平行宇宙中，电椅都会杀死你。然而，也有一小部分你能以某种方式生存的备用宇宙——例如，当刽子手拉动开关时，一个电子元件可能会失灵。你仍然活着，因此能够体验到一个电椅失灵的宇宙。从你自己的角度来看，你实际上是永生的。

设想一个思维实验。不要在家里真的尝试这样做，只是想象一下，你在地下室里，头顶悬着有一把锤子，它可能会因为放射性原子的衰变被触发而砸死你。在每次实验中，都有 50% 的概率锤子会砸碎你的头骨。如果 MWI 是正确的，那么每次你进行实验时，你将被分成两个宇宙，一个是锤子砸死你的宇宙，另一个是锤子不动的宇宙。把这个实验做一千次，你会惊奇地发现自己竟然还活着。在铁锤落下的宇宙里，你已经死了。然而，从活着的你的角度来看，锤子实验将继续运行，因为在多元宇宙的每个分支都存在一个活下来的你。如果 MWI 是正确的，你可能会慢慢开始注意到你似乎永远不会死！■

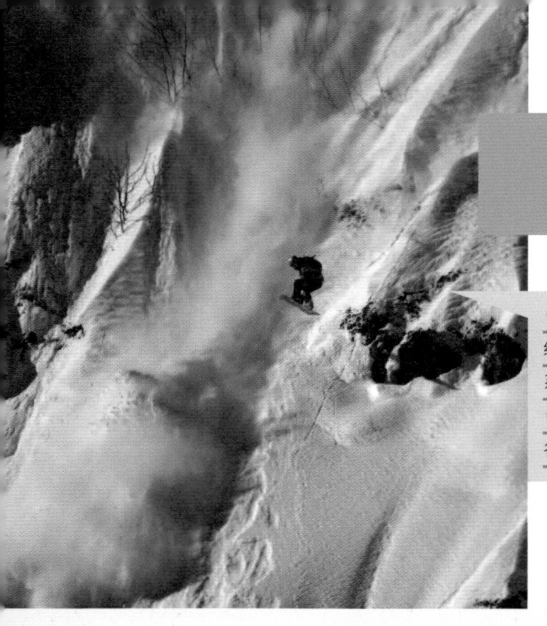

自组织临界性

佩尔 · 巴克（Per Bak，1948—2002）

（左图）研究表明，雪崩可能表现出自组织临界性。雪崩的频率和规模之间的关系可能有助于量化雪崩的风险。
（右图）以往在 SOC 方面的研究都涉及谷堆构造的稳定性问题。

超级巨浪（1826 年）、孤立子（1834 年）、混沌理论（1963 年）

1987 年

数学物理学家亨里克 · 詹森（Henrik Jensen）写道：“考虑一个电子的集合，或者一堆沙粒，一桶流体，一个弹簧的弹性网络，一个生态系统，或者一个股票市场交易者的社区。每个系统都由许多组件组成，这些组件通过某种力量或信息的交换进行交互……是否存在某种简化机制来生成由大型系统类共享的典型行为……”

1987 年，物理学家佩尔 · 巴克、汤超（Chao Tang）和库尔特 · 维森菲尔德（Kurt Wiesenfel）发表了他们关于自组织临界性（Self-Organized Criticality，SOC）的概念，部分是为了回答这类问题。SOC 通常用一堆沙粒中的雪崩来表示。谷粒一个接一个被撒到一个谷堆上，直到谷堆到达一个稳定的临界状态，在这个状态中，它的斜率在一个恒定的角度上下波动。此时，每一个新的谷粒都可能突然引发不同规模的雪崩。虽然一些沙堆的数值模型表现出 SOC，但实际沙堆的行为有时模糊不清。1995 年在挪威奥斯陆大学进行的著名的奥斯陆谷堆试验中，如果米粒具有较大的长宽比，则堆体表现出 SOC；然而，对于较短圆的米粒，则没有发现 SOC。因此，SOC 可能对系统的细节很敏感。当莎拉 · 格伦巴赫（Sara Grumbacher）和她的同事使用微小的铁球和玻璃球来研究雪崩模型时，在所有的案例中都发现了 SOC。

SOC 已经在从地球物理学到进化生物学、经济学和宇宙学的各个领域得到了广泛的研究，并且可能将许多复杂的现象联系在一起，在这些现象中，微小的变化会导致系统中出现突然的连锁反应。SOC 的一个关键要素涉及幂律分布。对于沙堆来说，这意味着大雪崩要比小雪崩少得多。例如，我们可能期望每天发生 1 次涉及 1000 粒谷粒的大雪崩，但可能会发生 100 次只涉及 10 粒谷粒的小雪崩，以此类推。在各种各样的环境中，显然复杂的结构或行为出现在可以用简单规则描述的系统中。■

虫洞时间机器

基普 · 斯蒂芬 · 索恩（Kip Stephen Thorne，1940—　）

太空虫洞的艺术描绘。虫洞既可以作为穿越空间的快捷方式，也可以作为时间机器。虫洞的两个口（开口）是黄色和蓝色区域。

时间旅行（1949 年）、卡西米尔效应（1948 年）、时序保护猜想（1992 年）

1988 年

正如在“时间旅行（1949 年）”条目中所讨论的，库尔特 · 哥德尔（Kurt Gödel）在 1949 年提出的时间机器在巨大的尺度下工作——整个宇宙必须旋转才能使它发挥作用。时间旅行设备的另一个极端是由亚原子量子泡沫创造的宇宙虫洞，基普 · 斯蒂芬 · 索恩和他的同事在 1988 年著名的《物理评论快报》（*Physical Review Letters*）文章中提出了这一观点。在他们的论文中，他们描述了一个虫洞，它的两个出口连接两个不同时期。因此，虫洞可以连接过去和现在。由于穿越虫洞几乎是瞬间的，你可以使用虫洞进行反向时间旅行。与 H.G. 威尔斯（H. G. Wells）《时间机器》（*The Time Machine*）中的时间机器不同，使用索恩机器需要大量的能量——我们的文明在未来很多年内都不可能产生这些能量。然而，索恩乐观地在他的论文中写道：“利用虫洞，一个足够先进的文明就可以建造一台时光倒流的机器。”

索恩可穿越的虫洞可能是通过扩大存在于遍及整个空间的量子泡沫中的亚微观虫洞而产生的。一旦扩大，虫洞的一端被加速到极高的速度，然后返回。另一种方法是把虫洞口放在一个非常高的重力物体附近，然后把它放回去。在这两种情况下，时间膨胀（变慢）导致虫洞的被移动的末端时间比没有移动的一端时间要早。例如，加速端上的时钟可能读作 2012 年，而静止端上的时钟可能读作 2020 年。如果你跳入 2020 年的那一端，你会在 2012 年的出口钻出来。然而，你不能回到虫洞时间机器创建之前的时间。创造虫洞时间机器的一个困难是，为了保持虫洞的开口，需要大量的负能量（例如与所谓的外来物质有关的能量）——这在今天的技术上是不可行的。■

哈勃望远镜

小莱曼·斯特朗·斯皮策（Lyman Strong Spitzer，Jr，1914—1997）

宇航员史蒂文·L. 史密斯（Steven L. Smith）和约翰·M. 格伦斯菲尔德（John M. Grunsfeld）在更换哈勃空间望远镜内部的陀螺仪，照片中的两个小小的身影就是他们。（1999 年）

大爆炸（137 亿年前）、望远镜（1608 年）、星云假说（1796 年）、陀螺仪（1852 年）、造父变星测量宇宙（1912 年）、哈勃宇宙膨胀定律（1929 年）、类星体（1963 年）、伽马射线暴（1967 年）、暗能量（1998 年）

1990 年

空间望远镜研究所的人写道："自天文学出现伊始，亦是自伽利略时代以来，天文学家就有一个共同的目标：看得更多，看得更远，看得更深。1990 年哈勃空间望远镜的发射推动人类跨出了这段旅程中最伟大的一步。"地基望远镜的观测受地球大气的影响而发生畸变，使恒星看起来像是在闪烁，而且大气也部分吸收了一定范围的电磁辐射。而哈勃空间望远镜（Hubble Space Telescope，HST）是在大气之外的轨道上运行的，所以它能够拍摄到高质量的图像。

来自太空的光从望远镜的凹面主镜（直径约 2.4 米）反射到一块较小的镜子上，然后这块小镜子将光聚焦到主镜中心的一个孔内。再然后，这些光就传输到记录可见光、紫外光和红外光的多种科学仪器中。HST 由 NASA 使用航天飞机进行部署，其大小与一辆灰狗巴士相当，由太阳能电池阵列供电，利用陀螺仪来稳定轨道并指向太空中的目标。

HST 大量的观测带来了天体物理学的突破。HST 使科学家们能够仔细测量我们到造父变星的距离，以前所未有的精度确定宇宙的年龄。HST 揭示了很可能是新行星诞生地的原行星盘，观察到星系在不同阶段的演化，发现了遥远星系中伽马射线暴的光学对应体，对类星体进行了认证，确认了围绕其他恒星的系外行星的存在，以及似乎正在导致宇宙加速膨胀的暗能量的存在。HST 的数据证实了星系中心普遍存在巨大的黑洞，而且这些黑洞的质量与星系的其他特性相关。

1946 年，美国天体物理学家小莱曼·斯皮策论证并推动了建立空间天文台的想法。他的梦想在他有生之年实现了。■

时序保护猜想

斯蒂芬 · 威廉 · 霍金（Stephen William Hawking，1942—2018）

斯蒂芬 · 霍金提出了“时序保护猜想”，该猜想认为，物理学定律阻碍了时间机器的诞生，尤其是在宏观尺度上。今天，关于这个猜想的确切性质的争论仍在继续。

时间旅行（1949 年）、费米悖论（1950 年）、平行宇宙（1956 年）、虫洞时间机器（1988 年）、《星际迷航》中的斯蒂芬 · 霍金（1993 年）

如果回到过去的时间旅行是可能的，那么怎样才能避免各种各样的矛盾呢，比如你回到过去杀死了你的祖母，从而在源头上就排除了你出生的可能性？回到过去的旅行可能不会被已知的物理定律所排除，可能会被使用虫洞（穿越空间和时间的捷径）或高重力 [参见条目“时间旅行（1949 年）”] 的假设技术所允许。如果时间旅行是可能的，为什么我们没看到这样的时间旅行者的证据？小说家罗伯特 · 西尔弗伯格（Robert Silverberg）雄辩地说明时间旅行的潜在问题：“考虑最极端的情况，累积的观众效应会给我们带来了一幅荒诞的画面，一群多达数十亿的时间旅行者在过去聚集在一起，他们见证了十字架，挤满了所有的圣地，并涌入土耳其，进入阿拉伯，甚至充斥了印度和伊朗……然而，在事件最初发生的时候，并没有这样的人群出现……总有一天，我们会把过去挤到窒息的地步。我们会把自己填满昨日，把自己的祖先排挤出去。”

也许部分原因是我们从未见过来自未来的时间旅行者，物理学家斯蒂芬 · 霍金建立了时序保护猜想，提出物理学定律阻止了时间机器的产生，特别是在宏观尺度上。今天，关于该猜想的确切性质或其是否确实有效的争论仍在继续。也许通过一系列的巧合，即使你可以回到过去，你也不会杀死你的祖母，但这样的巧合能简单地避免悖论吗？或者某些基本的自然法则，比如有关引力的量子力学方面的法则，会禁止反向的时间旅行吗？

也许即使时光倒流是可能的，我们的过去并不会被改变，因为一旦有人回到过去，时间旅行者就会在过去的那一刻进入另一个平行的宇宙。最初的宇宙将保持原样，但新的宇宙将包容时间旅行者所做的任何行为。■

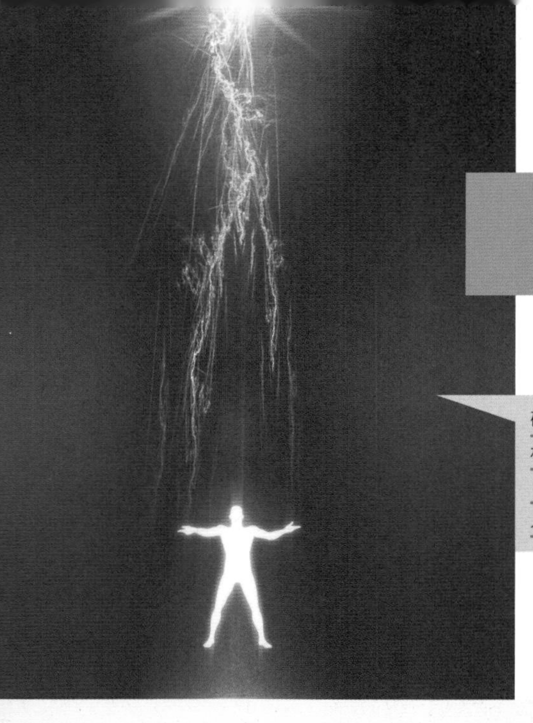

量子隐形传态

查尔斯 · H. 本内特（Charles H. Bennett，1943— ）

研究人员已经能够传送光子，并在不相连的外壳中传送两个分离的原子（镱离子）之间的信息。几个世纪后，人类会被传送吗？

薛定谔的猫（1935 年）、EPR 佯谬（1935 年）、贝尔定理（1964 年）、量子计算机（1981 年）

1993 年

在《星际迷航》中，当船长必须逃离某星球上的危险境地时，他就会让星际飞船上的一名传输工程师“把我传送上去”。几秒钟后，船长就会从行星上消失，然后重新出现在飞船上。直到最近，物质的瞬间移动还只是纯粹的推测。

1993 年，计算机科学家查尔斯 · H. 本内特和他的同事们提出了一种方法，用量子纠缠 [参见条目“EPR 佯谬（1935 年）”] 来传输粒子的量子态。一旦一对粒子（比如光子）纠缠在一起，其中一个粒子的某种变化就会立即在另一个粒子中反映出来，而这对粒子是相隔几英寸还是行星际距离都无关紧要。本内特提出了一种扫描并将粒子的量子态部分信息发送给远方同事的方法。远方的同事用扫描的信息对手中的粒子进行修改，使其处于原始粒子的状态。而原始粒子因扫描破坏不再是它原来的状态。这样虽然我们只是传递了一个粒子的状态，但可以把它想象成原来的粒子神奇地跳跃到新的位置。如果两种相同的粒子具有相同的量子特性，它们是不可区分的。因为这种隐形传态方法有一个步骤，就是通过传统的方式（比如激光束）将信息传送到接收端，所以隐形传态的速度不会超过光速。

1997 年，研究人员对一个光子进行了隐形传输，并在 2009 年将一个镱离子的状态传送到另一个镱离子的状态，它们被置于相隔一米的未连接的外壳中。目前对人类来说，甚至对病毒进行量子隐形传送也都远远超出我们的技术能力。

量子隐形传态有一天可能会在量子计算机中实现远程量子通信，这些计算机执行某些任务，如加密计算和信息搜索，比传统计算机快得多。这种计算机可以使用状态叠加的量子比特，就像硬币同时呈现出正反两面。■

《星际迷航》中的斯蒂芬·霍金

斯蒂芬·威廉·霍金（Stephen William Hawking，1942—2018）

（左图）在《星际迷航》中，斯蒂芬·霍金与全息版的艾萨克·牛顿和阿尔伯特·爱因斯坦玩扑克。

（右图）2009 年，在白宫为霍金颁发总统自由勋章之前，美国总统奥巴马与斯蒂芬·霍金进行了交谈。霍金患有运动神经元疾病，这使得他几乎完全瘫痪。

牛顿的启发（1687 年）、黑洞（1783 年）、爱因斯坦的启发（1921 年）、时序保护猜想（1992 年）

根据调查，天体物理学家斯蒂芬·霍金被认为是 21 世纪初“最著名的科学家”。因为他的灵感，他被作为一个特殊的条目包括在这本书中。和爱因斯坦一样，霍金也进入了流行文化，他以自己的身份出现在许多电视节目中，包括《星际迷航：下一代》（*Star Trek: The Next Generation*）。因为顶级科学家成为文化偶像是极其罕见的，所以这篇文章的标题赞美了他在这方面的重要性。

许多有关黑洞的原理都被认为是斯蒂芬·霍金提出的。例如，考虑史瓦西质量为 M 的黑洞的蒸发速率可以用 $\mathrm{d}M/\mathrm{d}t = -C/M^2$ 表示，其中 C 是常数，t 是时间。霍金提出的另一个定律是，黑洞的温度与其质量成反比。物理学家李·斯莫林（Lee Smolin）写道：“一个质量相当于珠穆朗玛峰的黑洞不会比单个原子核大，但它发出的光的温度会高于恒星的中心。”

1974 年，霍金认为黑洞应该通过热量产生并发射亚原子粒子，这一过程被称为霍金辐射。黑洞会释放出这种辐射，最终蒸发消失。同年，他被选为伦敦皇家学会最年轻的成员之一。从 1979 年到 2009 年，霍金被授予剑桥大学卢卡斯数学教授席位，这个教席曾经由艾萨克·牛顿担任。霍金还推测，宇宙在想象时间中没有边界，这表明“宇宙的起源完全由科学定律决定”。霍金在 1988 年 10 月 17 日的《明镜周刊》（*Der Spiegel*）上写道，因为“宇宙开始的方式有可能是由科学法则决定的……因此，没有必要求助于上帝来决定宇宙是如何开始的。这并不能证明没有上帝，只是说上帝并不是必需的因素”。■

1993 年

玻色－爱因斯坦凝聚

萨蒂延德拉·纳特·玻色（Satyendra Nath Bose，1894—1974）
阿尔伯特·爱因斯坦（Albert Einstein，1879—1955）
埃里克·阿林·康奈尔（Eric Allin Cornell，1961— ）
卡尔·埃德温·威曼（Carl Edwin Wieman，1951— ）

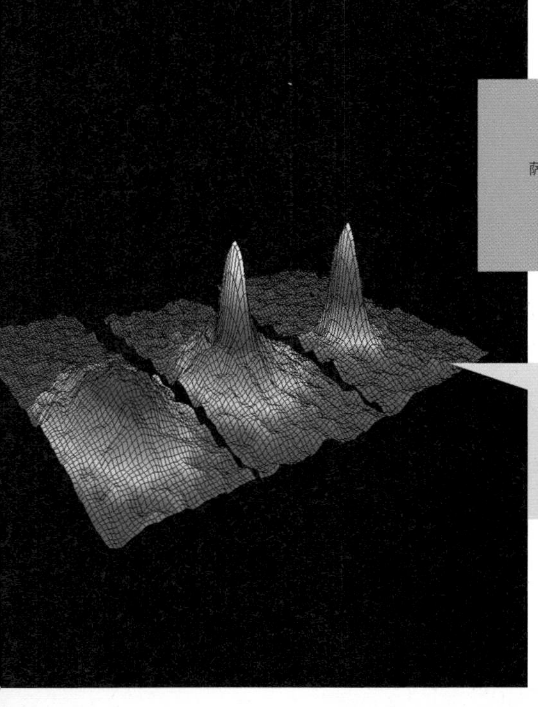

在 1995 年 7 月 14 日的《科学》杂志上，来自 JILA（前身为实验室天体物理联合研究所）的研究人员报道了 BEC 的诞生。该图显示了冷凝的连续表示（表示为蓝色峰值）。JILA 由 NIST（美国国家标准与技术研究所）和科罗拉多大学博尔德分校运营。

海森堡不确定性原理（1927 年）、超流体（1937 年）、激光（1960 年）

1995 年

玻色－爱因斯坦凝聚（Bose-Einstein Condensate，BEC）中的冷物质显示出一种奇异的性质，在这种性质中，原子失去了它们的特性，并融合成一个神秘的集体。为了帮助可视化这个过程，想象一个有 100 只蚂蚁的蚁群。你把温度降低到一个开氏温度的十亿分之 170—— 比星际空间的深处还要冷 —— 每只蚂蚁都会变成一团奇异的云，在整个蚁群中蔓延开来。每一片蚂蚁云都与另一片重叠，所以蚁群里只有一片稠密的蚂蚁云。你再也看不到单个的蚂蚁；然而，如果你提高温度，蚂蚁云就会区分并返回 100 个个体，这些个体继续它们的蚂蚁生涯，就好像什么事情都没有发生一样。

BEC 是一种由玻色子组成的低温气体的一种状态，玻色子是一种可以占据相同量子态的粒子。在低温下，它们的波函数可以重叠，可以在更大的尺度上观察到有趣的量子效应。物理学家萨蒂延德拉·纳特·玻色和阿尔伯特·爱因斯坦在 1925 年左右首次预测出了 BEC，物理学家埃里克·康奈尔和卡尔·威曼直到 1995 年才在实验室里用一种冷却至接近绝对零度的铷 −87 原子（属于玻色子）气体创造出了 BEC。海森堡测不准原理指出，当气体原子的速度降低时，它们的位置就变得不确定。在此原理的驱动下，原子凝聚成一个巨大的“超原子”，表现为一个单一的实体，类似于一个量子冰块。BEC 与实际的冰块不同，它非常脆弱，很容易被破坏而形成正常的气体。尽管如此，BEC 在许多物理领域的研究越来越多，包括量子理论、超流体、光脉冲的减速，甚至在黑洞的数学建模中。

研究人员可以利用激光和磁场来减缓和捕捉原子，从而创造出这样的超低温。激光束可以对原子施加压力，使它们同时变慢和冷却。■

暗能量

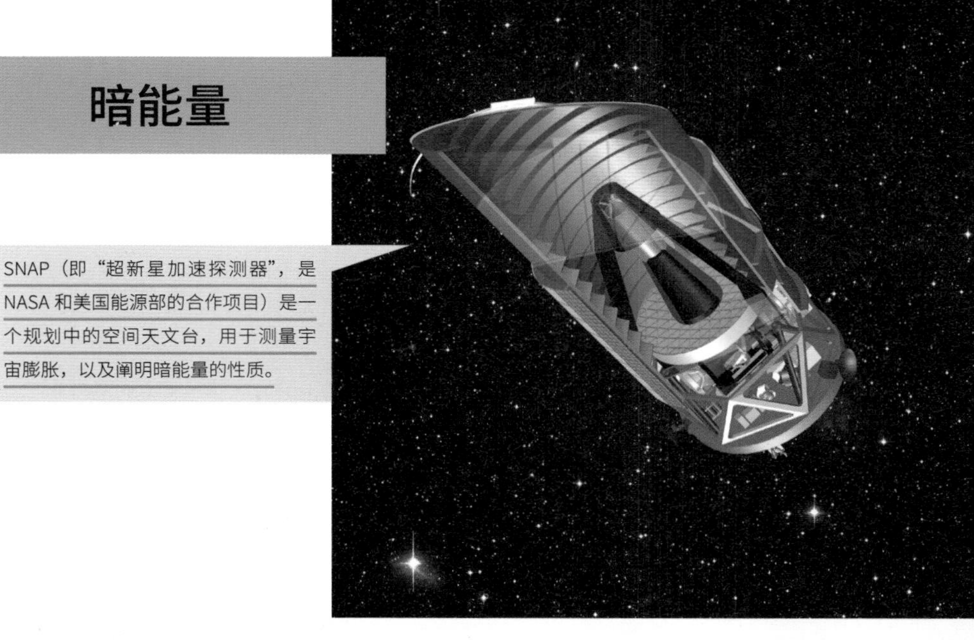

SNAP（即“超新星加速探测器”，是NASA和美国能源部的合作项目）是一个规划中的空间天文台，用于测量宇宙膨胀，以及阐明暗能量的性质。

哈勃宇宙膨胀定律（1929年）、暗物质（1933年）、宇宙微波背景辐射（1965年）、宇宙暴胀（1980年）、宇宙大撕裂（360亿年）、宇宙隔离（1000亿年）

1998年

“50亿年前，宇宙发生了一件奇怪的事情，”科学记者丹尼斯·奥弗比（Dennis Overbye）写道，“就好像上帝打开了一台反引力机器，然后宇宙的膨胀速度加快了，星系开始以更快的速度远离彼此。”这一切的原因似乎是暗能量，一种可能弥漫于整个空间之中的能量形式，就是它导致宇宙加速膨胀。宇宙中有非常多的暗能量，占到宇宙总质能的近四分之三。根据天体物理学家尼尔·德格拉斯·泰森（Neil de Grasse Tyson）和天文学家唐纳德·戈德史密斯（Donald Goldsmith）的说法，“只要宇宙学家能够解释暗能量的来源，他们就可以宣称自己揭开了宇宙的一个最基本的秘密。”

1998年，在对某些正加速远离我们的遥远超新星进行天体物理观测期间，发现了暗能量存在的证据。同年，美国宇宙学家迈克尔·特纳（Michael Turner）创造了“暗能量”一词。

如果宇宙持续加速下去，除了我们所在的本超星系团之外，将再也看不到其他星系，因为它们的退行速度将超过光速。根据某些假说，暗能量可能终将在大撕裂中毁灭宇宙，此时从原子到行星等各种物质都会被撕碎。然而，即便没有大撕裂，宇宙也可能成为一处孤寂之地［参见条目“宇宙隔离（1000亿年）”］。泰森写道：“暗能量最终将渐渐削弱后人理解宇宙的能力。除非遍布这个星系的当代天体物理学家能够留下明确的记录……否则，未来的天体物理学家将对河外星系一无所知……暗能量将使他们无法打开宇宙这部巨著的所有章节……今天，我们是否同样也失去了一些宇宙历史的基本片段，因此我们摸索的是永远也找不到答案的问题呢？”■

蓝道尔–桑德拉姆膜

丽莎·蓝道尔（Lisa Randall，1962— ）
拉曼·桑德拉姆（Raman Sundrum，1964— ）

ATLAS 是大型强子对撞机现场的一个粒子探测器。它被用来寻找与质量起源和额外维度存在相关的可能证据。

广义相对论（1915 年）、弦理论（1919 年）、平行宇宙（1956 年）、标准模型（1961 年）、万物理论（1984 年）、暗物质（1933 年）、大型强子对撞机（2009 年）

1999 年

蓝道尔–桑德拉姆膜（Randall-Sundrun Branes，RS）理论试图解决物理学中力的等级问题，即为什么引力似乎比其他基本力（如电磁力、强核力和弱核力）弱得多。虽然引力看起来很强大，但要记住，摩擦气球产生的那点静电力就足以令气球贴附在墙上，而抵消整个行星对气球的引力。根据 RS 理论，引力很弱，可能是因为它集中在另一个维度。

物理学家丽莎·蓝道尔和拉曼·桑德拉姆在 1999 年发表的论文《一个小的额外维度的大质量等级》（*A Large Mass Hierarchy from a Small Extra Dimension*）引起了全世界的兴趣，注意到从 1999 年到 2004 年，蓝道尔博士是世界上被引用最多的理论物理学家。蓝道尔之所以出名，还因为她是普林斯顿大学物理系的第一位女性的终身教授。要理解 RS 理论，我们可以将它形象化地想象我们的普通世界，它有三个明显的空间维度和一个时间维度，就像一个巨大的浴帘，物理学家称之为膜。你和我就像水滴，把我们的生命依附在浴帘上，不知道另一个膜可能就在另一个空间维度的很短距离内。引力子，即产生引力的基本粒子，可能主要存在于另一个隐藏的膜上，而标准模型中的其他种类的粒子，如电子和质子，都位于我们可见宇宙所在的可见膜上。重力实际上和其他力一样强大，但当它“渗漏”到我们可见的膜时，它被稀释得很微弱了。负责我们视力的光子被粘在可见的膜上，因此我们无法看到隐藏的另外的膜。

到目前为止，还没有人真正发现引力子。然而，高能粒子加速器有可能使科学家们能够识别这种粒子，这也可能为额外维度的存在提供一些证据。■

风速最快的龙卷风

约书亚 · 迈克尔 · 阿龙 · 赖德 · 沃尔曼（Joshua Michael Aaron Ryder Wurman，1960— ）

1999 年 5 月 3 日，由旋涡 99 小组在俄克拉荷马州中部观测到的龙卷风。

气压计（1643 年）、超级巨浪（1826 年）、多普勒效应（1842 年）、白贝罗天气定律（1857 年）

1999 年

多萝西（Dorothy，《绿野仙踪》故事中的主角小女孩，被龙卷风卷到空中，开始了奇幻的旅程）在《绿野仙踪》中虚构的旅程并不是纯粹的幻想。龙卷风是自然界最具破坏性的力量之一。当早期的美国拓荒者来到中部平原，第一次遭遇龙卷风时，有人曾目睹成年水牛被吹到空中。龙卷风漩涡内相对较低的气压导致冷却和凝结，使风暴看起来像一个漏斗。

1999 年 5 月 3 日，科学家记录了地球附近最快的龙卷风风速——大约每小时 318 英里（512 千米）。在大气科学家约书亚 · 迈克尔 · 阿龙 · 赖德 · 沃尔曼的带领下，一个团队开始跟踪一场正在发展的单体超级雷暴，也就是伴有中气旋的雷暴，中气旋是位于大气层几英里处的一个深的、不断旋转的上升气流。沃曼利用卡车上的多普勒雷达设备，向俄克拉荷马风暴发射了脉冲微波。这些波被雨水和其他粒子反射回来，改变了它们的频率，为研究人员提供了一个精确的风速估计，可用来测量大约在地面以上 30 米的风速。

雷暴的一般特征是空气上升，也因此被称为上升气流。科学家们继续研究为什么这些上升气流在某些雷暴中会变成扭曲的旋风，而在其他雷暴中则不会。上升气流从地面上升，与来自不同方向的高空风相互作用。形成的龙卷风漏斗与低压区有关，因为空气和灰尘涌入涡旋。虽然空气在龙卷风中上升，但漏斗本身从风暴云开始，并在龙卷风形成时向地面生长。

大多数龙卷风发生在美国中部的龙卷风带上。龙卷风可能是由于靠近地面的热空气被困在局部较冷的空气中而形成的。较重的冷空气溢出到较暖的空气区域，较暖较轻的区域迅速上升，取代了冷空气。当来自墨西哥湾的温暖、潮湿的空气与来自落基山脉的凉爽、干燥的空气相撞时，龙卷风就有可能在美国形成。■

HAARP

奥利弗 · 希维希德（Oliver Heaviside，1850—1925）
亚瑟 · 埃德温 · 肯内利（Arthur Edwin Kennelly，1861—1939）
马尔凯塞 · 古列尔莫 · 马可尼（Marchese Guglielmo Marconi，1874—1937）

（右图）HAARP 高频天线阵。
（左图）HAARP 研究可能会改进方法，让美国海军更容易地与大洋深处的潜艇沟通。

等离子体（1879 年）、北极光（1621 年）、绿闪光（1882 年）、电磁脉冲（1962 年）

2007 年

按照阴谋论者的说法，高频活跃极光研究计划（High-frequency Active Auroral Research Program，HAARP）是终极的秘密导弹防御工具，是扰乱全球天气和通信的一种手段，还可能是控制数百万人思想的一种方法。虽然真相并没有那么可怕，但却依然令人着迷。

HAARP 是一个由美国空军、美国海军和国防高级研究计划局（DARPA）资助的实验性项目。它的目的是促进电离层的研究，电离层是大气的最外层之一。HAARP 的 180 个天线阵位于阿拉斯加一块 35 英亩（每英亩约 4000 平方米）的土地上，于 2007 年全面投入使用。HAARP 采用高频发射系统，向离地面约 80 千米的电离层发射 360 万瓦的无线电波。然后，利用 HAARP 设施在地面上的灵敏仪器可以研究这种电波加热电离层产生的影响。

科学家们对电离层的研究很感兴趣，因为它对民用和军用通信系统都有影响。在大气层的这个区域，阳光产生带电粒子［参见“等离子体（1879 年）”］。之所以选择阿拉斯加，部分原因是它展示了可供研究的各种电离层条件，包括极光［参见“北极光（1621 年）”］。科学家可以调整 HAARP 的信号来刺激低部电离层的反应，从而产生辐射极光电流，将低频电波送回地球。这样的低频电波可以到达海洋深处，并可能被海军用来指挥潜艇舰队——不管潜艇潜得有多深。

1901 年，古格里莫 · 马可尼演示了跨大西洋通信，人们很好奇无线电波是如何绕着地球的曲率弯曲的。1902 年，工程师奥利弗 · 希维希德和亚瑟 · 肯纳利各自独立地提出，高层大气中存在一层传导层，可以将无线电波反射回地球。今天，电离层为远距离通信提供了便利，但同时太阳耀斑对电离层的影响也可能导致通信中断。■

最黑的黑色

2008 年，科学家们创造了当时已知的最暗的材料，一层由碳纳米管构成的地毯，颜色比黑色跑车上的油漆深一百多倍。对最黑之黑的追求仍在继续。

电磁波谱（1864 年）、超构材料（1967 年）、巴基球（1985 年）

2008 年

所有的人造材料，甚至沥青和木炭，都能反射一定数量的光——但这并没有阻止未来主义者梦想着一种完美的黑色材料，它能吸收所有的光的颜色，而不反射任何东西。2008 年，一群美国科学家制造出了“最黑的黑”，一种超黑，即科学界所知的“有史以来最黑”物质的报道开始流传开来。这种奇特的材料是由碳纳米管制成的，这种碳纳米管类似于碳薄片，只有一个原子那么厚，卷曲成圆柱形。从理论上讲，一种完美的黑色物质会吸收任何波长的光，无论从哪个角度照射在它上面。

伦斯勒理工学院和莱斯大学的研究人员构建并研究了纳米管的微观结构。在某种意义上，我们可以调整这张地毯的“粗糙度”使光的反射率最小化。

这种黑色的地毯上有微小的纳米管，它们只能反射 0.045% 的光线。这种黑色比黑色油漆的颜色深一百多倍！这种“终极黑色”或许有一天会被用来更有效地捕捉太阳的能量，或者设计出更灵敏的光学仪器。为了限制光线在超黑材料上的反射，研究人员让纳米管地毯的表面变得不规则和粗糙。很大一部分光线被“捕获”在松散的地毯束之间的微小缝隙中。

超黑材料的早期试验是用可见光进行的。然而，阻挡或高度吸收其他波长的电磁辐射的材料可能有一天会被用于国防应用，军方总是试图使物体难以被探测到。

创造最黑暗的黑暗的追求永无止境。2009 年，莱顿大学的研究人员证明了一层薄薄的氮化铌（NbN）具有超强的吸光能力，在特定的观察角度下，其吸收光的能力几乎达到 100%。同样是在 2009 年，日本的研究人员描述了一种碳纳米管的薄片，它可以吸收几乎所有波长的光子。■

大型强子对撞机

LHC 正在安装 ATLAS 量能器。我们可以看到 8 个环形磁铁围绕着即将移入探测器中间的量能器，它测量的是质子在探测器中心碰撞时产生的粒子的能量。

超导电性（1911 年）、弦理论（1919 年）、回旋加速器（1929 年）、标准模型（1961 年）、上帝粒子（1964 年）、超对称（1971 年）、蓝道尔 – 桑德拉姆膜（1999 年）

2009 年

在英国《卫报》（*The Guardian*）中，作家比尔 · 布赖森（Bill Bryson）写道："粒子物理学是一门不可思议的学科，它所追寻的事物令人难以想象。想要准确描述宇宙的最小碎片，你就必须建造世界上最大的机器。想要再现宇宙创生之初的百万分之一秒，你就必须在惊人的尺度上把能量聚焦。粒子物理学家探测宇宙奥秘的方式是如此直截了当：将粒子猛力抛掷到一起，然后观察飞溅出来的东西。这个过程就好比是拿两块瑞士手表相撞，然后检查它们的碎片来推断它们是如何运转的。"

由欧洲核子研究中心（通常称为 CERN）建造的大型强子对撞机（Large Hadron Collider，以下简称为"LHC"）是世界上最大、能量最高的粒子加速器，其主要目的是将两束质子（一种强子）迎面相撞。粒子束受强力电磁铁的驱动，在 LHC 内一条圆环形真空管道中不断旋转，每转一圈粒子都会获得能量。这些磁铁具有超导性，其超导线圈由一个大型液氦冷却系统进行冷却。导线和接头都处于超导状态，因而电阻极小。

LHC 位于一条周长 27 千米、跨越法瑞边境的隧道内，物理学家借助它有可能更好地理解希格斯玻色子（也被称为上帝粒子），这种假想粒子能够解释为什么粒子拥有质量。LHC 也可以用于寻找超对称理论所预言的粒子；超对称理论认为基本粒子存在更重的伙伴粒子［例如，超电子（selectron）就是预测中电子的伙伴粒子］。此外，LHC 也能为额外空间维度（除三个显而易见的空间维度外）的存在提供证据。从某种意义上来说，通过两束粒子的碰撞，LHC 正在重现大爆炸刚刚发生后的某些条件。物理学家组成的团队利用专门的探测器来分析碰撞产生的粒子。2009 年，LHC 记录了它的第一次质子 – 质子碰撞。■

宇宙大撕裂

罗伯特 · R. 考德威尔（Robert R. Caldwell，1965— ）

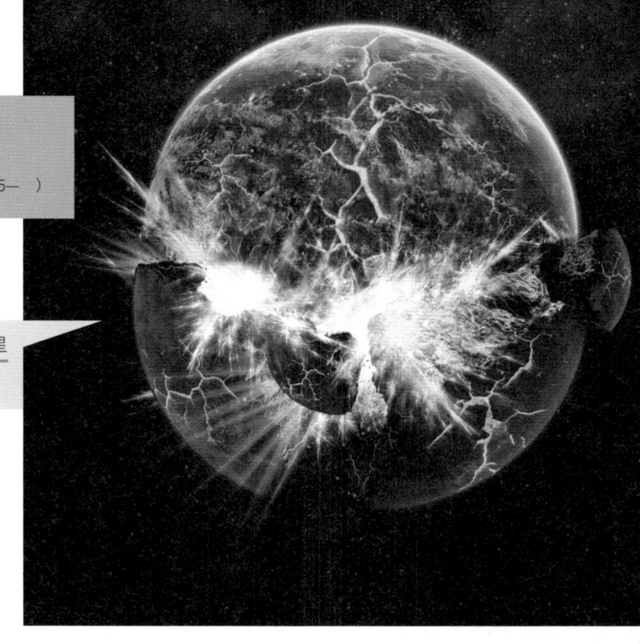

在大撕裂期间，行星、恒星和所有物质都被撕裂。

大爆炸（137 亿年前）、哈勃宇宙膨胀定律（1929 年）、宇宙暴胀（1980 年）、暗能量（1998 年）、宇宙隔离（1000 亿年）

宇宙的最终命运由许多因素决定，包括暗能量推动宇宙膨胀的程度。一种可能性是，宇宙的膨胀将以恒定的加速度进行，就像一辆每小时移动 1 英里的汽车，每行驶 1 英里后速度都在加快。最终所有的星系都会以比光速还快的速度相互远离，让每个星系独自留在黑暗的宇宙中[参见“宇宙隔离（1000 亿年）”]。最终星星都消失了，就像生日蛋糕上慢慢烧尽的蜡烛一样。然而，也可能出现另一种情况，蛋糕上的蜡烛会被撕裂，因为暗能量最终会以“大撕裂”的方式破坏宇宙，从亚原子粒子到行星和恒星，各种物质都会被撕裂。如果暗能量的排斥效应以某种方式消失，引力就会在宇宙中占主导地位，宇宙就会坍缩成一团。

达特茅斯学院的物理学家罗伯特 · 考德威尔和他的同事在 2003 年首次发表了大撕裂假说，该假说认为宇宙以不断增长的速度膨胀。与此同时，我们可观测的宇宙的大小缩小，最终成为亚原子大小。虽然这个宇宙死亡的确切日期还不确定，但考德威尔论文中的一个案例计算出了一个宇宙大约会在 220 亿 年后结束。

如果大撕裂最终发生，大约在宇宙终结的 6000 万年前，引力太弱，无法将单个星系维系在一起。大约在最后的大撕裂前三个月，太阳系将在引力上脱离束缚。地球在大撕裂结束前 30 分钟爆炸。原子在一切结束前 10^{-19} 秒被撕裂。将夸克结合成中子和质子的核力最终也会被瓦解。

注意在 1917 年，阿尔伯特 · 爱因斯坦提出了反引力斥力的概念，以宇宙常数的形式来解释为什么宇宙中的物体的引力不会导致宇宙收缩。■

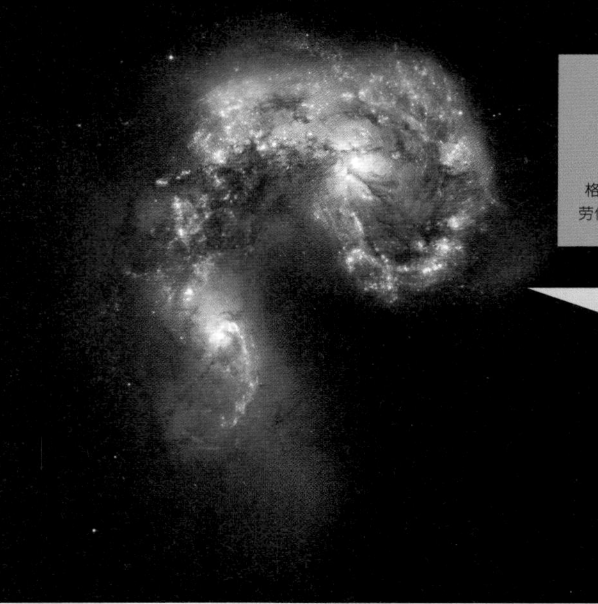

宇宙隔离

克莱夫·斯特普尔斯·“杰克”·刘易斯
(Clive Staples “Jack” Lewis，1898—1963)
格里特·L. 费舒尔（Gerrit L. Verschuur，1937— ）
劳伦斯·M. 克劳斯（Lawrence M. Krauss，1954— ）

这张哈勃望远镜拍摄的触角星系图像完美地说明了一对星系正在发生碰撞。我们的后代可能会观察到，他们生活在一团恒星中，这是引力将几个邻近的星系拉到一起形成一个超级星系的结果。

黑洞（1783 年）、黑眼星系（1779 年）、暗物质（1933 年）、费米悖论（1950 年）、暗能量（1998 年）、宇宙消失（100 万亿年）、宇宙大撕裂（360 亿年）

1000 亿年

天文学家格里特·费舒尔认为，外星种族与我们进行身体接触的机会可能非常小。如果外星文明和我们的文明一样处于婴幼期，那么在我们可见的宇宙中，目前存在的外星文明不超过 10 ～ 20 个，而每一个外星文明都与其他文明相距 2000 光年以上。费舒尔说，“我们在银河系中实际上是孤独的。”圣公会世俗神学家 C.S. 刘易斯认为，宇宙中智能生命之间的巨大距离，是一种“防止堕落物种的精神感染蔓延”的神圣隔离形式。

即使宇宙大撕裂没有发生，未来与其他星系的联系也将会更加困难。我们宇宙的膨胀可能会以比光速还快的速度把星系拉离彼此，使它们对我们来说变得不可见。我们的后代将会观察到，他们生活在一个恒星团中，这是引力将几个邻近的星系拉到一起形成一个超级星系的结果。这个斑点可能会坐落在一个无尽的，似乎静态的黑暗之中。这片天空不会完全变黑，因为在这个超级星系里的恒星还是可见的，但是用望远镜往星系外看什么也看不到。物理学家劳伦斯·克劳斯和罗伯特·谢勒（Robert Scherrer）写道，在 1000 亿年后，一个死去的地球可能会“孤独地漂浮”在超级星系中，超级星系是一个“镶嵌在巨大虚空中的恒星群组成的岛屿”。最终，超级星系本身也会消失，因为它坍缩成了一个黑洞。

如果我们从来没有遇到过外星访客，也许是因为能进行太空航行的生物极其罕见，星际飞行是极其困难的。另一种可能性是，我们周围有外星生命的迹象，而我们对此一无所知。1973 年，射电天文学家约翰·A. 鲍尔（John A. Ball）提出了“动物园假说”，他写道：“完美的动物园（野生动物园或保护区）应该是这样一种状态：动物不会与饲养员互动，也不知道饲养员的存在。”■

宇宙消失

弗雷德·亚当斯（Fred Adams，1961— ）
斯蒂芬·威廉·霍金（Stephen William Hawking，1942—2018）

2006 年发现的与引力有关的褐矮星。

黑洞（1783 年）、《星际迷航》中的斯蒂芬·霍金（1993 年）、暗能量（1998 年）、宇宙大撕裂（360 亿年）

100 万亿年

诗人罗伯特·弗罗斯特（Robert Frost）写道："有人说世界将在火中毁灭，有人说世界将在冰中毁灭。"我们宇宙的最终命运取决于它的几何形状、暗能量的行为、物质的数量和其他因素。天体物理学家弗雷德·亚当斯和格雷戈里·劳克林（Gregory Laughlin）描述了黑暗的结局，我们现在充满恒星的宇宙最终演变成一个亚原子粒子的汪洋大海，而恒星、星系甚至黑洞都在消失。

在第一个场景中，宇宙的死亡会以以下几幕时代的情节依次展开。在当今时代，恒星产生的能量驱动着天体物理过程。尽管我们的宇宙已经有 137 亿年的历史，但绝大多数恒星还没有开始发光。唉，所有的恒星在 100 万亿年后都会消亡，恒星的形成也会停止，因为星系会耗尽气体——制造新恒星的原材料。这时星星的时代，或者说充满恒星的时代已接近尾声。

在第二个时代，宇宙继续膨胀，而能量在集聚而星系在收缩，物质在星系中心聚集。褐矮星是一种质量不足以像恒星那样发光的天体，它们一直存在着。在这个时候引力将已经燃烧殆尽的恒星残骸聚集在一起，而这些萎缩的物质将形成超高密度的物体，如白矮星、中子星和黑洞。最终，甚至这些白矮星和中子星也会因为质子的衰变而解体。

第三个时代——黑洞时代——引力将整个星系变成了看不见的超大质量黑洞。天体物理学家斯蒂芬·霍金在 20 世纪 70 年代描述了一个能量辐射的过程，黑洞最终驱散了它们巨大的质量。这意味着一个质量相当于一个大星系的黑洞将在 10^{98} 到 10^{100} 年内完全蒸发。

随着黑洞时代的结束，还剩下什么？是什么填补了孤独的宇宙空间？还有什么生物能生存下来吗？最终，我们的宇宙可能由一个弥漫的电子海洋组成。■

量子复活

路德维希·爱德华·玻尔兹曼（Ludwig Eduard Boltzmann，1844—1906）

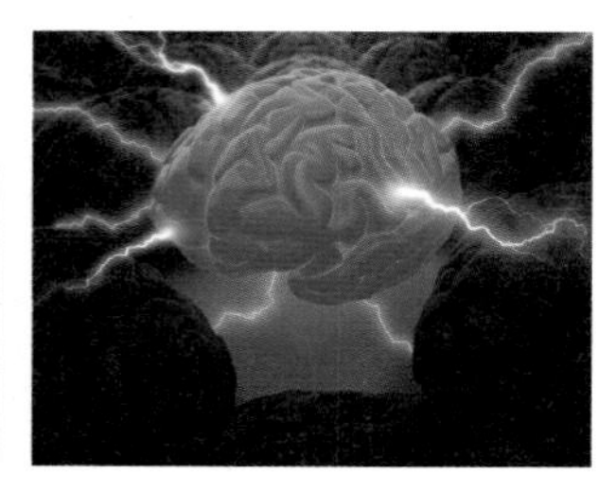

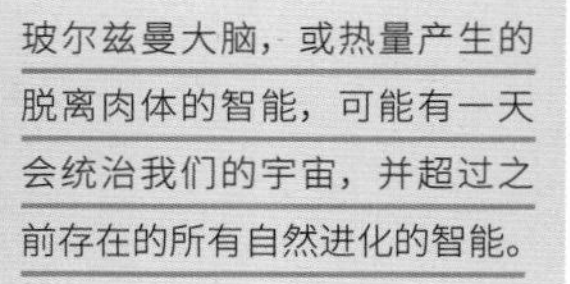

玻尔兹曼大脑，或热量产生的脱离肉体的智能，可能有一天会统治我们的宇宙，并超过之前存在的所有自然进化的智能。

卡西米尔效应（1948 年）、量子永生（1987 年）

正如前面几个条目所讨论的，宇宙的命运是未知的，一些理论假设宇宙会不断地从我们自己的宇宙“萌芽”而来。然而，我们关注的是我们自己的宇宙。一种可能性是，我们的宇宙将永远继续膨胀，粒子将变得越来越稀疏。这似乎是个可悲的结局，不是吗？然而，即使在这个空旷的宇宙中，量子力学告诉我们，剩余能量场也会有随机涨落。粒子在真空中会不知从哪儿冒出来。通常，这种活动概率极小，大的涨落更是罕见。但是粒子确实会出现，而且经过很长一段时间，一定会出现一些大一点的东西，例如，一个氢原子，甚至是像乙烯 $H_2C{=}CH_2$ 这样的小分子。这似乎也没什么了不起，但如果我们的未来有无限久远，我们可以等待很长时间，几乎任何东西都有可能突然出现。大多数出现的团块将是一种无定形的混乱状态，但偶尔也会出现少量的蚂蚁、行星、人类或由黄金构成的木星大小的大脑。根据物理学家凯瑟琳·弗里兹（Katherine Freese）的说法，给你无限的时间，你就会重新出现。我们所有的人都可能等来量子复活，真让人高兴。

玻尔兹曼想象了一种具有自我意识的孤单的实体，一种赤裸的自由漂浮的大脑，被称为玻尔兹曼大脑，这当然是极不可能存在的物体，在我们的宇宙存在的 137 亿年里，几乎不可能存在这样的物体。根据物理学家汤姆·班克斯（Tom Banks）的一项计算，在能量波动中产生玻尔兹曼大脑的概率大约是 e 的 -10^{25} 次方。然而现在一些研究人员正在严肃地思考这一问题，如果一个无限大的空间存在了无限长的时间，这些幽灵般的有意识的观察者就有可能会突然出现。如今，关于波尔兹曼大脑含义的文献越来越多，这是由研究人员莉萨·戴森（Lisa Dyson）、马修·克莱巴（Matthew Kleban）和伦纳德·萨斯坎德（Leonard Susskind）于 2002 年发表的一篇论文首先提出的。该论文似乎暗示，典型的智能观察者可能是通过热量波动而产生的，而不是通过宇宙学和进化产生的。■

100 万亿年后

Originally published in the United States in 2011 by Sterling, an imprint of Sterling Publishing Co., Inc., under the title The Physics Book.
This Chinese edition has been published by arrangement with Sterling Publishing Co., Inc., 1166 Avenue of the Americas, New York, NY, USA, 10036.
版贸核渝字（2018）第 288 号

图书在版编目（CIP）数据

物理之书 /（美）克利福德 · 皮寇弗
(Clifford Pickover) 著 ; 尹倩青译 . -- 重庆 : 重庆
大学出版社 , 2021.8（2024.7 重印）
（里程碑书系）
书名原文 : The Physics Book
ISBN 978-7-5689-2559-4
Ⅰ . ①物… Ⅱ . ①克… ②尹… Ⅲ . ①物理学 – 普及
读物 Ⅳ . ① O4-49
中国版本图书馆 CIP 数据核字 (2021) 第 025329 号

物理之书
WULI ZHI SHU
[美] 克利福德 · 皮寇弗　著
尹倩青　译

特约编辑：杨大地　　责任印制：张　策
责任编辑：王思楠　　装帧设计：鲁明静
责任校对：谢　芳　　内文制作：常　亭

重庆大学出版社出版发行
出版人：陈晓阳
社址：（401331）重庆市沙坪坝区大学城西路 21 号
网址：http://www.cqup.com.cn
印刷：北京利丰雅高长城印刷有限公司

开本：787mm × 1092mm　1/16　印张：17.25　字数：410 千
2021 年 8 月第 1 版　　2024 年 7 月第 7 次印刷
ISBN 978-7-5689-2559-4　定价：88.00 元
